杜红秀 著

钢筋混凝土结构
火灾损伤检测
及评估新方法

GANGJIN HUNNINGTU JIEGOU

HUOZAI SUNSHANG

JIANCE JI

PINGGU

XINFANGFA

化学工业出版社

·北京·

本书在概述钢筋混凝土火灾损伤特性的基础上，介绍了钢筋混凝土火灾损伤的几种非破损检测技术和分析模型，包括钢筋混凝土火灾损伤红外热像诊断理论与方法、钢筋混凝土火灾损伤电化学诊断理论与方法、钢筋混凝土火灾损伤超声波诊断理论与方法、混凝土构件截面温度场数值模拟，并给出了钢筋混凝土结构火灾损伤的综合诊断与评估方法。

本书可供土木建筑、工程材料等专业的科研人员与工程技术人员参考，也可供大专院校的教师、研究生及高年级本科生阅读使用。

图书在版编目（CIP）数据

钢筋混凝土结构火灾损伤检测及评估新方法/杜红秀著. —北京：化学工业出版社，2017.11
ISBN 978-7-122-30862-7

Ⅰ.①钢⋯　Ⅱ.①杜⋯　Ⅲ.①钢筋混凝土结构-建筑火灾-损伤（力学）-检测②钢筋混凝土结构-建筑火灾-损伤（力学）-评估　Ⅳ.①TU370.3

中国版本图书馆 CIP 数据核字（2017）第 254662 号

责任编辑：韩霄翠　　　　　　　　　　　文字编辑：陈　雨
责任校对：宋　玮　　　　　　　　　　　装帧设计：刘丽华

出版发行：化学工业出版社（北京市东城区青年湖南街 13 号　邮政编码 100011）
印　　装：三河市延风印装有限公司
710mm×1000mm　1/16　印张18　彩插2　字数367千字　2018 年 8 月北京第 1 版第 1 次印刷

购书咨询：010-64518888（传真：010-64519686）　售后服务：010-64518899
网　　址：http://www.cip.com.cn
凡购买本书，如有缺损质量问题，本社销售中心负责调换。

定　　价：98.00 元　　　　　　　　　　　　　　　　版权所有　违者必究

火灾是发生频率最高且极具毁灭性的灾害之一，而发生次数最多、损伤最严重的当属建筑火灾。由于自然或人为的原因引发的各种偶然性建筑火灾事故，使钢筋混凝土结构在短时间内承受高温作用，1h 内可达 1000℃或者更高。结构遭受高温作用后，材料性能严重劣化，结构发生剧烈的内力重分布，使构件开裂、变形增大、承载力下降，甚至出现局部破损或倒塌，导致巨大的经济损失，甚至造成人员伤亡。

钢筋混凝土结构的火灾损伤是极其复杂的，火灾后，如何准确而迅速地检测评估其损伤程度是工程实践中亟待解决的实际问题，它关系到能否制定科学合理的修复加固措施，以最大限度地减少火灾损失，避免修复加固过程中造成浪费。目前，混凝土结构火灾损伤评估基本是依赖工程技术人员的现场考察、经验评判，不能适应工程实际的需要。因此，探索和研究钢筋混凝土结构火灾损伤的检测评估理论和方法，对于全面正确地诊断评估钢筋混凝土结构火灾损伤状况，进而制定科学合理的修复加固措施，具有重要的理论意义和实用价值。

本书在综述钢筋混凝土高温力学性能的基础上，模拟火灾高温实验，研究了正日益广泛使用的 C40、C60、C80 高性能混凝土材料高温后各项物理力学性能，探讨了掺加聚丙烯纤维对高强、高性能混凝土高温性能的影响及其改善混凝土高温性能的作用。采用 X 射线 CT 技术及压汞等方法，对高性能混凝土火灾损伤内部微结构扫描分析，揭示了混凝土微结构劣化演化规律及机理；采用应变计和自制蒸汽压的试验装置，研究高强、高性能混凝土内部的热应力、蒸汽压以及与荷载耦合作用下随温度变化的规律及高温爆裂机理。通过试验测定了高性能混凝土的热工参数；根据传热学原理，采用数值方法模拟混凝土内部温度场；采用红外热像、电化学等无损检测新技术，建立模型推定混凝土表面受火温度和钢筋受火情况等；建立了钢筋混凝土结构火灾损伤检测评估的新方法；制定了钢筋混凝土火灾损伤诊断和损伤等级评估的标准，并给出了钢筋混凝土火灾损伤综合诊断评估的方法和程序，可供工程实际应用。

全书共分 10 章，第 1 章钢筋混凝土高温（火灾）损伤，第 2 章高性能混凝土高温蒸汽压测试与模拟，第 3 章高性能混凝土高温热应变测试与模拟，第 4 章高性能混凝土微结构高温损伤，第 5 章混凝土结构火灾损伤评估与检测技术的发展，第 6 章混凝土火灾损伤红外热像诊断理论与方法，第 7 章钢筋混凝土火灾损伤电化学诊断理论与方法，第 8 章钢筋混凝土火灾损伤超声波诊断理论与方法，第 9 章混凝土构件截面温度场数值模拟，第 10 章钢筋混凝土结构火灾损伤的综合诊断与评估。

本书的编写工作得到了同济大学张雄教授、太原理工大学雷宏刚教授和太原科技大学秦义校教授等老师和同行的指导、鼓励和支持，在此深表谢意！

本书的研究工作得到 2 项国家自然科学基金项目（51478290、51278325）、2 项山西省国家自然科学基金项目（2011011024-2、20041055）、1 项山西省高校科技研究开发项目（2007115）等相关项目的资助。

本书的实验实施主要是在太原理工大学建工学院下辖的建筑材料与防灾研究所及土木工程实验中心建材实验室完成的，在此对建工学院全体同事、研究所全体同仁及土木工程实验中心全体工作人员深表谢意！特别感谢同事阎蕊珍博士攻读博士学位期间对本书的实验研究工作付出的辛勤劳动和鼎力协助。

本书的试验工作得到了本书作者名下全体研究生的辛勤付出和无私帮助，他们是李倩、史英豪、杜帆、闫昕、吴佳、张桥、刘改利、魏宏、姜宇、陈薇、陈良豪、丁明冬、吴慧萍、张琦、成聪慧、王飞剑、葛韦华、柴松华、金鑫、聂小青、张宁、郝晓玉、谢静、韩轶多、王慧芳、王妍、张伟、徐瑶瑶、张茂林、陈尧、张一帆，在此一并深表谢意！

由于专业知识、科研实践、工作能力和认识水平的差距及时间所限，本书存在诸多疏漏与不足，敬请专家、学者和同行批评指正。

杜红秀
2018 年 1 月于太原

第1章
钢筋混凝土高温（火灾）损伤

随着社会经济和现代化建设的快速发展，高层建筑不断涌现，房屋密度不断加大，加之大量易燃新型材料的广泛应用以及燃气、电器的普遍使用，使建筑物发生火灾的概率大大增加，发生火灾造成的损失也与日俱增。

钢筋混凝土是现代建筑中大量使用的结构材料，由于自然或人为原因引发的各种偶然性建筑火灾事故，使钢筋混凝土结构在短时间内承受高温作用，1h内可达1000℃或者更高。结构遭受高温作用后，材料性能将会有不同程度的降低，从而导致结构构件或结构整体开裂、变形增大、承载力下降，甚至出现局部破损或倒塌，进而影响结构火灾或高温后的安全和使用。火灾后，如何准确而迅速地检测评估其损伤程度是工程实践中亟待解决的实际问题，它关系到能否制订科学合理的修复加固措施，以最大限度地减少火灾损失，避免修复加固过程中造成浪费。因此，探索和研究钢筋混凝土结构火灾损伤的检测评估理论和方法，对于全面正确地诊断评估钢筋混凝土结构火灾损伤状况，进而制订科学合理的修复加固措施，具有重要的理论意义和实用价值。

1.1 建筑室内火灾特性

处于火灾环境中的结构，其反应是从起火时就开始的。可燃物质一旦着火燃烧，释放出的热量经对流、辐射作用于结构表面，再由热传导传向结构内部，从而在结构内部形成一非均匀的温度场，即引起结构的温度反应；升温的结构材料发生一系列物理化学变化导致其力学性能的改变，使结构强度、刚度和变形能力发生变化而引起力学反应。各种钢筋混凝土构件是钢筋混凝土建筑物最基本的结构单元，研究高温作用下构件的温度场，分析构件内部经历的温度分布，了解火灾时构件内部温度变化的规律，有助于判定构件内部损伤程度、损伤疏松层厚度，可以为火灾建筑物的鉴定评估和修复加固工程提供基础依据。为了进行结构构件的温度场分析计算，需先了解建筑室内火灾的特性和规律以及混凝土材料随温度变化的热工参数的情况。

1.1.1 建筑室内火灾的发展过程和特性

火的实质是可燃物质经过点火触发后，与空气中的氧气发生激烈作用而形成的一种燃烧现象。室内火灾常常是从某种可燃固体着火开始的，可燃物在燃烧过程中产生大量的热量，并向周围扩散，使周围的空气和物质的温度升高，甚至引发新的燃烧，散发更多的热量。当燃烧失控后，随着高温焰气的流动、热量的传播，相继引发更多的附近物质普遍燃烧，即形成火灾。

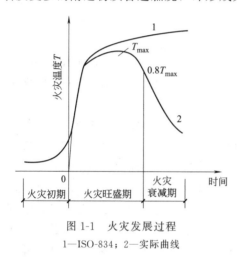

图 1-1　火灾发展过程
1—ISO-834；2—实际曲线

室内火灾的发展过程有一定的特点和规律性，一般经过三个阶段，即火灾初期、火灾旺盛期（轰燃）和火灾衰减期（熄灭）。室内平均温度（即火灾温度 T）是表征火灾燃烧强度的重要指标，因此，常以温度随时间变化的情况来描述室内火灾的发展过程，如图 1-1 中曲线 2 所示。图 1-1 中曲线 1 所示的是国际标准升温曲线。标准升温曲线忽略了火灾的初起阶段（火灾初期）和衰减熄灭（火灾衰减期）阶段，主要模拟了火灾的发展阶段（火灾旺盛期）。

① 火灾初期　或称火灾初始增长期，只有少量可燃物在燃烧，着火区的平均温度低，而且燃烧速度较慢，对建筑结构的破坏力也较低。这是火灾的第一阶段。

② 火灾旺盛期　随着燃烧时间的延长，火灾规模扩大，并导致火灾区全面燃烧，即轰燃，标志着火灾进入第二阶段——旺盛期。这时可燃物充分燃烧，火灾区内的平均温度急剧上升；轰燃后空气从破损的门窗进入起火区，使火灾区域内所有的可燃物全部进入燃烧，并且火焰充满整个空间，火灾温度随时间的延长而持续上升，在可燃物即将烧尽时达到最高温度（T_{max}），一般可达 1100℃ 左右，破坏力很强，可以严重地损害室内设备，使建筑结构持续快速升温，并达到最高温度。与之相应，结构和构件的承载力和变形性能迅速劣化，发生不同程度的损伤，甚至造成建筑物部分或全部倒塌，对建筑结构产生严重威胁。这是火灾中最危险的阶段。

③ 火灾衰减期　经过火灾旺盛期后，火灾区内可燃物大都被烧尽，火灾温度逐渐降低，直至熄灭。一般把火灾温度降低到最高值的 80%（$0.8T_{max}$）作为火灾旺盛期与衰减期的分界，这一阶段虽然有焰燃烧停止，但火焰的余热还能维持一段时间的高温，衰减期温度下降速度比较慢。

进入火灾第三阶段初期，随着空气温度的逐渐下降，结构表层的温度不再增高，但温度的绝对值仍高，且经过了较长时间的持续高温，结构性能仍可能继续劣化，使损伤加重。当火灾熄灭、室内恢复常温后，结构混凝土在高温时的损伤不能恢复，强度继续有所下降，即混凝土高温后强度比高温时低。钢筋的屈服强度虽然可恢复，但高温时的变形不能恢复。故火灾后，结构有较大的残余变形、裂缝和局部爆裂等严重损伤现象，结构的剩余承载力也将有不同程度的降低。

1.1.2 影响火灾温度的因素

室内火灾各不相同，主要受室内可燃物的种类、性质和数量，壁面和通风口的大小和位置以及建筑材料的热工性能等因素的影响。它们之间存在着复杂的相互作用，从而形成不同损伤状况的各种室内火灾。

火灾旺盛期的持续时间和火灾温度主要与室内可燃物种类、性质和数量有关。可燃物数量越多，燃烧时间则越长；单位发热量高的可燃物越多，室内温度则越高。此外，火灾旺盛期的持续时间和火灾温度也与室内通风条件有很大的关系。门窗开口面积越大，通风条件越好，氧气供给越充足，火灾温度越高，燃烧时间则越短。反之，燃烧时间长而温度低。

① 室内可燃物种类、性质和数量（热荷因子） 各种可燃物的品种和性质不同，必有不同的燃烧性能，即不同的起燃温度、燃烧速率和单位质量燃烧时发出的热量值。

可燃物的数量决定燃烧时的总发热量、火灾温度和火灾持续时间。

可燃物的分布状况，如集中、连续或分散分布，密实或疏松堆置，堆置的高度和面积等都影响燃烧速率、火灾的集中程度以及火灾的蔓延情况等。

火灾中，决定火灾持续时间长短的最主要因素是建筑物内可燃物的数量。建筑物内可燃物一般分为固定可燃物和容载可燃物两类。固定可燃物是指由可燃材料组成的建筑构件、装饰面层以及木制门窗和固定家具等，其数量可通过设计图纸直接获得。容载可燃物是指室内存放的可燃物，其数量和种类变化很大，难以准确估计，一般由调查统计确定。

每平方米地板面积上平均可燃物的总热值称为火灾荷载（单位为 MJ/m^2）。因此火灾荷载的确定主要是确定容载可燃物。

② 室内通风条件（通风因子） 房间的面积和形状、门窗洞口的面积和位置影响室内的通风情况，从而影响燃烧速率和室内温度的升高程度。

当通风口很小时，外界空气流入困难，燃烧不强烈，燃烧速率也很低；通风口较大时，空气供应充分，燃烧强度较大，这样室内既有较高的温度，又有较好的通风，燃烧速率便较大，在两者配合最合适的情况下，燃烧速率达到最大值。之后通风口再增大，就会造成热烟气层减薄、经过通风口向外的辐射散热增加，使室内平均温度降低，并使燃烧速率降低。

通过研究通风条件对室内火灾发展的影响，发现燃烧速率 $\dot{m}$（用可燃物的质量损失速率表示，单位为 kg/min）与参数 $A_w\sqrt{H}$ 之间大致呈线性关系：

$$\dot{m}=5.5A_w\sqrt{H} \tag{1-1}$$

式中，A_w 为通风口的面积，m^2；H 为通风口的自身高度，m。目前 $A_w\sqrt{H}$ 已被作为研究室内火灾发展的基本参数，一般称为通风因子。上述公式只在一定的 $A_w\sqrt{H}$ 范围内适用，且公式中的常数值是由可燃物的类型决定的。因此，在上述范围内，可燃物的燃烧速率由流入室内的空气流率决定，为通风控制燃烧。如果通风因子不断增大，将会出现燃烧速率与通风因子无关，而成为燃料控制燃烧的状况。

1.1.3　建筑材料的热效应

发生火灾时室内和周围的建筑材料，若为可燃性物质，就会助长火灾的发展；若质量热容值（或称比热容）很小，则吸收热量少而温度升高快；若热导率值大，则传热快，温度升高快，甚至使房间外侧的温度过高而造成火灾蔓延。

1.1.4　标准火灾温-时曲线

由于建筑火灾的复杂性，使实际建筑物火灾的温-时曲线有很大的随机性。国际标准化组织（ISO 834）建议的标准火灾温-时曲线为：$T=T_0+345\lg(8t+1)$。如前所述，它是一种人为设计的炉内燃烧状态，通过控制燃料（煤气或燃油）流率，炉内气体的温度可按预定的规律变化。标准火灾温-时曲线是总结室内火灾的发展规律，人为理想化了的曲线，在一定程度上反映室内火灾的发展规律。作为一个标准，它在结构构件的高温性能分析、抗火试验或耐火极限验算中统一应用，可使结构构件的分析和计算具有一致性和可比性。我国以标准火灾温-时曲线为标准。

1.2　混凝土材料的热工性能

结构构件在火灾或高温时内部的温度分布和变化，除了外部的温度条件外，只取决于结构材料的热工性能，而结构的高温力学反应通常情况下不影响其内部的温度情况，因此，可以认为结构构件的温度场与结构构件的内力、变形和损伤无关。

混凝土材料的热工性能主要指混凝土的导热能力、导温能力、比热容以及热膨胀。

在结构构件的温度场分析中，涉及材料热工性能的只有三个基本参数，即热导率、比热容和质量密度，其他热工参数可由它们导出。

材料的热膨胀系数，只影响材料和结构的温度变形和应力，而与温度场无关。

通常的普通混凝土和预应力混凝土结构中，钢筋或钢丝散布在混凝土内，用量有限，占总体积的百分数很小，一般小于3%。在火灾或高温作用下，钢筋或钢丝的存在对混凝土结构内部的温度分布影响很小。在分析结构构件的温度场时，忽略其中的钢筋或钢丝，看作匀质的混凝土材料，可满足计算精度的要求。因此，钢材的热工参数不加考虑。

混凝土是由水泥、水、粗细骨料、外加剂等组成的人工复合材料。由于各种原材料的矿物组成、化学成分和结构构造的差异很大，都有各自的热工参数值，加之混凝土配比和生产工艺等的差别，使混凝土热工参数值有很大的变异性和离散性。下面是一些试验结果与数据，可说明混凝土热工参数值的一般值和变化规律。

1.2.1 热导率 λ

随温度升高，普通混凝土的热导率逐渐降低，由于混凝土中总体积的60%～70%为粗骨料，故骨料种类对混凝土的热导率具有明显影响。普通混凝土的粗骨料都是由火成岩和水成岩破碎而成的碎石或冲积的卵石，质地致密，孔隙率小，其热导率主要取决于矿物成分、结晶特征和颗粒的结构状况等。一些岩石的热导率随温度的变化情况，见图1-2。这些岩石在常温时的热导率值相差较大，但在高温（>200℃）时有逐渐接近的趋势。热导率随温度升高的变化规律也不尽相同，硅质砂岩、石灰石和白云石的热导率随温度升高而很快下降；花岗岩和片麻石等随温度升高而缓慢减小；辉绿岩和钙长石等则随温度升高而稍有增长。

硬化水泥浆的热导率，随着温度的升高有不大的上下波动，水灰比的大小影响硬化水泥浆的细微孔隙率，从而对热导率有一定影响，见图1-3。

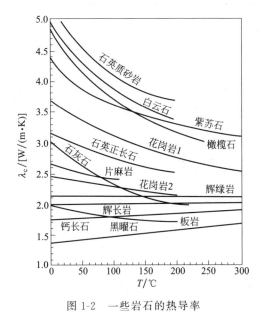

图1-2 一些岩石的热导率

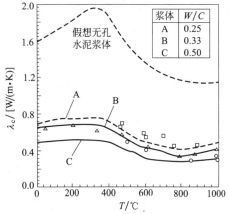

图1-3 硬化水泥浆的热导率

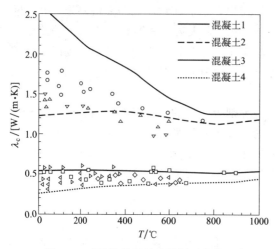

图 1-4 不同骨料配制的混凝土的热导率
○ 各种砾石；△ 硅酸盐类岩石；▽ 碳酸盐类岩石；
□ 膨胀页岩；◇ 膨胀陶粒；▷ 膨胀矿渣；◁ 浮石

不同种类骨料配制的混凝土，其热导率随温度的变化见图 1-4。普通硅质骨料混凝土比钙质骨料混凝土的热导率稍高，两者随温度升高而有所减小，在较高温度（如 800℃）后两者的数值接近。用各种多孔材料，如浮石、炉渣、膨胀黏土和页岩等制成的粗骨料配制成的轻混凝土，由于轻骨料中存在大量孔隙，使该混凝土比普通混凝土的热导率有较大下降，而且随温度升高的变化幅度也减小。

图 1-4 中给出了四种混凝土热导率与温度的关系曲线。在图 1-2 中可以看出，混凝土 1 中的石英质砂岩骨料和混凝土 2 中的钙长石骨料是普通岩石中热导率最高的和最低的，因此可以将混凝土 1 和混凝土 2 看作是普通骨料混凝土中热导率最高和最低的；混凝土 3 和混凝土 4 中的骨料是多孔的，混凝土 3 中骨料的热导率类似于辉绿岩，混凝土 4 中骨料的热导率类似于图 1-2 中的黑曜石，可以认为混凝土 3 和混凝土 4 分别代表轻骨料混凝土中热导率最高的和最低的。

表 1-1 是几种混凝土的热导率。

表 1-1 混凝土热导率典型值

骨料种类	混凝土表观密度/(kg/m³)	热导率/[W/(m·K)]
重晶石	3640	1.38
火成岩	2540	1.44
白云石	2560	3.68
轻混凝土（烘干）	480～1760	0.14～0.60

为了简化计算，将混凝土按骨料不同分成三类，分别给出热导率 [W/(m·K)] 的计算式：

硅质骨料（20℃≤T≤1200℃） $\lambda = 2 - 0.24\dfrac{T}{120} + 0.012\left(\dfrac{T}{120}\right)^2$ (1-2)

钙质骨料（20℃≤T≤1200℃） $\lambda = 1.6 - 0.16\dfrac{T}{120} + 0.008\left(\dfrac{T}{120}\right)^2$ (1-3)

轻质骨料（20℃≤T<800℃） $\lambda = 1.0 - \dfrac{T}{1600}$；

（800℃≤T≤1200℃） $\lambda = 0.5$ (1-4)

通过测试普通混凝土的热导率，得到其随温度变化的规律为：

$$\lambda(T) = 1.6 - 0.6\dfrac{T}{850}[W/(m\cdot℃)]$$ (1-5)

根据国外试验资料，建议混凝土的热导率采用下式计算：

$$\lambda(T)=1.16\times(1.4-1.5\times10^{-3}T+6\times10^{-7}T^2)[W/(m\cdot°C)] \qquad (1\text{-}6)$$

比较上述各式，式（1-6）给出的混凝土的热导率随温度的下降幅度大于式（1-5）。式中，T 为混凝土温度，℃。

1.2.2　比热容 c

混凝土的比热容随温度的升高（0～1000℃）有微小增大，骨料种类对比热容的影响很小。硅质骨料混凝土比钙质骨料混凝土的比热容稍大，而各种轻骨料混凝土比普通混凝土的比热容稍小。配比、生产工艺等因素对比热容的影响不大。各种混凝土比热容统一的计算式如下：

$$20°C\leqslant T\leqslant1200°C \qquad c=900+80\left(\frac{T}{120}\right)-4\left(\frac{T}{120}\right)^2[J/(kg\cdot K)] \qquad (1\text{-}7)$$

通过测试普通混凝土的比热容，得到其随温度变化的规律为：

$$c(T)=0.2+0.1\frac{T}{850}[kcal/(kg\cdot°C)] \qquad (1\text{-}8)$$

由于混凝土的比热容随温度变化不大，因此计算过程中可近似取常数值为：

$$c(T)=920[J/(kg\cdot°C)] \qquad (1\text{-}9)$$

1.2.3　表观密度 ρ

随温度升高，混凝土的表观密度略有减小，这主要是由于升温初期自由水的蒸发以及后期骨料和水泥石等固体成分受热膨胀变形造成体积增大所致。轻骨料混凝土的表观密度随温度升高的变化规律与普通混凝土相似，但变化幅度更小。

混凝土的表观密度随温度变化较小，对构件内部温度的影响幅度小于其他主要热工参数。进行构件温度场分析时，混凝土的表观密度可取常数值（2200～2400kg/m³）。混凝土的表观密度的变化规律可用下式表示（ρ 单位为 kg/m³）：

$$\rho(T)=2400-0.56T \qquad (1\text{-}10)$$

1.2.4　导温系数 α

混凝土的导温系数表示混凝土发生温度变化的速率，它也是温度的函数，可由上述三个参数导出。法国规范推荐了如下计算式（α 单位为 m²/s）：

$$\alpha(T)=\frac{\lambda}{c\rho}=\frac{1.4-1.5\times10^{-3}T+6\times10^{-7}T^2}{528-0.1232T}\times\frac{1}{3600} \qquad (1\text{-}11)$$

混凝土的这些基本热工参数不仅取决于粗细骨料和硬化水泥浆的各自的热工参数，还与混凝土的组成、制备工艺等因素有关，因而其变异性和离散性较大。对于重要的大型工程，需要用准确的热工参数进行分析时，应制作试件专门测定。对于一般的结构工程，对温度场分析没有特殊的精度要求，且考虑到火灾温度变化具有较大的随机性和离散性，可采用有关规范（或规程）提供的适于工程应用的简化值或计算式。

1.3 普通钢筋混凝土的火灾损伤

混凝土是一种优良的耐火结构材料，其耐火性能要比木、钢或其他金属材料优越，因为混凝土结构在火灾中不会像木结构那样燃烧而释放能量，也不会像钢结构那样随火场温度升高而迅速降低强度。混凝土在高温作用下，其自身并不会燃烧释放热量，且其导热性能较差，在高温作用的较短时间内，其内部温度不会骤然升高，强度损失较小，故混凝土结构在火灾中很少发生崩塌性破坏，但这并不意味着混凝土结构具有无限的抗火能力。随着火灾时间的延长及火场温度的增高，混凝土将受到严重损伤、危害。

持续高温（火灾）对混凝土的危害主要表现在降低混凝土的强度、弹性模量、黏结强度等，使混凝土承载力下降，建筑物受到损伤直至倒塌。

1.3.1 火灾对普通混凝土性能的危害与损伤

（1）火灾对混凝土抗压强度的损伤

普通混凝土（NSC）本身的强度、受火温度、火灾持续时间是影响火灾后钢筋混凝土结构力学性能的三个主要因素，而受火温度则是最主要的因素。混凝土强度在温度低于300℃时，损失甚微，有时甚至会稍有提高；在300～400℃之间降低10%～20%；400℃后强度下降很快，受测试件表面开始出现裂缝；600℃左右表面裂缝贯通，构件保护层混凝土的黏结力遭到破坏，强度大幅度下降；800～900℃强度几乎完全丧失。混凝土受火温度、时间与强度的关系如图1-5所示。

由图1-6混凝土抗压强度随温度变化曲线可知，混凝土在低于300℃的情况下，温度升高对强度的影响不大，相当一部分实验结果表明，300℃以前混凝土的抗压强度高于常温混凝土。但是高于300℃时，混凝土抗压强度随温度的上升而明显下

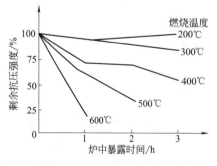

图1-5 混凝土受火温度、时间与强度的关系

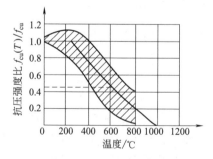

图1-6 混凝土抗压强度随温度变化曲线

降：300～400℃时抗压强度下降 10％～20％；400℃以上抗压强度下降加快；600℃时，强度已损失 50％以上；800～900℃则抗压强度几乎完全丧失。

实验研究还表明，混凝土的含水率、混凝土中水泥用量、试件尺寸、高温后混凝土的冷却情况及恢复时间对火灾后混凝土强度均有一定的影响：含水率高的混凝土受火灾后剩余强度比含水率低的低，但随混凝土含水率的下降，其对强度影响变得不太敏感；水泥用量多的混凝土比水泥用量少的混凝土受火灾后，强度降低较多；恒温时间相同的条件下，与大尺寸试件相比，小尺寸试件混凝土内部易达到最高温度，内部恒温时间长，损伤大，一般高温后剩余强度低；高温后快冷造成了试件的内外有很大温差，加重了混凝土内部结构损伤，使高温后混凝土强度比慢冷的低；恒温时间长比恒温时间短的混凝土剩余强度低，高温后混凝土随恢复时间的延续，强度一般先下降后恢复，较低温度作用后混凝土强度恢复快，较高温度作用后则恢复慢。不同骨料和不同强度等级的混凝土试件高温后的对比实验表明，混凝土强度等级变化时，高温后其抗压强度比变化不大，但骨料品种对抗压强度比有显著影响，硅质骨料混凝土的抗压强度比要低于碳酸质骨料混凝土。高温后混凝土的塑性增加，弹性模量与强度间不再遵从常温下的关系式，有关文献对实验结果进行了统计分析，建立了简洁实用的公式。

欧洲混凝土协会总结归纳各国的实验结果，推荐下式计算高温下混凝土的抗压强度：

$$
\begin{aligned}
f_{cu}(T) &= f_{cu} & T \leqslant 250℃ \\
f_{cu}(T) &= 1.0 - 0.00157(T - 250)f_{cu} & 250℃ < T \leqslant 600℃ \\
f_{cu}(T) &= 0.45 - 0.00112(T - 600)f_{cu} & T < 600℃
\end{aligned} \tag{1-12}
$$

式中，T 为混凝土的受火温度；f_{cu}、$f_{cu}(T)$ 为常温时，温度 T 作用下混凝土立方体的抗压强度。

高温后混凝土强度与温度之间的关系式如下：

$$
\begin{aligned}
f_{cr}(T) &= \left[1.0 - 0.58194 \left(\frac{T - 20}{1000} \right) \right] f_c & T \leqslant 200℃ \\
f_{cr}(T) &= \left[1.1459 - 1.39255 \left(\frac{T - 20}{1000} \right) \right] f_c & T > 200℃
\end{aligned} \tag{1-13}
$$

式中，T 为混凝土的受火温度；f_c、$f_{cr}(T)$ 为常温时，温度 T 作用后混凝土立方体的抗压强度。

根据四川消防科研所试验结果，混凝土高温后强度折减系数 K_c 可按表 1-2 取值。

表 1-2　混凝土高温后强度折减系数 K_c

温度/℃	100	200	300	400	500	600	700	800
K_c	0.94	0.87	0.76	0.62	0.50	0.38	0.28	0.17

注：表中数据已考虑了消防射水对混凝土的影响。

（2）火灾对混凝土抗拉强度的损伤

抗拉强度是混凝土在正常使用阶段的重要性能指标之一，其值高低直接影响构件的开裂、变形和钢筋锈蚀等性能。混凝土在火灾高温作用下，抗拉强度降低比抗压强度下降多10%～15%，这是因为混凝土中水泥石的微裂纹扩展造成的结果。这种情况对钢筋混凝土楼板受拉面的损伤、危害极大，必须引起高度重视。

图1-7给出了混凝土抗拉强度随温度上升而下降的实测曲线。图中纵坐标为高温抗拉强度与常温抗拉强度的比值，横坐标为温度值。试验结果表明，混凝土抗拉强度在50～600℃之间的下降规律基本上可用一条直线表示，当温度达到600℃时，混凝土的抗拉强度为零。

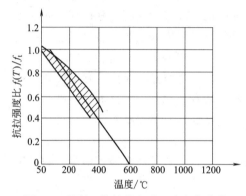

图1-7 混凝土抗拉强度随温度变化曲线

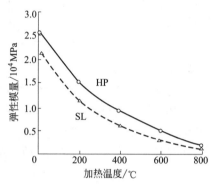

图1-8 温度对混凝土弹性模量的影响

HP—早强硅酸盐水泥混凝土；SL—矿渣水泥混凝土

（3）火灾对混凝土的弹性模量的损伤

随着温度的升高，混凝土内凝胶与结晶体脱水，结构松弛、孔隙增多、变形增加，导致混凝土弹性模量下降。高温下和高温后混凝土弹性模量的降低幅度要大于相应的抗压强度。高温后混凝土弹性模量总体上比高温下要低。图1-8是高温下温度对混凝土弹性模量的影响。通过试验分别建立了高温下和高温后混凝土弹性模量的计算模型。

混凝土弹性模量随温度变化的关系式为：

$$E_c(T)/E_c = 1.00 - 0.00175T \qquad T \leqslant 200℃$$
$$E_c(T)/E_c = 0.92 - 0.000923T \qquad 200℃ < T \leqslant 700℃ \qquad (1\text{-}14)$$
$$E_c(T)/E_c = 0.25 \qquad 700℃ < T \leqslant 800℃$$

式中，T为混凝土的受火温度；E_c为常温下混凝土试件的弹性模量；$E_c(T)$为不同温度时混凝土试件的弹性模量。

高温后混凝土弹性模量与温度之间的关系式为：

$$E_{cr}(T) = \left[1.027 - 1.335\left(\frac{T}{1000}\right)\right]E_c \qquad T \leqslant 200℃$$

$$E_{cr}(T) = \left[1.335 - 3.371\left(\frac{T}{1000}\right) + 2.382\left(\frac{T}{1000}\right)^2\right]E_c \qquad 200℃ < T \leqslant 600℃ \qquad (1\text{-}15)$$

式中，T 为混凝土受火温度；E_c、$E_{cr}(T)$ 为常温时，温度 T 作用后混凝土的弹性模量。

随着温度的不断升高，混凝土弹性模量逐渐下降，刚度不断降低。经高温作用冷却后的混凝土，其弹性模量比高温时要小。根据四川消防科学研究所试验结果，混凝土高温后强度折减系数 K_{cE} 可按表1-3取值。

表 1-3 混凝土高温冷却后的弹性模量折减系数 K_{cE}

温度/℃	100	200	300	400	500	600	700	800
K_{cE}	0.75	0.53	0.40	0.30	0.20	0.10	0.05	0.05

不同骨料和不同强度等级的混凝土试件高温后的对比试验表明，混凝土强度等级对高温后的弹性模量比影响不大，但骨料品种对弹性模量比有显著影响，硅质骨料混凝土的弹性模量比要低于碳酸质骨料混凝土。

（4）火灾损伤混凝土的应力-应变曲线

混凝土在高温作用时和冷却后其一次加荷下的应力-应变曲线和常温下相似。由于混凝土弹性模量和强度的降低，只是使曲线应力峰值降低，因此温度升高，曲线更为平缓。对于受热冷却后的混凝土，这种现象更为明显。图1-9（a）、图1-9（b）分别显示了高温时及高温冷却后混凝土的应力-应变曲线。通过试验建立了高温时和高温后混凝土应力-应变关系的模型。通过明火试验也提出了高温后混凝土应力-应变关系的模型。

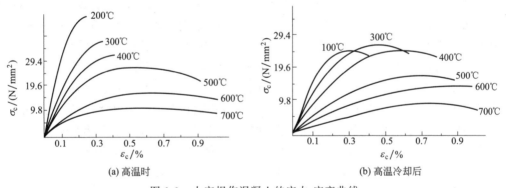

(a) 高温时   (b) 高温冷却后

图 1-9 火灾损伤混凝土的应力-应变曲线

高温下混凝土应力-应变关系的模型为式（1-16a）。式中，σ、ε 为应力、应变；ε_0、$\varepsilon_0(T)$ 为常温时，温度 T 作用下混凝土峰值应力所对应的峰值应变。$\varepsilon_0(T)$ 按式（1-16b）计算：

$$\sigma = f_c(T)\left[2.2\frac{\varepsilon}{\varepsilon_0(T)} - 1.4\left(\frac{\varepsilon}{\varepsilon_0(T)}\right)^2 + 0.2\left(\frac{\varepsilon}{\varepsilon_0(T)}\right)^3\right] \qquad 0 < \varepsilon \leqslant \varepsilon_0(T)$$

$$(1\text{-}16a)$$

$$\sigma = f_c(T)\frac{\varepsilon/\varepsilon_0(T)}{0.8[\varepsilon/\varepsilon_0(T)-1]^2 + \varepsilon/\varepsilon_0(T)} \qquad \varepsilon > \varepsilon_0(T)$$

$$\varepsilon_0(T) = [1 + (1500T + 5T^2)\times 10^{-6}]\varepsilon_0 \qquad\qquad (1\text{-}16b)$$

高温后混凝土应力-应变关系按式（1-17a）计算：

$$\sigma = f_{cr}(T)\left[0.628\frac{\varepsilon}{\varepsilon_{0r}(T)} + 1.741\left(\frac{\varepsilon}{\varepsilon_{0r}(T)}\right)^2 - 1.371\left(\frac{\varepsilon}{\varepsilon_{0r}(T)}\right)^3\right] \quad 0 < \varepsilon \leqslant \varepsilon_{0r}(T)$$

$$\sigma = f_{cr}(T)\frac{0.6742\varepsilon/\varepsilon_{0r}(T) - 0.2173[\varepsilon/\varepsilon_{0r}(T)]^2}{1 - 1.3258\varepsilon/\varepsilon_0(T) + 0.7827[\varepsilon/\varepsilon_{0r}(T)]^2} \quad \varepsilon > \varepsilon_{0r}(T)$$

$$(1\text{-}17a)$$

式中，σ、ε 为应力、应变；ε_{0r}、$\varepsilon_{0r}(T)$ 为常温时和温度 T 作用后混凝土峰值应力所对应的峰值应变。$\varepsilon_{0r}(T)$ 按式（1-17b）计算：

$$\varepsilon_{0r}(T) = \varepsilon_0 \qquad\qquad\qquad\qquad\qquad T \leqslant 200℃$$

$$\varepsilon_{0r}(T) = \left[0.8103 + 0.4224\left(\frac{T}{1000}\right) + 2.6315\left(\frac{T}{1000}\right)^2\right]\varepsilon_0 \quad T > 200℃$$

$$(1\text{-}17b)$$

1.3.2　火灾对钢筋力学性能的影响

钢筋混凝土结构在火灾高温作用下，其承载力与钢筋强度关系极大。国内外对各类钢筋、钢丝等的试验研究表明，钢材在高温时的强度大大低于高温后的强度。因此，构件在火灾时的承载力计算与火灾后的损伤评估和修复加固计算时，钢筋强度的取用不可混为一谈。

钢筋的屈服应变随温度升高的影响不大，高于 500℃ 时，稍有降低，幅度很小；其屈服强度随温度升高呈下降趋势，小于 200℃ 时不明显，高于 200℃ 时，强度开始下降，非预应力钢筋在 550～600℃ 时，强度下降 50% 左右，预应力钢筋在高温下，强度下降比非预应力钢筋要快，在 400℃ 左右时，其强度损失达 50%。在高温冷却后，再加载的钢筋抗拉试验，其 σ_s、σ_b 与常温下基本相同。

当钢筋埋入混凝土中加热时，受混凝土保护层（20mm 厚）的包裹和约束，减慢了强度的变化。而冷却方式对 20MnSi 的强度影响较大，空冷和水冷下的强度都比炉冷时高。对冷拔高强钢丝来说，空冷与水冷下的强度比炉冷下虽有所提高，但幅度不大。因此，若以裸露加热和炉冷条件评估钢筋高温作用后的性能，则更安全。

随温度升高，钢筋的 σ-ε 曲线、弹性模量变化趋势与强度下降趋势基本相似，但弹性模量下降幅度较小，延伸率变化幅度不大；冷却方式对弹性模量影响很小。

（1）钢筋的强度

钢筋混凝土结构在火灾温度作用下，其承载力与钢筋强度关系极大。因此，国内外对各类钢筋、钢丝、钢铰线都进行了较为系统的试验研究。结果表明，钢材在热态时的强度大大低于先加温后冷却到室温时测定的强度。

钢材的屈服强度随温度升高呈下降趋势，小于 200℃ 时不明显，高于 200℃ 时，强度开始下降。非预应力钢筋在 550～600℃ 时，强度下降 50% 左右，预应力钢筋在高温下，强度下降比非预应力钢筋要快，在 400℃ 左右时，其强度损失达 50%。

试验表明，钢筋受高温作用后冷却到室温时强度有较大幅度恢复。根据 CIBW$_{14}$（国际建筑科研与文献委员会第十四分委员会）得出的结论如图 1-10 所示，计算时可直接查用。对于热轧钢筋和冷加工钢筋，图中数据表示屈服强度比，对于预应力钢筋则表示极限抗拉强度比。

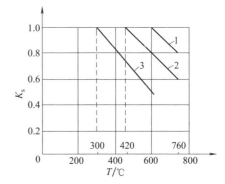

图 1-10 钢筋冷却后强度折减系数
1—热轧钢筋屈服强度；
2—冷加工钢筋的屈服强度；
3—预应力钢筋屈服强度和抗拉强度

由图 1-10 可知，普通热轧钢筋在 600℃以前，屈服强度没有降低；600℃以后，呈线性降低。预应力钢筋在 300℃以后，强度降低较快，600℃时降低 50%。冷加工钢筋在 420℃以前，屈服强度没有降低；420℃以后线性降低。

高温后热轧钢筋屈服强度随温度变化的关系式为式（1-18）：

$$f_{yr}(T) = (99.838 - 0.0156T) \times 10^{-2} f_y \qquad 20℃ < T < 600℃$$
$$f_{yr}(T) = (137.35 - 0.0754T) \times 10^{-2} f_y \qquad 600℃ \leqslant T \leqslant 900℃ \tag{1-18}$$

式中，T 为钢筋受火温度；f_{yr} 为常温下钢筋试件的屈服强度；$f_{yr}(T)$ 为不同温度作用后钢筋试件的屈服强度。

高温后冷拔碳素钢丝的屈服强度 $\sigma_{0.2}$ 随温度变化的关系式为：

$$\sigma_{0.2}^T / \sigma_{0.2} = (101.99 - 0.0377T) \times 10^{-2} \qquad 20℃ < T < 400℃$$
$$\sigma_{0.2}^T / \sigma_{0.2} = (139.10 - 0.144T) \times 10^{-2} \qquad 400℃ \leqslant T \leqslant 900℃ \tag{1-19}$$

式中，T 为钢丝受火温度；$\sigma_{0.2}$ 为常温下冷拔碳素钢丝的屈服强度；$\sigma_{0.2}^T$ 为不同温度作用后冷拔碳素钢丝的屈服强度。

高温后钢筋极限抗拉强度的下降趋势与屈服强度相似，只是剩余强度比值稍高，同时冷加工钢丝的强度下降幅度明显大于热轧钢筋。图 1-11 和图 1-12 分别为高温后钢筋屈服强度和极限抗拉强度与温度的关系。

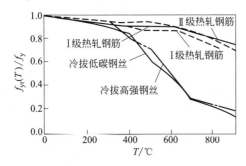

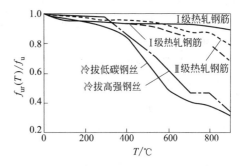

图 1-11 高温后钢筋屈服强度与温度的关系　图 1-12 高温后钢筋极限抗拉强度与温度的关系

高温后热轧钢筋极限抗拉强度随温度变化的关系式为式（1-20）：

$$f_{ur}(T) = (99.452 - 0.0122T) \times 10^{-2} f_u \qquad 20℃ < T < 600℃$$
$$f_{ur}(T) = (125.65 - 0.0555T) \times 10^{-2} f_u \qquad 600℃ \leqslant T \leqslant 900℃ \tag{1-20}$$

高温后冷加工钢丝极限抗拉强度随温度变化的关系式为式（1-21）：

$$f_{ur}(T) = (101.76 - 0.0312T) \times 10^{-2} f_u \qquad 20℃ < T < 400℃$$
$$f_{ur}(T) = (127.08 - 0.109T) \times 10^{-2} f_u \qquad 400℃ \leqslant T \leqslant 900℃ \tag{1-21}$$

式（1-20）和式（1-21）中，T 为钢筋受火温度；f_u 为常温下钢筋试件的极限抗拉强度；$f_{ur}(T)$ 为不同温度作用后钢筋试件的极限抗拉强度。

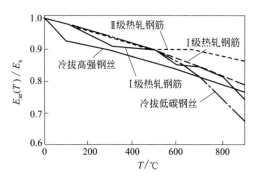

图 1-13　高温后钢筋弹性模量与温度的关系

（2）钢筋的弹性模量

钢材的弹性模量随温度升高而逐渐下降，其下降趋势较缓慢，与钢筋种类和级别关系不大。高温后热轧钢筋与冷加工钢丝的弹性模量下降趋势基本一致，如图 1-13 所示。冷却方式对钢材弹性模量的影响较小，空冷与水冷下的弹性模量虽都比炉冷时高，但幅度不大。下面的方程是针对炉冷条件给出的。

高温后热轧钢筋的弹性模量随温度变化的关系式为式（1-22）：

$$E_{sr}(T) = (100.53 - 0.0265T) \times 10^{-2} E_s \qquad 20℃ < T \leqslant 900℃ \tag{1-22}$$

高温后热轧钢筋与冷加工钢丝的弹性模量的关系式为式（1-23）：

$$E_{sr}(T) = (100.108 - 0.0249T) \times 10^{-2} E_s \qquad 20℃ < T \leqslant 900℃ \tag{1-23}$$

式（1-22）和式（1-23）中，T 为钢筋受火温度；E_s 为常温下钢筋试件的弹性模量；$E_{sr}(T)$ 为不同温度作用后钢筋试件的弹性模量。

四川消防科研所的研究表明，钢筋在遭受火灾高温冷却后弹性模量无明显变化，可取常温时的值。综合多方研究成果表明，当 $T < 500℃$ 时，这种近似带来的误差较小，一般在 10% 以内；而当 $T > 500℃$ 后，误差随温度升高逐渐增大，近似取常温时的值就显粗糙。通过式（1-22）或式（1-23）计算取值比较准确。

（3）钢筋的应力-应变曲线

在不同温度下进行钢材拉伸试验，就可以作出不同温度下的应力-应变曲线图。图 1-14 是低碳结构钢在各种温度下的应力-应变曲线，温度 $T \leqslant 200℃$ 时的 σ-ε 曲线中，可看到存在明显的屈服点，而且有一段较平稳的屈服阶段。$300 \sim 700℃$ 时，已没有明显的屈服阶段，类似硬钢的 σ-ε 曲线，钢材强度随温度升高而急剧下降。图 1-15 表示冷拔处理钢材在各种温度下的 σ-ε 曲线。冷拔钢筋强度高（可提高 $40\% \sim 60\%$），但塑性低，广泛用于预应力钢筋混凝土中，从图中可以看出冷拔钢筋的高温

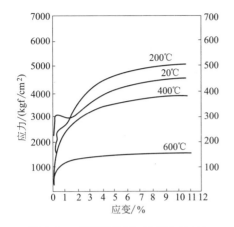

图 1-14 低碳结构钢（ASTMA36）
在各种温度下的应力-应变曲线

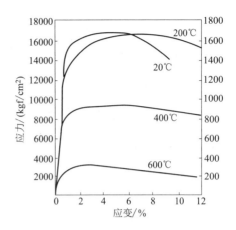

图 1-15 冷拔处理钢材（ASTMA421）
在各种温度下的应力-应变曲线

强度损失大于非冷拔钢筋的强度损失。

温度 $T \geqslant 200℃$ 后，各种钢筋的屈服应变随温度的变化不规则，但差别不大，钢筋的屈服应变可近似取为常值。各强度等级钢筋的高温（$T \geqslant 200℃$）极限应变值都随温度的升高而减小，至 T 约为 $600℃$ 时达最小值 40×10^{-3}（Ⅰ级）或 20×10^{-3}（Ⅱ～Ⅴ级）。钢筋的高温极限应变值较大，实际结构火灾时很少能达到。

当钢筋受热温度 $T \leqslant 500℃$ 时，冷却后其 σ-ε 曲线和常温相同；当受热温度 $T > 500℃$ 时，屈服平台消失，如图 1-16 中虚线所示。

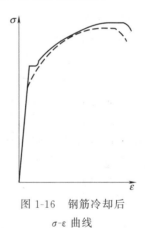

图 1-16 钢筋冷却后
σ-ε 曲线

1.3.3 火灾对钢筋与混凝土黏结力（强度）的影响

钢筋与混凝土的黏结力，主要是指混凝土凝结硬化时将钢筋紧紧握裹而产生的摩擦力、钢筋表面凹凸不平而产生的机械咬合力及钢筋与混凝土接触表面的相互胶结力等。钢筋与混凝土的黏结性能是钢筋混凝土中钢筋和混凝土共同工作的基础。

由于混凝土在高温时和高温后强度下降，必然引起钢筋与混凝土间黏结强度的损伤。黏结强度的变化主要取决于温度、钢筋种类等。随温度增高，黏结强度呈连续下降趋势；螺纹钢筋的黏结强度比光圆钢筋的黏结强度大得多，如图 1-17 所示。试验表明，光圆钢筋在 100℃ 时，黏结力降低约 25%；200℃ 时，降低约 45%；250℃ 时，降低约 60%；而在 450℃ 时，黏结力几乎完全消失。但非光圆钢筋在 450℃ 时才降低 45%，700℃ 时降低 80%。原因在于光圆钢筋与混凝土之间的黏结力主要取决于其摩擦力与胶结力。在高温作用下，混凝土中水分排出，出现干缩的

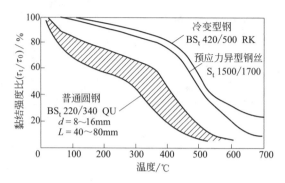

图 1-17   在不同温度下钢筋与混凝土的黏结强度比

微裂缝，使混凝土抗拉强度急剧降低，导致二者的摩擦力和胶结力迅速降低；而非光圆钢筋与混凝土的黏结力，主要取决于钢筋表面突出的肋与混凝土的机械咬合力，在 250℃ 以下时，由于混凝土抗压强度的增加，二者之间的咬合力降低较小；温度高于 600℃ 时，不仅混凝土凝胶体发生破坏，而且其中的粗骨料也发生显著破坏，引起混凝土抗拉强度急剧下降，从而使黏结力明显下降。

当加载火烧后的钢筋混凝土梁受火温度达 600℃ 以上时，混凝土保护层与钢筋之间的黏结力遭到破坏，纵向钢筋的梢栓作用亦减少，从而导致梁斜截面破坏，梁总挠度大大增加，不能满足使用要求。对于一面受火的钢筋混凝土板来说，随着温度的升高，钢筋由荷载引起的徐变不断加大，350℃ 以上时更加明显。徐变加大，使钢筋截面减小，构件中部挠度加大，受火面混凝土裂缝加宽，使受力主筋直接受火作用，承载能力降低，甚至导致钢筋混凝土完全失去承载力而破坏。其他混凝土与钢筋黏结力变化规律更复杂些，但超过 450℃，黏结力均会下降。

不同温度下钢筋与混凝土黏结力降低系数见表 1-4。

表 1-4   不同温度下钢筋与混凝土黏结力降低系数

温度/℃		100	200	300	400	500	600	700
降低系数	光圆钢筋	0.70	0.55	0.40	0.32	0.05	—	—
	螺纹钢筋	1.00	1.00	0.85	0.65	0.45	0.28	0.10

注：光圆钢筋为新轧者取下限值；严重锈蚀者取上限值。

高温冷却后的钢筋混凝土，其黏结性能比高温下的黏结性能还要差一些，且不再回升。

通过试验建立的高温下和高温后钢筋和混凝土之间黏结强度的关系式为式（1-24）：

$$\tau_0(T) = (A + BT)\tau_0 \tag{1-24}$$

式中，T 为钢筋受火温度；τ_0 为常温下钢筋试件的黏结强度；$\tau_0(T)$ 为温度 T 作用后钢筋试件的黏结强度；A、B 为系数，取值见表 1-5。

表 1-5 **A**、**B** 系数的取值

钢筋类别	温度/℃	高温下		高温后	
		A	$B/10^{-3}$	A	$B/10^{-3}$
螺纹钢筋	0～400	1.000	0.283	1.000	−0.535
	400～700	1.925	−2.030	1.581	−1.987
光圆钢筋	0～100	1.000	1.220	1.000	0.490
	100～400	1.205	−0.830	1.326	−2.767
	400～600	2.619	−4.365	0.657	−1.095

混凝土高温冷却后变形钢筋与混凝土之间的黏结强度的计算公式为式（1-25）：

$$\tau = (0.35c/d - 0.36)f_{cut} \qquad\qquad T \leq 300℃$$
$$\tau = (1.84c/d - 1.87)(1.35 - 0.0012T) \times 0.19 f_{cu} \qquad T > 300℃ \qquad (1\text{-}25a)$$

$$f_{cut} = \frac{f_{cu}}{1 + 2.4(T-20)^6 \times 10^{-17}} \qquad\qquad (1\text{-}25b)$$

式中，τ 为钢筋与混凝土的极限黏结应力，MPa；c/d 为保护层厚度与钢筋直径的比值；T 为所经受的最高温度，℃；f_{cu} 为混凝土的标准立方体强度，MPa；f_{cut} 为 T 温度下的混凝土标准立方体强度，MPa。

通过上述关系式可估算不同厚度保护层、不同温度作用后变形钢筋与混凝土之间的黏结强度。

1.3.4 普通钢筋混凝土火灾损伤机理

混凝土材料在火灾高温作用下受到损伤的根本原因在于发生了一系列的物理化学变化：诸如水泥石的相变、裂纹增多、结构疏松多孔，水泥石-骨料界面开裂、脱节等，因此火灾后混凝土的损伤特征为由表层向内部逐渐疏松、开裂，损伤缺陷多为裂缝。不同的受火温度、持续时间，将造成不同深度和程度的损伤状况，严重时混凝土保护层剥落，表面混凝土爆裂明显，混凝土纵、横、斜裂缝产生得多而密，钢筋与混凝土黏结力破坏。

（1）普通混凝土（C10～C50）火灾损伤机理

对火灾混凝土损伤机理的探索研究是材料学的研究范畴，混凝土的火灾损伤机理有以下三个方面：

① 混凝土表面受火处温度升高比内部快得多，内外温差引起混凝土开裂；

② 水泥石受热分解，使胶体的黏结力被破坏；

③ 粗骨料和水泥石间的热不相容，导致应力集中和微裂缝的开展。

普通混凝土受高温灼烧会发生以下一系列物理化学变化，导致其损伤，损伤过程描述如下：

① 混凝土中各种水分的逃逸 混凝土中各种水分包括化学结合水、物理化学结合水、游离水等汽化逸出，破坏混凝土微结构，降低混凝土强度。

水泥石随温度升高脱水收缩，其变化如图 1-19 所示。

② 混凝土中水泥石的破坏　混凝土是多相复合材料，水泥石对混凝土性能起着决定性作用。高温下，首先是水泥石中的水化产物发生急剧变化，水化产物脱水分解使水泥石内部裂纹增多，结构变得疏松多孔，水泥石强度下降。

普通水泥石的差热分析表明，120℃左右水化硅酸钙（C-S-H）等水化物脱水；63℃钙矾石（AFt）脱水；495℃氢氧化钙（CH）脱水；780℃左右则是 $CaCO_3$ 的分解。

另外，水化产物和未水化矿物在高温下热变形不协调所造成的开裂也有影响。

③ 骨料与水泥石界面受损　经受高温后的混凝土强度损失要比水泥石严重，因为由多种材料组成的混凝土内部结构要比水泥石复杂。常温混凝土中 C-S-H 凝胶的网状结构密实，CH 与 AFt 等晶型完整，界面结构密实、连接结点多、孔隙较少；但温度升到 200～300℃后，水化产物开始脱水，晶型严重变形，并出现孔隙，特别是由于水泥石与粗骨料的热变形不相容，形成大量界面裂缝，严重削弱了界面黏结力；400℃后，这种变化将随温度的升高而逐渐加剧。图 1-18 和图 1-19 分别给出了几种骨料及水泥石经 600℃高温和冷却过程的变形比较，由图可知，水泥石在升温及冷却过程中均为收缩变形，而硅质、钙质等骨料为膨胀变形，因此，混凝土在经受火灾过程中水泥石-骨料界面及表面的开裂导致强度降低，特别是温度高于 450～500℃时更为明显。图 1-20 是各种骨料混凝土随温度变化的线性膨胀。此外，CH 脱水形成的 CaO 会吸收空气中水分而产生体积膨胀，更加剧了混凝土内部结构的破坏，使混凝土强度显著下降。

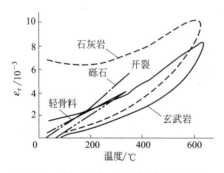

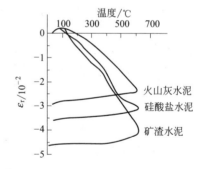

图 1-18　骨料的热变形（加热至 600℃）　　　图 1-19　水泥石的热变形（加热至 600℃）

扫描电镜观察混凝土显微结构可以发现，常温下混凝土与火烧后混凝土完全不同，在低于 300℃时水泥石基本无变化；400℃时开始有所变化，但不太明显；500℃时水泥石整体结构已有些破碎；700℃时氢氧化钙结构已很松散，C-S-H 凝胶结构已极不完整，表面有许多裂缝和孔洞；温度达 900℃后，水泥石中已看不到水泥水化产物，只剩下 CaO 残渣。水泥石与骨料的界面在 500℃后产生裂缝；700℃后裂缝扩大，骨料破坏严重；900℃后骨料与水泥石完全脱节。

（2）钢筋火灾损伤机理

钢筋经高温作用，由于内部发生了相变，其 σ_s、σ_b、E、$\sigma\text{-}\varepsilon$ 曲线均发生了一

定的变化，加热与冷却方式不同也影响其相变与物理力学性能。以常见的热轧钢筋 AJ_3F 和 20MnSi、冷拔低碳钢丝和冷拔高强钢丝为例，前两种热轧钢筋的 σ_s、σ_b 均在 600℃以上下降幅度加大。其原因是：一方面，高于 600℃后，珠光体中的渗碳体被球化，随温度升高，球化加速，得到的球化组织越粗越软，强度就越低；另一方面，在 600℃以上的高温作用下，钢筋表面脱碳形成脱碳层，含碳量下降，珠光体减少使强度降低。而后两种冷拔钢丝的 σ_s、σ_b 均在 400℃以上迅

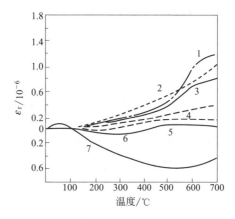

图 1-20　各种骨料混凝土随温度变化的线性膨胀
1—砂岩；2—石灰岩；3—花岗岩；4—膨胀页岩
5—膨胀熔渣；6—浮石；7—珍珠岩

速下降，原因主要是在 400℃以上的高温作用下，产生了恢复和再结晶作用，逐渐恢复到冷加工前的状态，导致强度降低。此外，随温度继续升高，也同样存在渗碳体的球化及表面的脱碳现象，使强度进一步降低。

当钢筋埋入混凝土中加热时，受混凝土保护层（20mm 厚）的包裹和约束，表面氧化脱碳的程度远比裸露钢筋小得多，加之钢筋的热膨胀比混凝土大得多，高温作用下，钢筋将受到混凝土保护层较大的压应力。经测定，600℃下热应力可达 152MPa，700℃时高达 160MPa，在压应力作用下，钢筋内部金相组织与晶体结构的变化将受到一定的抑制，因而，减慢了强度的变化。而冷却方式对 20MnSi 的强度影响较大，空冷和水冷下的强度都比炉冷时高，这是由于 700℃以上的空冷相当于一个正火过程，钢筋中出现索氏体，故强度有所提高，对冷拔高强钢丝来说，空冷与水冷下的强度比炉冷下虽有所提高，但幅度不大，可能是钢丝已经过拔制与回火处理，又加上含碳量较高（1.01%），性能脆之故。因此，若以裸露加热和炉冷条件评估钢筋高温作用后的性能，则更安全。

1.4　高强混凝土/高性能混凝土的火灾（高温）损伤

高强混凝土（high-strength concrete，HSC）/高性能混凝土（high-performance concrete，HPC）具有强度高、变形小、耐久性好等优点，同时还能减小构件截面，增大使用面积，降低工程造价，特别适用于现代工程结构向大跨、重载、高耸方向发展和承受恶劣环境的需要，因此得到了越来越广泛的应用。然而，随着 HSC/HPC 在现代混凝土建筑工程中的广泛使用，HSC/HPC 结构遭遇火灾（高温）的危险性也日益增加。

　　为了确保 HSC/HPC 结构的火灾安全，以及评估这些建筑物火灾（高温）后结构的承载力和安全性，为结构的修复加固提供科学依据，充分了解和研究遭受火灾（高温）作用的 HSC/HPC 的强度、变形等性能变化，以及比普通混凝土（normal-strength concrete，NSC）脆性更大、更容易发生爆裂的现象等是十分必要的。

1.4.1　火灾（高温）对高强混凝土/高性能混凝土强度的影响

　　（1）抗压强度（compressive strength of cubes）f_{cu}

　　不同温度作用下，HSC/HPC 试件强度的变化出现并遵循类似普通混凝土（NSC）的趋势。最初，当作用温度在 $100\sim300℃$ 时，与室温下相比，其抗压强度损失 $15\%\sim20\%$，随着混凝土强度增加，遭受高温的强度损失也增加；强度初始损失后，HSC/HPC 在 $300\sim400℃$ 间恢复其强度，达到超过室温强度（$8\%\sim13\%$）的最大值，随着混凝土强度的增加，强度恢复也发生在较高的温度下；$400℃$ 以上的高温下，其抗压强度迅速下降，$600℃$ 时，下降约 50%，$800℃$ 时，下降至约室温强度的 $20\%\sim30\%$。

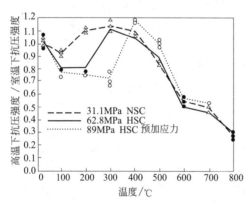

图 1-21　混凝土抗压强度随温度变化的情况

　　加热期间预加荷载有助于减少强度损失，也使强度恢复延迟，而强度恢复幅度较高；但预加荷载试件约在 $700℃$ 时已不具结构完整性，失去持荷能力；部分试件在一恒定的温度范围内爆裂破坏。混凝土抗压强度随温度变化的情况如图 1-21 所示。另外，掺钢纤维加强的 HPC，高温作用后强度损失率最小而残余强度最大。

　　对 C70、C80 和 C85 三种强度等级的 HSC 分别进行高温后的力学性能试验（工业电炉，升温速率 $10℃/min$，达到规定温度后恒温 $3\sim4h$，然后打开炉门冷却 1h 后，取出试件置于室内自然冷却至室温），得出高温后 HSC 抗压强度随加热温度的变化规律为式（1-26）：

$$\frac{f_{cr}(T)}{f_c}=\begin{cases}-0.01242T/100+1.00248 & 20℃\leqslant T\leqslant400℃ \quad (1\text{-}26a)\\ -0.4665T/100+2.8188 & 400℃<T\leqslant500℃ \quad (1\text{-}26b)\end{cases}$$

　　式中，f_c、$f_{cr}(T)$ 为常温时、温度 T 作用后混凝土的抗压强度。

　　高温后约束（配箍筋）HSC 的抗压强度损失比无约束 HSC 小。高温后约束 HSC 的抗压强度随体积配筋率增大，强度提高幅度也增大；加热温度越高，高温后约束 HSC 的抗压强度较无约束 HSC 的抗压强度提高幅度越大。

　　（2）劈拉强度（splitting tensile strength of cubes）f_t'

　　室温下，HSC/HPC 的劈拉强度 f_t' 较 NSC 稍大，随加热温度增加，f_t' 连续下降，速率较快。$300℃$ 时，与 NSC 相当接近，之后比 NSC 下降稍快；$800℃$ 时，损失 80% 左右。

1.4.2　火灾（高温）对高强混凝土/高性能混凝土刚度的影响

（1）弹性模量（Young's modulus）E_c

高温对 HSC/HPC 弹性模量 E_c 的影响与 NSC 极其相似。随加热温度增加，HSC/HPC 的 E_c 单调下降。在 100～400℃ 的温度范围内，E_c 下降较少；400℃ 以上，E_c 下降较快；600℃ 时降低到约室温的 25%；600～700℃，E_c 变化极小；800℃ 时，E_c 约为室温的 20%。HSC/HPC 与 NSC 的 E_c 随温度变化的曲线形状类似，如图 1-22、图 1-23 所示。

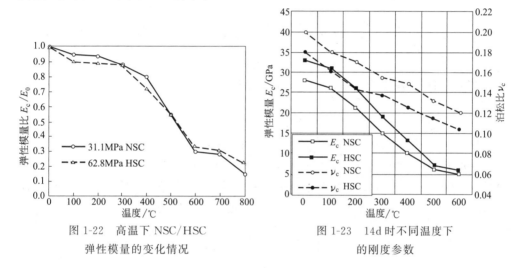

图 1-22　高温下 NSC/HSC　　　　图 1-23　14d 时不同温度下
　　弹性模量的变化情况　　　　　　　　　的刚度参数

高温后 HSC 弹性模量随加热温度的变化规律为式（1-27）：

$$\frac{E_{cr}(T)}{E_c} = \begin{cases} -0.06761T/100 + 1.01352 & 20℃ \leqslant T \leqslant 400℃ & (1\text{-}27a) \\ -0.50732T/100 + 2.77236 & 400℃ < T \leqslant 500℃ & (1\text{-}27b) \end{cases}$$

式中，E_c、$E_{cr}(T)$ 为常温时，温度 T 作用后混凝土的弹性模量。

（2）泊松比（Poisson's ratio）ν_c

泊松比 ν_c 是另一个刚度参数，它能较好地反映混凝土内部裂缝的开展过程。随加热温度增加，HSC/HPC 的 ν_c 单调下降，400℃ 以前，ν_c 下降较少；400℃ 以上，ν_c 下降较快。HSC/HPC 与 NSC 的 ν_c 随温度变化的曲线形状类似，但 HSC/HPC 的 ν_c 总是较大，如图 1-23 所示。

（3）变形

高温对 HSC 荷载-变形行为的影响，全部试验温度下大致与 NSC 相同。在 100～200℃ 范围内，HSC 峰值荷载下的变形较常温下没有明显变化，在 300～400℃ 之间，相应于峰值荷载的变形稍微增加。然而，当温度在 500～800℃ 间变化时，峰值荷载下变形明显增加。在 800℃，变形是室温下变形的 3～4 倍，如图 1-24 所示。图 1-25 为高温下 NSC 的荷载-变形行为。

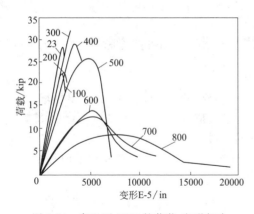

图 1-24　高温下 HSC 的荷载-变形行为
（1in＝25.4mm；1kip＝4.448kN）

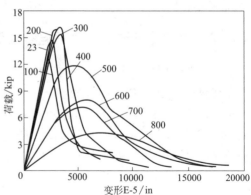

图 1-25　高温下 NSC 的荷载-变形行为
（1in＝25.4mm；1kip＝4.448kN）

高温后 HSC 峰值应变随加热温度的变化规律为式（1-28）：

$$\frac{\varepsilon_{0r}(T)}{\varepsilon_0}=1.029+2.2638\times10^{-4}\,e^{(T/60.098)} \qquad 20℃\leqslant T\leqslant500℃ \qquad (1\text{-}28)$$

式中，ε_0、$\varepsilon_{0r}(T)$ 为常温、温度 T 作用后混凝土的峰值应变。

高温后 HSC 的应力-应变曲线形状与 NSC 的基本一致，但 HSC 的应力-应变曲线的下降段陡于 NSC，这主要是由于 HSC 脆性较大，进入下降段后能量释放比较突然和集中。高温后 HSC 的无量纲应力-应变曲线可以用式（1-29）描述：

$$y=\begin{cases}0.72405x+1.5519x^2-1.27595x^3 & (0\leqslant x\leqslant1)\\ -2.535+8.448x-6.291x^2+1.378x^3 & (1<x\leqslant2)\\ -22.651+32.252x-15.008x^2+2.3x^3 & (2<x\leqslant2.5)\end{cases} \qquad (1\text{-}29)$$

式中，$x=\varepsilon/\varepsilon_{0r}(T)$；$y=\sigma/f_{cr}(T)$；$\sigma$、$\varepsilon$ 为应力、应变。

1.4.3　火灾（高温）对高强混凝土/高性能混凝土断裂能的影响

断裂能（fracture energy）G_F 定义为断裂面积上消耗的能量，它可以通过三点弯曲试验中荷载-位移曲线下面积（即根据力所做的功）来计算。HSC 与 NSC 的 G_F 随温度变化的曲线形状类似。G_F 随温度增加而增大，300℃时达最大值，HSC 比未加热时的值约增大 60%，NSC 约增大 50%，然后下降。600℃ 时，G_F 下降到接近初始值，HSC 高于初始值约 20%，NSC 低于初始值约 15%，如图 1-26 所示。

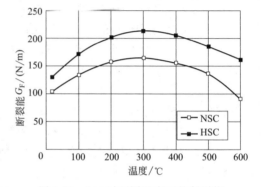

图 1-26　14d 时不同温度下的断裂能

1.4.4 火灾（高温）对高性能混凝土/高强混凝土脆性的影响

脆性一般定义为材料在外力作用下，无明显的塑性变形而突然破坏的性能或趋势。相反，韧性表示材料抵抗断裂的能力。不同的脆性或韧性指标用来评价混凝土的脆性，包括能量指标、变形指标以及综合性指标等。Hillerborg 等人提出特征长度（characteristic lengch）l_{ch} 作为一个脆性参数，$l_{ch}=G_F E_c/f_t^2$，这里 f_t 是混凝土的抗拉强度，可由 f_t' 代替。由于 l_{ch} 是能量、刚度和强度参数的组合，因此被认为是一个综合性的脆性参数。l_{ch} 值越大，混凝土的脆性越小或越坚韧。随加热温度增加 l_{ch} 单调增加，HSC/HPC 增加较快，600℃时较室温下上升 6 倍之多，而 NSC 只有 2 倍，如图 1-27 所示。

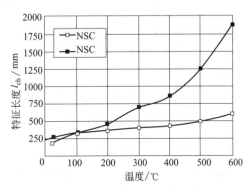

图 1-27 不同温度下的特征长度

1.4.5 重量损失 W

通常 HSC/HPC 的重量损失 W 随加热温度增加而增加，存在三个典型阶段。第一阶段，200℃以前，W 随加热温度增加，W 由混凝土内可以自由逃逸的宏观毛细水蒸发引起，这个阶段可被看作主要是一个物理过程；第二阶段，200℃之后，W 以较小的、稳定的速率缓慢增加，直到 400℃，W 主要由细观凝胶水的蒸发引起，由于凝胶水从较小尺寸的凝胶孔中逃逸较困难，这时蒸发速率变小，因此 W 增加缓慢，这个阶段可描述为一个物理-化学过程；第三阶段，在 400℃以上，W 随加热温度增加再次快速增加，W 主要是由坚硬水泥浆体和骨料的脱水及分解引起，由于微观的化学结合水的蒸发，这个阶段主要体现为化学过程。

W 随暴露时间增加而增加，随养护龄期增加而下降。W 与各性能指标的关系见表 1-6。

表 1-6 重量损失 W 与各性能指标的关系

性能指标	阈值	相应温度	重量损失 W	性能变化
f_{cu}, f_t'	W_0	200℃	$W<W_0$	f_{cu} 几乎不变，f_t' 缓慢下降
			$W>W_0$	f_{cu}, f_t' 迅速下降
E_c, ν_c	W_1	200℃	$W<W_1$	E_c, ν_c 缓慢下降
	W_0	400℃	$W_1<W<W_0$	E_c, ν_c 迅速下降
			$W>W_0$	E_c, ν_c 重新缓慢下降

续表

性能指标	阈值	相应温度	重量损失 W	性能变化
G_F	W_0	300℃	$W<W_0$	G_F 线性增加
			$W>W_0$	G_F 线性下降
l_{ch}	W_0	200℃	$W<W_0$	l_{ch} 缓慢线性增加
			$W>W_0$	l_{ch} 迅速增加

1.4.6 影响高强混凝土/高性能混凝土火灾（高温）性能的因素

（1）含水量

水分不仅占据了混凝土体积的一部分，而且它在通过水泥颗粒的逐渐水化决定混凝土性质和影响混凝土性能方面起着主要的作用。在 20～450℃ 范围内，含水量对混凝土的火灾（高温）性能有明显影响。在 100～300℃ 范围内，浆体孔隙充满水分，明显存在三轴应力状态，导致混凝土强度降低。随温度增高，吸附水排除，水泥凝胶体变硬或使凝胶颗粒间的表面力增加，强度增加即恢复。之后 300～400℃ 强度变化不大，主要与孔隙率有关。混凝土强度越高，密实度越大，吸附水逃逸慢，使强度恢复延迟。100～400℃，由于自由水和吸附水被逐除，E_c 轻微减少。400℃ 以上，水泥浆体脱水趋于收缩，而骨料膨胀，骨料和浆体之间的黏着被削弱，因此强度逐渐降低，E_c 降低迅速。600～800℃，石灰石骨料煅烧，吸收热量，减缓了试件内的温度升高，强度损失减慢，E_c 变化也很小。

（2）火灾（高温）作用时间

较低温度时，f_{cu} 随作用时间的增加轻微下降，然后恢复；对于较高温度（400℃ 以上），较长的作用时间始终导致较低的残余强度并且不再恢复。

f_t' 一般随作用时间的增加单调减少，并且不再恢复。

E_c 与 ν_c 随作用时间的增加单调减少。

一般随作用时间增加，l_{ch} 增加，脆性降低。

（3）混凝土养护龄期

通常所有强度参数、G_F 随混凝土养护龄期增加而增加，由于龄期增加，水泥浆体进一步水化，28d 内强度增加显著，90d 时趋于稳定。因此为了避免龄期的影响，研究 HSC/HPC 的热性能，特别是残余强度，理想的养护龄期至少应为 90d。

E_c 随养护龄期增加而增加，28d 较快，90d 趋于稳定，HSC 的 E_c 绝对值一般较大。28d 内 ν_c 减少较快，90d 趋于稳定，HSC 的 ν_c 一般较 NSC 小。

较长的养护龄期，可轻微增大脆性，28d 后逐渐趋于稳定，所有龄期 HSC 的 l_{ch} 与 NSC 相比，室温下稍大，加热 300℃ 后更大。

（4）冷却方式

冷却方式对混凝土的影响如图 1-28 所示。当温度不超过 400℃ 时，空气冷却的试件的抗压强度几乎保持不变。而同样的温度范围，喷水冷却的试件，由于冷却过程中经历了热振荡，其抗压强度严重退化。

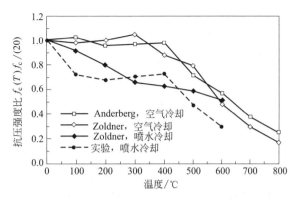

图 1-28 冷却方式对混凝土强度的影响

1.4.7 高强混凝土/高性能混凝土的高温爆裂及消除爆裂的途径

现代技术已使制作超高强混凝土（＞250MPa）、高性能混凝土成为可能，然而，混凝土密实的内部结构、较低的渗透性可能导致火灾（高温）抵抗力降低，以致引起混凝土非常突然甚至爆炸性破坏。在一些案例和文献中已有报道，其中一例是 1996 年一欧洲隧道内单节机动有轨车发生火灾期间，当救援和消防灭火工作正在进行时，隧道的混凝土衬砌由于爆裂引起许多危险，来自消防部门及火灾跟踪的调研报告表明 HPC 的高温性能需要进一步研究；本书作者也已观测到高温作用下的 HSC 试件爆裂破坏。HSC/HPC 抵抗高温的能力很大程度上被爆裂所牵制。本书作者曾在特制的高温炉中基本按照 ISO 834 标准升温曲线对 80MPa 饱水状态的 HSC 梁（100mm×100mm×515mm）进行加热，试件严重爆裂，最大爆裂深度约 40mm，爆裂体积约 25%，而同样的试件 60℃烘干 10h 后再加热则没有发生爆裂现象。

（1）爆裂机理探讨

爆裂指混凝土构件在火灾（高温）作用下，达到一定温度时，在没有任何先兆的情况下表面混凝土突然发生剥落的现象。爆裂深度深浅不一，较深的可达 75mm。关于 HSC/HPC 高温爆裂的机理有不同的解释。观点之一认为主要是蒸汽压引发爆裂；另一观点认为热应力储存能量的释放是热爆裂主要的驱动力，孔压力只是 HSC 爆裂的触发器。笔者认为蒸汽压机理更接近实际情况，即水分是关键问题，由含水量协同一个或多个有害因素是爆裂的原因，许多实验已证实热爆裂只发生在水分过饱和的湿混凝土中。图 1-29 是模型预测的 HSC 柱遭受 ASTM E 119 火灾不同时间时的孔压力分布。

混凝土受火灾（高温）作用时，热流进入混凝土内部，当孔隙水达到足够高的温度开始蒸发时，产生蒸汽压，导致孔压力增加，加之液相热膨胀也增加孔压力，因此在蒸发区和在混凝土内部较深处与其外表面的较低压力区域之间形成一个压力梯度。蒸汽沿压力梯度迁移，它逸出进入大气，或者向混凝土内部较冷区域迁移并凝结。随着蒸发-迁移-凝结这个循环继续，混凝土表面附近形成一个干燥区，内部

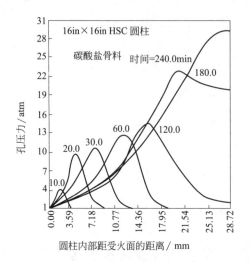

图 1-29　模型预测的 HSC 圆柱遭受 ASTM E 119 火灾不同时间时的孔压力分布

1atm＝101.3kPa

由于孔隙水的积累，就在较冷区域形成一个完全饱和层（completely saturated front，或 moisture clog）。一旦这个饱和层形成，水蒸气被严格阻止向混凝土内部迁移，取而代之的是被迫迁移通过干燥区以逸进大气层。由于 HSC/HPC 明显的高密实度和低渗透率，在快速升温的（火灾）高温作用下，水蒸气不能及时逃逸，而产生较大的孔压力，当孔压力协同固态骨架产生的热应力超过混凝土的抗拉强度时，爆裂就发生了。爆裂发生在结晶水和化学结合水释放期间，其温度范围，未加荷载的 HPC 试件为 240～280℃之间，预加荷载的 HSC 试件爆裂发生在 320～360℃之间。爆裂发生的厚度一般在距表面 36～72mm 深度之间。HSC/HPC 高温（火灾）爆裂过程示意图如图 1-30 所示。图 1-31 是两组试件加热过程中质量随时间变化的情况。图 1-32 为快速加热下混凝土不同部位的瞬时温度。

（2）影响爆裂的因素

在 HSC/HPC 中掺加混合材，特别是硅灰，使得混凝土密实度提高，孔隙率降低。致密的内部微结构提高了混凝土强度，但同时也使内部水蒸气传递和释放困难，从而发生爆裂的概率较高。

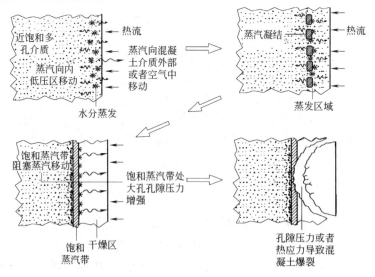

图 1-30　HSC/HPC 高温（火灾）爆裂过程示意图

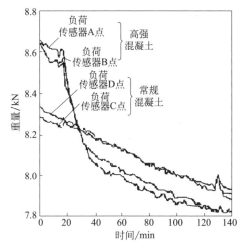

图 1-31　两组试件加热过程中重量随时间变化的情况

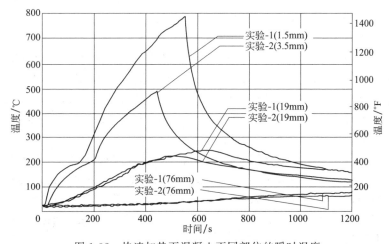

图 1-32　快速加热下混凝土不同部位的瞬时温度

高温爆裂显示明显的尺寸效应。试件尺寸对水分失去的速度和实验时的含水量有直接的影响，较小的试件提供了加热期间水分逃逸的较短路径，因此可减少爆裂。引气剂对爆裂有一定影响。

（3）消除爆裂的途径

根据以上分析可知，加热速率、含水量和混凝土的渗透率是决定能否发生爆裂的主要因素。降低含水量或增大孔隙率均有助于改善或避免 HSC/HPC 高温爆裂现象的发生。一个有效的办法是在混凝土搅拌期间往混凝土中掺加少量聚丙烯纤维。这些纤维均匀分布在整个混凝土中，它们约在 165℃ 时熔化，从而在整个混凝土中留下孔隙空间，增加渗透性以调节蒸汽压增长。试验研究了不同类型混凝土所需聚丙烯纤维的最佳掺量、混凝土爆裂后曝露给火灾的高强、高伸长率钢筋的残余性能以及 HSC 的残余强度，结果表明，HSC/HPC 中，聚丙烯纤维的掺加减少了快速升温时混凝土的爆裂，而对混凝土的残余强度影响不大。

1.4.8　高强混凝土/高性能混凝土的火灾损伤机理

近年来 HSC/HPC 在建筑工程中得到了广泛的应用，在许多火灾现场发现的高强混凝土火灾损伤特征与普通强度的混凝土有所不同，尤其是高强混凝土受高温灼烧时，表层混凝土爆裂现象较严重。因此目前有关 HSC/HPC 混凝土火灾损伤机理的研究也是国际范围的热点。

火灾下 HSC/HPC 混凝土强度损失随温度的变化大致分为三个阶段：

第一阶段——强度的初始损失阶段，在温度从室温升到 100～300℃ 期间，随温度上升，HSC/HPC 混凝土的强度衰减程度比普通混凝土要多，且 HSC/HPC 混凝土随混凝土强度的增加而衰减损失增大；

第二阶段——强度的恢复阶段，HSC/HPC 混凝土与普通混凝土一样，在强度初始损失到一定阶段，强度有所回升，甚至超过混凝土在室温时的原始强度。这种回升一般在 400℃ 左右达到顶峰，HSC/HPC 混凝土所达到峰值比普通混凝土要高，且 HSC/HPC 混凝土的峰值随强度的升高而升高，有的峰值可达 113% 之多。

第三阶段——强度的永久损失阶段，一旦 HSC/HPC 混凝土强度回升达到峰值，紧接着就进入了第三阶段。在此阶段 HSC/HPC 混凝土的衰减与普通混凝土相差很大。HSC/HPC 混凝土受到高温时，"爆裂"损伤缺陷比普通混凝土多。爆裂深度深浅不一，较深的爆裂深度可达 75mm。高温下爆裂机理的各种观点中，有两种观点逐渐突出，即蒸汽压机理（the vapor pressure mechanism）与热应力机理（the thermal stress mechanism）。

蒸汽压机理是指高温（火灾）下混凝土体内所含的水分受热蒸发成水蒸气，水蒸气无法及时扩散排出混凝土的表面而在混凝土内部产生了蒸汽压，当这种蒸汽压达到一定数值时，即引发了爆裂。热应力机理是指高温（火灾）时由于混凝土的热惰性使得热量传导不均匀引起混凝土内部的温度梯度，伴随温度梯度而产生的热应力最终引起混凝土的爆裂。

降低含水量或增大孔隙率都有助于避免混凝土爆裂现象的发生；高强混凝土的水灰比很低，自由水含量较低，高温时混凝土的化合水也会分解，同样会导致高温时某一区域的完全饱和，加上高强混凝土的致密性，使得高强混凝土比普通混凝土更容易引发爆裂。

1.5　高性能混凝土高温性能试验研究

1.5.1　原材料及混凝土配合比

（1）原材料

水泥为山西产 P.O42.5 和 P.O52.5 两种；细骨料为优质河砂，级配良好，Ⅱ区中砂；粗骨料为石灰岩碎石，级配良好，连续级配有 5～20mm 和 5～25mm 两种；

硅灰为埃肯（Elkem）微硅粉，28 天活性指数 119.6%；矿渣微粉为山西太钢产 S95 级矿粉；粉煤灰为山西产Ⅱ级粉煤灰；外加剂为高效减水剂，减水率达 28% 以上，固含量为 37%；塑料纤维为聚丙烯束状单丝纤维，其熔点为 165℃，密度为 0.91g/cm³，长度为 5mm、8mm、15mm 和 19mm，掺量，直径为 25μm 和 33μm，掺量为 0kg/m³、0.5kg/m³、1kg/m³、1.5kg/m³、2kg/m³、3kg/m³；拌合水为饮用自来水。

（2）混凝土配合比

混凝土配合比见表 1-7。

表 1-7　混凝土配合比　　　　　　　　　单位：kg/m³

混凝土种类	胶凝材料				砂	碎石	减水剂	水
	水泥	矿粉	粉煤灰	微硅粉				
C40HPC	300	80	60	—	680	1110	18.57	155
C60HPC	385	75	—	40	670	1100	—	180
C80HPC	414	128	—	38	670	1020	7.54	125

（3）测试项目及试件尺寸

混凝土物理力学性能测试项目及试件尺寸如下：抗压强度、劈拉强度，150mm×150mm×150mm；轴压强度、弹性模量，150mm×150mm×300mm；抗折强度、断裂能，100mm×100mm×400mm；导热性能，200mm×200mm×30mm；热膨胀性能，5mm×5mm×47mm。

（4）高温机制

高温试验采用 SRJX 型箱式电阻炉，其额定电压为 220V，工作温度最高 1000℃，输出功率为 15kW，炉膛尺寸为 600mm（长）×400mm（宽）×400mm（高），炉膛内平均升温速率为 12℃/min 左右，由温控仪自动控制。混凝土试件中心位置预埋高温热电偶，试件内外温度一致，并保持 15min 以上，即为烧透。待试件冷却至室温，进行各项指标测试。

1.5.2　高温对 C40 高性能混凝土物理力学性能的影响

1.5.2.1　高温后 C40HPC 试件表观特征及质量损失

（1）高温处理及冷却后混凝土表观特征

将混凝土试件放进电阻炉内，一段时间后可以观察到有蒸汽从炉内散出，并且炉内试件会发出"哧、哧"的轻微声音，温度超过 100℃，混凝土中含有的自由水开始蒸发逸出，形成雾状蒸汽。混凝土试件经高温处理后，随着所受温度及冷却方式的不同，其表观发生了不同程度的变化。

自然冷却处理：温度在 200～300℃ 时试件颜色变化不大，表面无明显裂缝，只有细微缝痕；温度升至 400℃后，试件表面泛黄，开始出现明显裂缝；500℃后，随着温度的升高，试件表面颜色逐渐变浅，表面裂缝数量、深度及宽度逐渐增加；

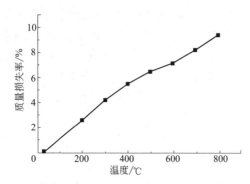

图 1-33　C40HPC 质量损失率随温度变化曲线

600℃时，试件成型面出现贯通裂缝；700~800℃时，表面呈灰白色，整个混凝土均出现贯通裂缝。

喷淋冷却处理：200~300℃时试件颜色变化不大，但300℃时已出现缝隙；温度在400~600℃之间，试件呈灰焦色且颜色逐渐变浅；温度升至700℃时，混凝土表面变成灰白色，且出现贯通裂缝；温度达800℃时，表面呈乳白色，外皮有剥落现象，试件放置时发出清脆声音，温度越高，声音越脆。

（2）混凝土试件质量损失

称量混凝土试件高温作用前后的质量，尺寸为 150mm 立方体标准试件，经 200℃、300℃、400℃、500℃、600℃、700℃、800℃高温作用后的平均质量损失率分别为：2.59%、4.21%、5.53%、6.49%、7.13%、8.26%、9.40%，其随温度的变化见图 1-33。结果表明，试件的质量损失率随着温度的升高基本呈线性增加。

1.5.2.2　高温后 C40HPC 的力学性能

（1）高温后 C40HPC 抗压及劈裂抗拉强度（劈拉强度）

① 不同方式冷却后的混凝土抗压强度　经不同冷却方式处理后的 C40HPC 立方体抗压强度随温度的变化如图 1-34 所示。由图可见，混凝土试件受高温烧透冷却后，抗压强度随温度的升高总体均呈下降趋势，且 300℃后下降较快。但自然冷却后的混凝土抗压强度在 300℃左右反而增强，而喷淋冷却后的混凝土抗压强度随温度的升高单调递减，没有出现反弹，随温度的变化基本呈线性关系。

C40HPC 高温后抗压强度损失率与温度的关系曲线如图 1-35 所示。由图可知，200℃前，混凝土抗压强度损失较小。在 200~800℃范围内，经不同方式冷却后，混凝土抗压强度损失率随温度的升高总体呈增加趋势，但在 300℃，两种冷却方式

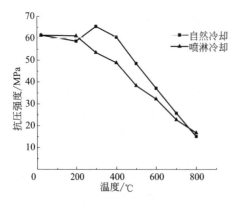

图 1-34　C40HPC 抗压强度随温度变化

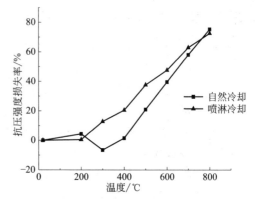

图 1-35　C40HPC 抗压强度损失与温度关系

处理后的混凝土试件强度损失率区别较大，二者差值达 11.9MPa，400℃接近，为 11.7MPa，经自然冷却的混凝土抗压强度在此出现强度恢复，而喷淋冷却混凝土抗压强度 200℃后持续下降。不同方式冷却后的抗压强度损失率在 800℃和 200℃差别较小，差值分别为 1.7％、2.4％，且喷淋冷却后的强度损失较自然冷却后的稍低。600℃左右，喷淋冷却后的强度损失近半。无论自然冷却还是喷淋冷却，200℃时，混凝土试件表面均未出现明显裂缝，冷却方式的不同对混凝土抗压强度尚未产生过多影响。由前所述，混凝土质量损失率随温度的升高持续增加，300℃后，自然冷却的混凝土抗压强度损失率均比喷淋冷却的混凝土低，但随温度的进一步升高，二者趋于接近，表明此温度区间内，喷淋冷却使混凝土抗压强度显著降低。

② 不同方式冷却后的混凝土劈裂抗拉强度　不同方式冷却的高性能混凝土劈裂抗拉强度与温度的关系曲线见图 1-36。与抗压强度随温度的变化有所不同，经高温烧透作用后，混凝土的劈拉强度随温度的升高而逐渐降低，没有出现强度恢复。其中，喷淋冷却使混凝土劈拉强度在 200℃时显著下降，随后趋于平缓；而自然冷却的混凝土劈拉强度在 600℃降幅较大；600℃后，两种冷却方式对劈拉强度下降产生的影响基本接近，自然冷却的劈拉强度比喷淋冷却的稍高。

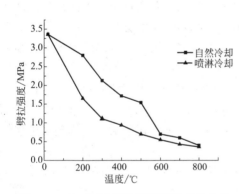

图 1-36　C40HPC 劈拉强度随温变化曲线

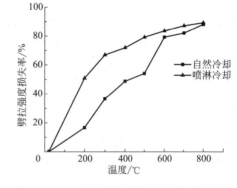

图 1-37　C40HPC 劈拉强度损失率与温度关系

对比两种方式冷却后的混凝土劈拉强度损失率与温度关系如图 1-37 所示，喷淋冷却使高温烧透后的混凝土劈拉强度损失率大大增加，200℃时已损失 56.55％，与同温度下自然冷却的劈拉强度相比，损失率相差 39.88％；自然冷却的劈拉强度随温度增加呈缓慢下降趋势，在 500℃左右劈拉强度损失率为 53.87％，接近喷淋冷却 200℃时的下降值；随着温度持续增加，不同冷却方式的混凝土劈拉强度大大减少，损失率逐渐接近，800℃时相差无几。

③ 不同尺寸 C40HPC 高温后抗压强度的变化　高温后，C40HPC 两种尺寸立方体抗压强度随温度的变化如图 1-38（a）所示。高温使混凝土内部发生了复杂的物理、化学变化，导致其抗压强度显著降低。相同温度作用后，两种尺寸混凝土的

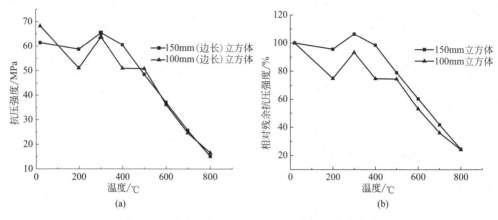

图 1-38   不同尺寸 C40HPC 高温后抗压强度的变化

抗压强度在 300℃ 均出现反弹，500℃ 后，两者均随着温度的进一步升高而单调下降，且下降程度接近；温度在 100～400℃ 间，100mm 立方体比 150mm 立方体抗压强度下降更多，且到 500℃ 基本保持不变。不同尺寸混凝土高温作用后的抗压强度规律与常温下明显不同。

不同温度作用后的混凝土抗压强度（f_c'）与其常温下抗压强度（f_c）之比定义为相对残余抗压强度，不同尺寸混凝土立方体的相对残余抗压强度随温度的变化曲线如图 1-38（b）所示。由图可知，较小尺寸试件的相对残余抗压强度始终低于较大尺寸试件的对应值；总体两种尺寸混凝土相对残余抗压强度均随温度的升高而逐渐下降，但在 300℃ 时恢复，特别是 150mm 立方体试块，该温度作用后的抗压强度超过室温下原始强度 6.5%；与较小尺寸试件相比，室温至 400℃ 间，较大尺寸试件的相对残余抗压强度波动更加明显，200℃ 时为 74.8%，300℃ 恢复到 93.4%；随着温度的继续升高，两种立方体相对残余抗压强度值在下降过程中缓慢接近，到 800℃ 时，二者均为室温下强度的 25% 左右。试验表明，即使设计强度等级较低的高性能混凝土，高温后的相对残余抗压强度较同强度等级普通混凝土的高。

④ 不同尺寸 C40HPC 高温后劈拉强度的变化   C40HPC 不同尺寸立方体劈拉强度随温度的变化如图 1-39（a）所示。两种尺寸试件劈拉强度均随温度的升高而单调下降。常温至 800℃，较小尺寸试件劈拉强度始终高于较大尺寸试件劈拉强度，整个温度范围内，大小立方体劈拉强度值发展分别出现一个较小波动，表现为：先平缓减小，后显著下降，较小立方体试件对应温度在 300～500℃，较大立方体试件略有滞后，为 400～600℃，且 500℃ 时两种立方体试件的劈拉强度值基本接近。

不同温度作用后的混凝土劈拉强度（f_t'）与其常温下劈拉强度（f_t）之比定义为相对残余劈拉强度，C40HPC 两种立方体相对残余劈拉强度随温度变化如图 1-39（b）所示。经不同高温作用后，大小立方体的相对残余劈拉强度均随温度升

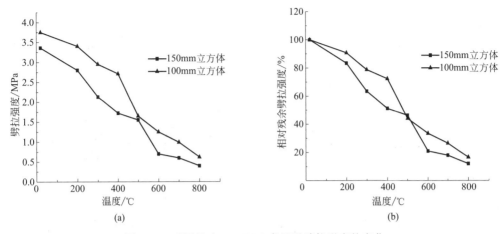

图 1-39　不同尺寸 C40HPC 高温后劈拉强度的变化

高而单调递减，且 100mm 立方体比 150mm 立方体下降较为缓慢。二者在 400℃时相差最大，达 20.9%，500℃时相差最小，为 2.24%，且较大尺寸立方体值高于较小尺寸立方体值。800℃时，150mm 立方体相对残余劈拉强度为 11.9%，100mm 立方体的相应值为 19.4%，高温使混凝土抗裂能力大大降低。

（2）高温后 C40HPC 轴心抗压强度

图 1-40 为 C40HPC 在不同温度下的轴心抗压强度与温度曲线图。由图可知，HPC 的 f_{cp} 值在恒温 2h、恒温 3h 和烧透三个系列上均随着试件经历温度的升高而总体呈下降趋势；恒温 2h 情况下，在 200℃、400℃、600℃时 f_{cp} 值出现局部回升现象；恒温 3h 和烧透情况下，f_{cp} 值随着温度的升高变化趋势较为接近。

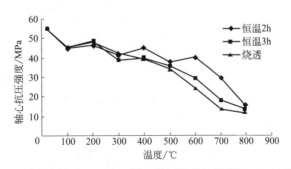

图 1-40　高温前后 C40HPC 轴心抗压强度与温度的 f_{cp}-T 曲线

C40HPC 在高温后的轴心抗压强度与常温下的轴心抗压强度相比，得到的相对轴心抗压强度如图 1-41 所示。从图中可以看出，20~300℃时，三个系列的 f_{cp} 值均变化较小；400~800℃时，f_{cp} 值随作用时间的增加而下降；800℃时，恒温 2h、恒温 3h 和烧透三个系列的 f_{cp} 值分别为常温的 27.24%、24.48% 和 20.73%。

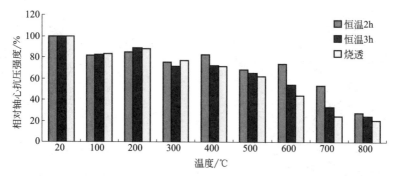

图 1-41　高温前后 C40HPC 相对轴心抗压强度与温度的 f_{cp}-T 曲线

　　混凝土轴心抗压强度（轴压强度）平均值随温度的变化如图 1-42（a）所示。由图可见，混凝土经高温作用后，其轴压强度呈下降趋势，特别是 400℃后，接近线性下降，到 800℃时仅为 9.0MPa。其轴压强度损失率如图 1-42（b）所示，600℃时，混凝土轴压强度损失近半，800℃高温作用后，承载力急剧下降，轴压强度损失率达 82%。

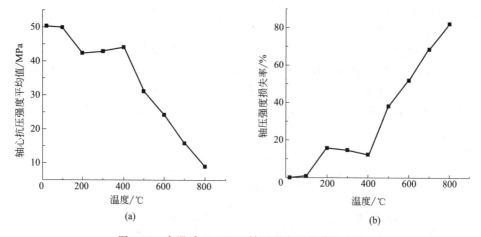

图 1-42　高温后 C40HPC 轴压强度平均值的变化

（3）高温后 C40HPC 弹性模量

　　高温后混凝土弹性模量随温度的变化如图 1-43 所示。由图 1-43（a）可知，常温下，C40HPC 弹性模量为 38.5GPa，高温作用后，混凝土弹性模量呈单调下降趋势，其中 100～300℃与 400～500℃两个温度段下降趋势较为显著，800℃作用后，弹性模量降低至最小 3.39GPa。

　　混凝土经不同温度作用后弹性模量实测值与常温下初始值之比定义为其相对弹性模量，相对弹性模量与温度关系如图 1-43（b）所示，与弹性模量与温度关系相同，相对弹性模量随温度的升高而单调减小，从室温至 100℃缓慢降低，100～

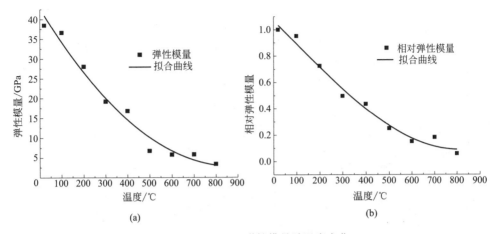

图 1-43 C40HPC 弹性模量随温度变化

300℃快速下降；300℃作用后，混凝土弹性模量仅为其初始值的一半；500～800℃时，弹性模量下降较为平缓，但经 800℃作用后，仅为初始值的 8%。

（4）高温后 C40HPC 断裂性能

① 高温对混凝土断裂韧度的影响　混凝土断裂韧度随温度的变化如图 1-44（a）所示。混凝土经高温作用后的断裂韧度与常温下断裂韧度之比定义为断裂韧度损失率，两种断裂韧度损失率与温度的关系如图 1-44（b）所示。100℃作用后的混凝土起裂韧度高于其常温下初始值 3.13%，表明该温度下混凝土抵抗初始裂缝开展的能力最强，随着温度的升高，起裂韧度损失率持续增加，只有在 500℃左右，起裂韧度损失率不增反减。而失稳韧度损失率自始至终均表现为增加的趋势，表明混凝土失稳后抵抗外力的能力持续减弱，失稳韧度损失率在 100℃为 2.48%、在 800℃为 90.7%。

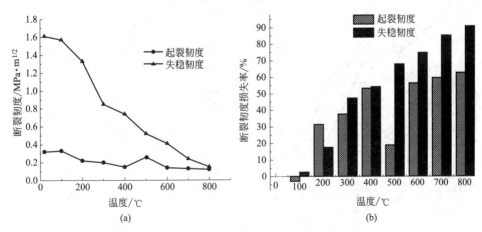

图 1-44　混凝土断裂韧度随温度的变化

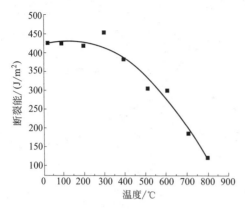

图 1-45 C40HPC 断裂能与温度的关系曲线

② 高温对 C40HPC 断裂能的影响 混凝土断裂能与温度的关系如图 1-45 所示，总体上 C40HPC 断裂能随温度的升高呈下降趋势，但在 300℃ 时反弹，甚至高过常温下断裂能 8.76%，这与同温度下的混凝土抗压强度有着极为相似的表现；断裂能在 800℃ 降至最低值 123.94J/m² ，仅为常温下初始值的 29.66%。断裂能与温度的关系式为式（1-30），混凝土断裂能与温度的相关性较好。

$$y = 415.425 + 0.207x - 7.307x^2$$
$$R^2 = 0.948 \quad 20℃ \leqslant x \leqslant 800℃ \tag{1-30}$$

1.5.2.3 C40HPC 的热物理性能

（1）高温后 C40HPC 导热性能

C40HPC 热导率随温度与恒温时间的变化如图 1-46（a）所示。由图可见，高性能混凝土热导率随温度升高及恒温时间延长总体呈下降趋势，与其表观密度的变化规律基本相近，但变化幅度却有显著差异。由图 1-46（b）可知，200℃ 作用后，热导率降幅为 6%～10%，不同恒温时间对导热性能的影响程度不大，接近于 3%，趋于稳定的热导率表明该温度下恒温 2h 的试件内外温度已经相同；400℃ 作用后热导率降幅为 8%～16%，尤其恒温 3h 后，热导率下降明显；500℃ 后热导率降幅为 14%～29%，与恒温 2h、恒温 2.5h 相比，恒温 3h 作用后热导率大幅下降；600℃ 作用后降幅为 28%～39%；700℃ 作用后，混凝土的热导率下降幅度为 27%～38%。

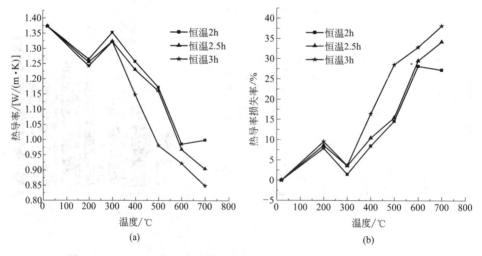

图 1-46 C40HPC 热导率及热导率损失率随温度及恒温时间变化曲线

（2）高温后C40HPC热导率与表观密度的关系

混凝土高温作用2.5h及3h后，不同高温（100～700℃）及恒温时间作用后的混凝土表观密度与热导率之间的关系曲线如图1-47（a）、图1-47（b）所示。由图可见，C40HPC经高温作用后，随着表观密度的下降，热导率总体呈下降趋势，热导率与表观密度具有较好的相关性。

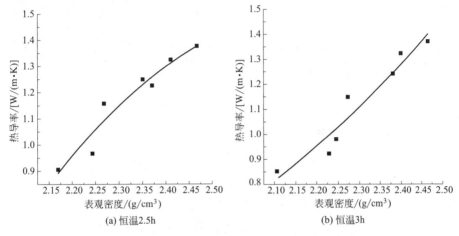

(a) 恒温2.5h   (b) 恒温3h

图1-47 高性能混凝土高温后表现密度与热导率关系

高性混凝土高温（100～700℃）后热导率与表观密度的关系式为式（1-31）、式（1-32）：

$$恒温2.5h: y = -2.036x^2 + 11.07x - 13.54 \quad R^2 = 0.932 \quad (1-31)$$
$$恒温3.0h: y = 0.806x^2 - 2.07x + 1.61 \quad R^2 = 0.93 \quad (1-32)$$

式中，y为高温后高强混凝土热导率，W/(m·K)；x为高温后高强混凝土表观密度，kg/m³。

（3）高温下及高温作用后混凝土比热容的变化

高性能混凝土高温下及高温作用后比热容的变化如图1-48所示。鉴于仪器本身温度范围所限，试验最高温度设置为565℃。由图可见，总体混凝土高温下的比热容比相应温度作用后降至室温20℃时的比热容高。温度升至200℃时，混凝土的比热容为1.54J/(g·K)，而经200℃作用后降至20℃时的比热容为0.92J/(g·K)，比高温下的测定值低40.22%；300℃、400℃、500℃及565℃高温下的比热容，比相应温度作用后降至室温20℃时的比热容分别高34.74%、39.94%、45.36%、49.67%。高温下，混凝土比热容波动较大，从室温升至200℃时比热容增加，300℃时略有下降，随后继续增加，500℃后有所下降。而高温后，混凝土比热容总体呈先增加后减小的趋势，且波动较小。

各温度作用下及作用后的比热容与室温20℃时比热容的差与室温时的比热容之比定义为混凝土比热容增长率。高温对高性能混凝土比热容增长率的影响如图1-49所示。高温下混凝土的比热容增长率均达到50%以上。其中，200℃下，混凝

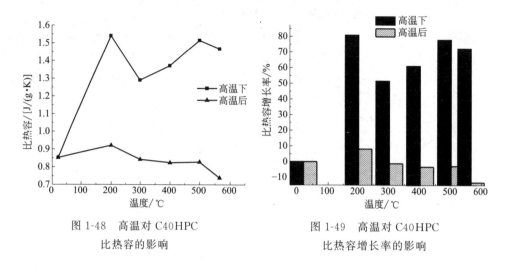

图 1-48　高温对 C40HPC　　　　　图 1-49　高温对 C40HPC
　　比热容的影响　　　　　　　　　　比热容增长率的影响

土比热容的增长率最大，达 80.9%；300℃、400℃、500℃及 565℃下的比热容增长率分别为 51.5%、61.1%、78%、72.2%。

混凝土经高温作用后的比热容增长率均较小，200℃作用后，比热容增加 8.2%，其余温度作用后，混凝土比热容均比常温下的相应值略有减小，但 565℃后，比热容减小 13.3%。综上，混凝土在高温下吸收的热量远远高于高温作用后吸收的热量。

（4）高温下 C40HPC 的热膨胀

① 升温过程中 C40HPC 各组分的热膨胀　高温对混凝土中各组分热膨胀的影响如图 1-50 所示。其中，M 代表砂浆（加减水剂），A 代表粗骨料，S 代表水泥、掺合料、减水剂与水组成的硬化物——混合浆，C 代表硬化混凝土。由图可知，各组分在 200℃前的膨胀率几乎为零，随着温度的继续升高，各组分的膨胀率发生不同改变。200～600℃之间，硬化混凝土、砂浆及粗骨料的膨胀率均随温度的升高而增加，且均在 0.5%以内，600℃后，粗骨料的膨胀率快速增加，900℃达到最高值 3.24%，而砂浆与硬化混凝土的膨胀率一直保持较为稳定的增长，且前者增长速度略低于后者。总体而言，硬化混凝土的膨胀率与粗骨料、砂浆的膨胀率并不相同，差异显著。相比之下，200℃后混合浆的膨胀率随温度的升高而持续减小，特别在 400～600℃之间更为明显，900℃到达最低值 -1.23%。混合浆在 200～600℃间的收缩主要源自浆体内部自由水的蒸发、水泥水化产物脱水及 $Ca(OH)_2$ 的受热分解，600℃后膨胀率的减小则主要由于微观及宏观裂缝的形成和发展。就砂浆而言，其热膨胀率随温度升高的增加主要是由于天然砂为硅质骨料，内部所含矿物石英在 500℃左右由 α 型转变为 β 型，并伴随有体积的膨胀。显然，高温下，砂浆中的细骨料受热膨胀，而硬化混合浆体积收缩，二者之间的变形不相匹配，可能是其内部形成微裂缝并发展的主要原因之一。

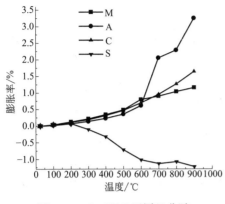

图 1-50 C40HPC 不同组分随
温度升高的热膨胀

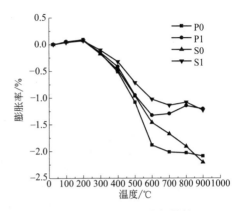

图 1-51 C40HPC 胶凝材料
随温度的热膨胀

② 升温过程中 C40HPC 胶凝材料的热膨胀　高温下，C40HPC 中胶凝材料的膨胀率随温度变化曲线如图 1-51 所示。其中，P0 代表无减水剂的硬化水泥净浆，P1 代表加减水剂的硬化水泥净浆，S0 为无减水剂硬化混合浆，S1 为加减水剂硬化混合浆。图中四种组分在 200℃前均有略微的膨胀，其膨胀率在 0.038%～0.051% 之间，而在 200～900℃之间，各组分膨胀率均随温度的升高而减小，这种微膨胀可能是由于高性能混凝土内部渗透性低，密实度较高，水化水泥浆体中的水分受热转变为蒸汽不能及时蒸发，产生的蒸汽压使浆体体积膨胀。随着温度的进一步升高，四种组分的膨胀率均呈现减小趋势，这主要是由于硬化水泥浆内部自由水和孔隙水蒸发使毛细孔收缩，加之化学结合水的减少和水化产物分解；其中，$Ca(OH)_2$ 大致在 500℃左右分解，C-S-H 凝胶在 300℃左右脱水分解。

③ C40HPC 中骨料及混凝土冷却时的膨胀　冷却过程中，混凝土和骨料的膨胀率随温度的变化如图 1-52 所示。由图可见，两种冷却方式下，各试件的膨胀率均随温度的降低而减小，其中，快冷骨料的膨胀率在 1.07%～1.7% 之间，比同温度下慢冷骨料的膨胀率（1.096%～1.89%）略小；而快冷混凝土的膨胀率（0.656%～1.37%）比同温度下慢冷混凝土的膨胀率值（0.38%～0.68%）较大。

各试件不同温度下的膨胀率与 900℃时相应试件的膨胀率之差定义为试件的收缩率。快冷和慢冷下的骨料、混凝土的收缩率随温度降低的变化曲线如图 1-53 所示。慢冷混凝土收缩率（0.072%～0.303%）明显低于相应温度下慢冷骨料的收缩率（0.086%～0.72%）；快冷骨料的收缩率（0.067%～0.7%）低于相应温度下慢冷骨料的收缩率（0.16%～0.79%）；快冷混凝土的收缩率（0.086%～0.71%）高于相应的慢冷混凝土的收缩率。在慢冷条件下，混凝土与骨料收缩率的不协调，导致混凝土中产生裂缝，并加剧内部结构的劣化，这也是混凝土力学性能在不同冷却方式下产生差异的原因之一。

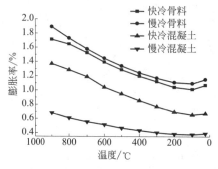

图 1-52 骨料与混凝土降温过程中的膨胀率

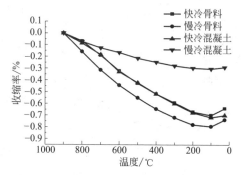

图 1-53 骨料与混凝土降温过程中的收缩率

（5）C40HPC 热重-差热分析

通常，材料在加热过程中会失水或分解，因此，在不同温度下发生的物理化学变化会导致材料失去一部分质量，通过量测样品质量随温度的变化可以对材料的相变机理进行定量分析。热重法（TG）是在程序控制温度的条件下，测量物质的质量与温度间关系的一种热分析方法。C40HPC 热重分析曲线如图 1-54 所示。

图 1-54（a）为混凝土 TG/DTG 曲线，由图可知，混凝土试件的质量随温度的升高而持续减小，尤其在 100℃、440℃和 710℃左右，减小速率更为显著。如前所述，试件质量在 93～140℃之间的快速减小主要是混凝土内部自由水的蒸发所致；由图 1-54（b）可见，在 140℃左右出现明显的吸热峰。混凝土在 440℃左右出现的明显质量损失，主要为 $Ca(OH)_2$ 的受热分解及水泥水化产物的脱水；另外，在 200～400℃间，样品的质量损失还包括凝胶水和层间水的迁移、蒸发，这会导致硬化胶凝材料产生体积收缩。如前所述，混凝土中胶凝材料的膨胀率随温度的升高而显著下降。就骨料而言，碳酸钙在 700℃左右分解，将进一步导致混凝土内部结构的劣化和体积变形。

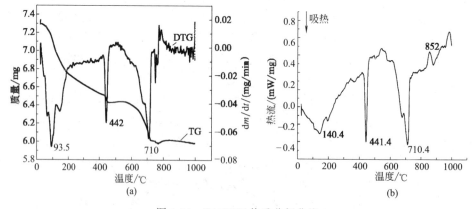

图 1-54 C40HPC 热重分析曲线

1.5.3 高温对 C60 高性能混凝土物理力学性能的影响

1.5.3.1 高温后试件表观特征及质量损失

（1）高温冷却后试件表观特征

不同温度作用后试件外观特征见表 1-8。

表 1-8 不同温度作用后试件外观特征

温度	颜色	裂缝	剥落	缺角	疏松程度	锤击反应
常温	青灰色	无	无	无	无	声音响亮
300℃	略微带红	微细裂纹	无	无	无	响亮、有痕迹
500℃	灰褐色	少量裂缝	无	无	无	较闷、痕迹明显
700℃	灰白色	裂缝明显且贯通	轻度	无	轻度	沉闷、塌落
900℃	淡黄泛绿	相互贯通	严重	明显	酥松	声哑、粉碎

（2）混凝土试件质量损失

图 1-55 为各系列试件高温后的质量损失率，300℃、500℃、700℃、900℃后，质量损失率分别为 5.94%、7.20%、9.21%、14.17%。聚丙烯纤维的掺量与长度对试件质量损失率有所影响。随着温度由 300℃升高至 900℃，各种试件质量损失不断增加。P8B 试件在各等级温度作用后的质量损失最小，其次为 M 试件，质量损失最大的是 P19B；M 为基准混凝土（或称素混凝土），即未掺任何纤维，P 表示掺入聚丙烯纤维，纤维直径 $35\mu m$，长度为 8mm 和 19mm，用 A～D 分别代表纤维掺量为 $1.0kg/m^3$、$1.5kg/m^3$、$2.0kg/m^3$、$2.5kg/m^3$。

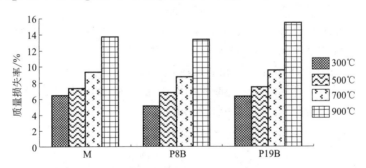

图 1-55 不同 C60HPC 高温后试件的质量损失率

1.5.3.2 高温后 C60HPC 力学性能

（1）高温后 C60HPC 抗压强度

① 高温对 C60HPC 抗压强度的影响 图 1-56 是 C60HPC 不同温度自然冷却后的相对残余抗压强度，试验表明，高温后高强混凝土的抗压强度均有不同程度的降低，温度越高，抗压强度越低。300℃高温后，P8A 和 P8D 高于其常温下的抗压强度，相对残余抗压强度分别为 108.7%、105.2%，其余试件抗压强度下降幅度在 7.1%～14.1%之间。500℃高温后，高强混凝土抗压强度下降幅度较大，相对残余

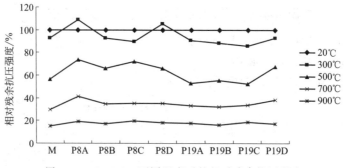

图 1-56　C60HPC 不同温度后的相对残余抗压强度

抗压强度为 52.3%～72.3%，掺不同纤维，其下降幅度变化较大。700℃高温后，相对残余抗压强度只有 29.5%～41.5%，主要集中在 35%左右。900℃高温后，混凝土抗压强度仅剩常温下的 17%左右，各种试件强度基本相同。

　　② 纤维掺量对 C60HPC 残余抗压强度的影响　图 1-57、图 1-58 分别给出了 P8 系列高强混凝土自然冷却后残余抗压强度和相对残余抗压强度变化。由图可以看出：不同温度作用后，总体随着纤维掺量的增加，绝对残余抗压强度有先增加后减小的趋势，500℃时最为明显，而且与素高强混凝土相比，掺纤维高强混凝土残余抗压强度在同高温下都高于素混凝土（除 P8C 受 300℃后），随着温度的升高，纤维掺量对残余抗压强度的影响逐渐减小、趋于平稳。300℃后，与 M 相比，P8A～P8D 的绝对残余抗压强度分别增加了 7.24%、7.83%、－6.50% 和 11.08%，M、P8A、P8B、P8C、P8D 的相对残余抗压强度分别为 92.6%、108.7%、92.9%、89.7%、105.2%，P8A 和 P8D 都大于 1，其余与 M 基本持平，表明 300℃高温下，掺 8mm 纤维有利于提高抗压性能。500℃后，随着纤维掺量的增加，绝对残余抗压强度在 $1.5kg/m^3$ 出现明显的高点，但相对残余抗压强度较低；P8A～P8D 在 700℃ 和 900℃ 高温后，无论是绝对抗压强度还是相对抗压强度都比 M 有所提高。聚丙烯纤维熔点约为 160℃，高温下，纤维熔化在混凝土中形成的孔隙和通道利于水分的散发，可能抑制了混凝土内部缺陷的发生，因此掺入 8mm 聚丙烯纤维增强了高强混凝土高温后的抗压性能，并且 $1.5kg/m^3$ 的掺量比较适当。

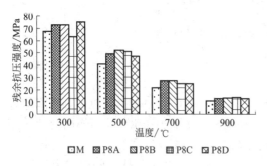

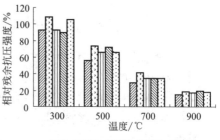

图 1-57　P8 系列的残余抗压强度　　　　　图 1-58　P8 系列相对残余抗压强度

③ 纤维长度对 C60HPC 残余抗压强度的影响 图 1-59、图 1-60 分别为 8mm (P8B) 和 19mm (P19B) 两种纤维长度在 1.5kg/m³ 掺量下各种高温后自然冷却试件的残余抗压强度和相对残余抗压强度。与 M 相比，掺入 8mm 纤维提高了高强混凝土高温后的残余抗压强度，而 P19B 在 300℃ 高温时的抗压性能降低，500℃ 时与 M 基本持平，700℃ 和 900℃ 时的残余抗压强度高于素混凝土。与 P8B 相比较，经受 300℃、500℃、700℃、900℃ 高温后，P19B 残余抗压强度分别减少了 10.68%、21.15%、12.09%、13.24%。无论是相对残余抗压强度还是绝对残余抗压强度，各温度下 P8B 的抗压性能都强于 P19B，500℃ 时优势最明显。

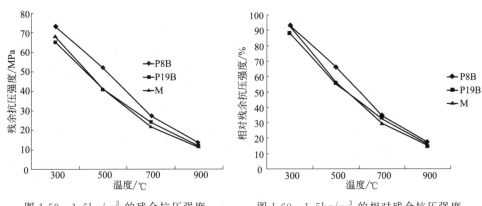

图 1-59　1.5kg/m³ 的残余抗压强度　　　　图 1-60　1.5kg/m³ 的相对残余抗压强度

（2）高温后 C60HPC 劈裂抗拉强度

① 高温对 C60HPC 劈裂抗拉强度的影响 从图 1-61 中可以看出，常温下，9 组高强混凝土劈拉强度平均值为 3.88MPa；温度为 20℃→300℃→500℃→700℃→900℃，平均下降幅度为 0→15.46%→56.96%→79.12%→90.72%，随温度升高，下降幅度分别增加了 15.46%、41.50%、22.16%、11.60%。表明：C60HPC 劈拉强度随着所受温度的升高而降低，温度越高，集料与水泥浆体界面间黏结力越弱，劈拉强度下降幅度越大，300℃→500℃ 降幅最大。

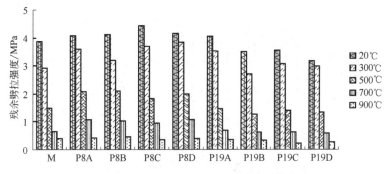

图 1-61　不同温度后 C60HPC 残余劈拉强度

　　② 纤维掺量对 C60HPC 残余劈拉强度的影响　　图 1-62～图 1-65 分别为 C60HPC 相对残余劈拉强度的变化。300℃后，M、P8A～P8D 的相对残余劈拉强度分别为 75.2%、88.2%、77.4%、83.3%、92.8%，P19A～P19D 的相对残余劈拉强度分别为 87.2%、76.9%、86.2%、94.0%，掺聚丙烯纤维 C60HPC 的相对残余劈拉强度高于素 C60HPC，掺入聚丙烯纤维明显提高了高强混凝土的劈裂抗拉性能，且随着纤维掺量的增加，均呈先减小后增加的趋势。500℃后，P8 系列的相对残余劈拉强度同样高于 M 系列，呈现减小后增加的趋势；而 P19 系列相对残余劈拉强度小于 P8，且掺量小时还低于 M。700℃后，P8 系列的相对残余劈拉强度明显高于 M，也呈现减小后增加的趋势；P19 系列的相对残余劈拉强度也高于 M 但仍低于 P8 系列，随掺量的增加而增加。900℃后，P8 系列掺量≥2.0kg/m^3 时，相对残余劈拉强度小于 M 系列，随掺量增加先增加后减小再增加；P19 系列相对残余劈拉强度低于 M，也低于 P8，为先增加后减小再增加。试验表明：高温后，同系列 C60HPC 相对残余劈拉强度随着纤维掺量的增加基本呈先减小后增加的趋势，但变化幅度不大；300℃、500℃和 700℃后，聚丙烯纤维的掺入对高强混凝土高温后相对残余劈拉强度有显著提高，而 900℃后劈拉强度有所降低。

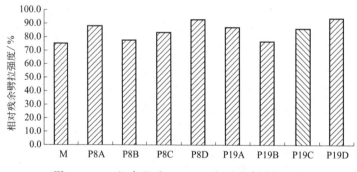

图 1-62　300℃高温后 C60HPC 相对残余劈拉强度

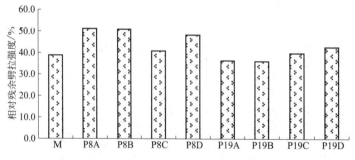

图 1-63　500℃高温后 C60HPC 相对残余劈拉强度

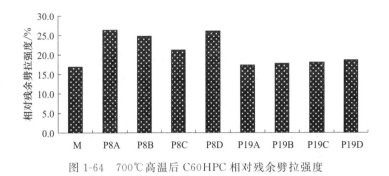

图 1-64　700℃ 高温后 C60HPC 相对残余劈拉强度

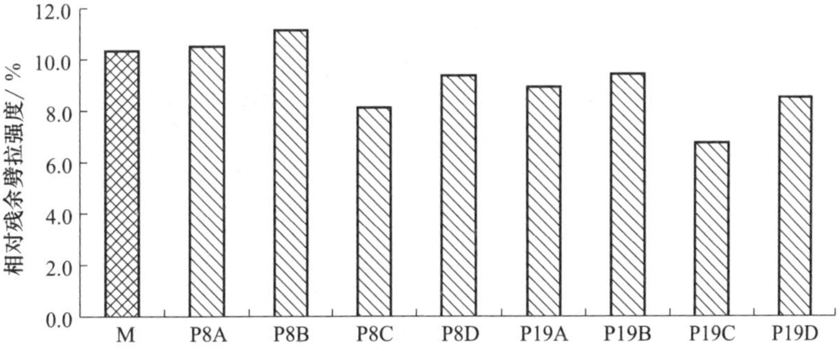

图 1-65　900℃ 高温后 C60HPC 相对残余劈拉强度

（3）高温后 C60HPC 轴心抗压强度

C60HPC 轴心抗压强度 f_{cp} 随温度的变化关系如图 1-66 所示。由图可知，C60HPC 的轴心抗压强度随受火温度的升高总体呈下降的趋势，且 500℃ 高温作用之前下降速率较缓，500℃ 高温作用之后下降速率较快，这与立方体抗压强度受温度的影响规律相同。

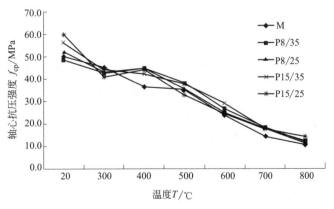

图 1-66　各类型 C60HPC 轴心抗压强度 f_{cp} 随温度的变化曲线

（4）高温后 C60HPC 弹性模量

① 高温对 C60HPC 弹性模量的影响

由图 1-67 可见，高温作用后，不论是否掺纤维的 C60HPC 的弹性模量均呈一致下降的趋势，建立弹性模量与温度的关系式见图 1-67 中。P8/35 表示掺长 8mm、直径 35μm 的纤维，掺量均为 1.8kg/m³ 的试件，其余类推。

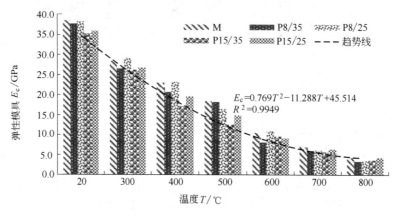

图 1-67　高温作用后 C60HPC 弹性模量

② 纤维对高温后 C60HPC 弹性模量的影响

C60HPC 弹性模量均随温度的升高快速下降，但图中的直线斜率相差不大，即各类型 C60HPC 弹性模量随温度下降的速率相差不大。除了掺 P8/25 类型纤维的 C60HPC 下降速率略高于不掺纤维 C60HPC 之外，掺其他种类纤维的下降速率均略缓于不掺纤维的 C60HPC。就纤维长度而言，掺 15mm 长度纤维的下降速率要略缓于掺 8mm 长度纤维的下降速率；从纤维直径来看，相同长度的前提下，25μm 的纤维要比 35μm 的纤维下降略快一些。结果总体表明，纤维的掺入对 C60HPC 高温后的弹性模量同样具有改善作用，这对火灾后混凝土结构抵抗应力变形具有一定的积极作用。

③ 相对弹性模量的变化

高温后各类型 C60HPC 弹性模量与其常温下弹性模量的比值即为相对弹性模量，可用来分析弹性模量随温度升高的衰减情况，如图 1-68 所示。

由图 1-68 可知，M 型与 P 型 C60HPC 弹性模量随温度升高基本呈相同的趋势下降，聚丙烯纤维的掺入对抑制高温下弹性模量的衰减没有明显作用。高温作用对混凝土弹性模量的破坏非常迅速，在 300℃ 高温之后，其值降至常温下的 70.4%～76.3%，当温度达到 500℃ 之后，弹性模量已经降至不足常温下的 50%。800℃ 高温之后，损失最严重的弹性模量仅为常温下的 8.7%，而相对应的抗压强度还剩常温下的 21.4%。弹性模量随温度升高的下降速率比相应的抗压强度、轴心抗压强度及劈裂抗拉强度要高。

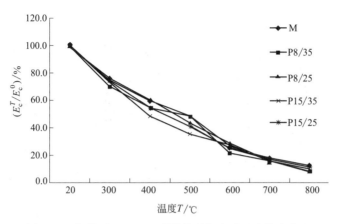

图 1-68 各类型 C60HPC 弹性模量损失随温度的变化率

总体来说，受高温作用后的 C60HPC，其抗压强度、轴心抗压强度、劈裂抗拉强度及弹性模量均随所受高温的升高而下降，且弹性模量的下降速率最大，即高温作用对弹性模量的损伤最为显著。

1.5.3.3 C60HPC 混凝土热物理性能

（1）高温下 C60HPC 混凝土导热性能

图 1-69 为常温下掺不同纤维 C60HPC 的热导率。由图可知，与基准混凝土相比，掺入纤维后均降低了混凝土的热导率。掺入纤维 P/25/8、P/25/15、P/35/8 和 P/35/15 后，混凝土热导率分别降低了 3.8%、4.4%、0.8% 和 1.1%。由于掺入了聚丙烯纤维后，降低了混凝土内部的密实度，进而减小了混凝土的热导率。从图中还可以看出，掺入纤维直径为 $25\mu m$ 的混凝土比掺入直径为 $35\mu m$ 的混凝土热导率小，而掺入纤维长度为 $15\mu m$ 的混凝土热导率比长度为 $8\mu m$ 的小。掺入 P/25/15 纤维后，高强混凝土热导率最小。

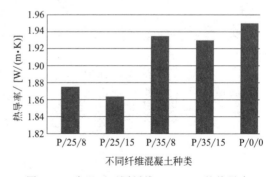

图 1-69 常温下不同纤维 C60HPC 的热导率

图 1-70 为高强混凝土在不同温度作用下的热导率，从图中可知，P/0/0 混凝土（即不掺纤维混凝土）在 200℃ 以前的热导率略大于掺纤维的高强混凝土，因为掺入聚丙烯纤维后，在一定的程度上降低了高强混凝土的密度，使热导率略有降低。在 200~400℃ 时，掺纤维的高强混凝土热导率继续降低，聚丙烯纤维在 160℃

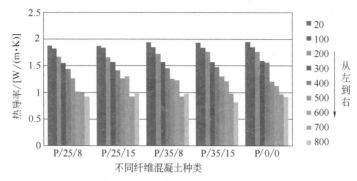

图 1-70　C60HPC 混凝土热导率与温度的关系

时熔化，且在该温度区间，凝胶体中的化学结合水和吸附水逸出以及界面微裂缝扩展等因素的综合作用，使混凝土热导率进一步降低。

（2）高温下 C60HPC 混凝土热膨胀性能

① 混凝土试件高温前后变化

混凝土试件高温前后的表观特征如图 1-71 所示。表面青灰色的部分变成了棕黄色，露出来的骨料由原来的深色变成浅白色；表面的孔隙比试验前更多、更大；表面有鼓起和掉角，材质不再结实，变得很酥脆。掺纤维与不掺纤维的混凝土试件在高温前后表观特征上的差异不明显。

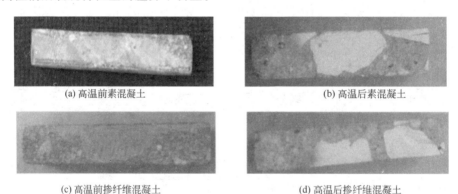

(a) 高温前素混凝土　　　　　　　　　　(b) 高温后素混凝土

(c) 高温前掺纤维混凝土　　　　　　　　(d) 高温后掺纤维混凝土

图 1-71　高温前后 C60HPC 试件的表观特征

② 混凝土试件升温膨胀率

混凝土试件在升温过程中的膨胀率如图 1-72 所示。素混凝土和掺纤维混凝土膨胀率随温度升高均呈上升趋势。在 20～550℃ 温度段，曲线上升平缓，膨胀率增速较慢；550～900℃ 间，曲线上升明显，膨胀率增速较快。在相同温度下，不掺纤维的混凝土比掺纤维的膨胀率都要高，由此可推测，在混凝土中掺入适量的聚丙烯纤维虽不能改变混凝土在高温下的膨胀趋势，但在一定程度上可减少混凝土的膨胀，从而有效抑制混凝土的高温爆裂。

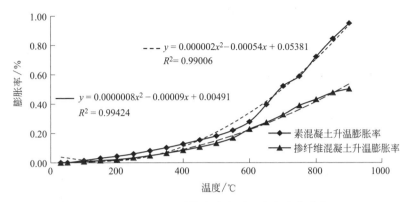

图 1-72 C60HPC 试件膨胀率随温度的变化曲线

1.5.4 高温对 C80 高性能混凝土物理力学性能的影响

1.5.4.1 C80 HPC 高温试验现象及质量损失

（1）高温试验现象

C80HPC 的高温试验现象与 PPHPC 的类似。设定目标温度，高温作用约 0.5h 后，大量的蒸汽透过炉门逸出，炉门有水滴下，炉中的试件发出"哧、哧、哧"的声响，此过程持续 20min 左右；随后蒸汽浓度逐渐降低，直至不再逸出；蒸汽逸出全过程大概有 1.5h，不同的目标温度，蒸汽出现及消失的时间有所差异，但差异不大，主要为蒸汽浓度的不同。试件标记：不掺纤维试件用 S 表示；掺纤维（直径 $25\mu m$，长度 15mm，掺量 $1.8kg/m^3$）试件为 X。

（2）质量损失率随温度变化关系

由图 1-73 的质量损失率可知，随着温度升高，混凝土质量损失率逐渐增大。800℃后，X 质量损失率接近 9%，而 S 的质量损失率为 8%。纤维熔化点在 165℃左右，所以 X 在 100～200℃，质量损失率呈现加快变化趋势。而 S 在 300～500℃变化平稳。400℃后的质量损失率较 300℃略小，在 300℃时的烧透时间为 5.5h，而 400℃时的烧透时间为 5h。

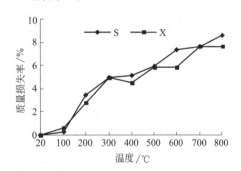

图 1-73 C80HPC 质量损失率随温度变化关系

1.5.4.2 C80HPC 高温后力学性能

（1）C80HPC 高温后混凝土抗压性能

① 高温对混凝土抗压强度的影响 图 1-74 为不同温度作用下，HPC 与 PPHPC 的抗压强度的关系。由图可知，相同温度下，除 600℃外，掺与不掺聚丙烯纤维对 HPC 的抗压强度的影响较小。300℃之前（包括 300℃）和 800℃时，PPHPC 与 HPC 的抗压强度相差不超过 5.78%。在 100℃时，两者抗压强度相差

仅有 0.29%，基本相同；常温和 300℃ 时，两者抗压强度相差 3.04%；200℃ 时，两者抗压强度相差 5.78%；800℃ 时，两者抗压强度相差 2.16%。400℃、500℃ 和 700℃ 时，掺纤维对 HPC 抗压强度的影响在 10% 左右。仅在 600℃ 时，HPC 和 PPHPC 的抗压强度相差达到 36.91%。因此，掺聚丙烯纤维对 C80HPC 抗压强度的影响较小。

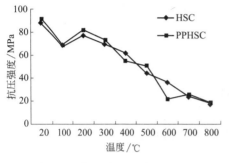

图 1-74　高温后 HPC 与 PPHPC
的抗压强度

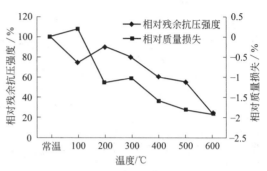

图 1-75　高温后 PPHC 的相对残余
抗压强度与相对质量损失

② PPHPC 相对残余抗压强度与相对质量损失的关系　高温后 PPHPC 相对残余抗压强度与相对质量损失的关系如图 1-75 所示。由图知，200℃ 后两者均随温度升高而降低。由常温加热至 100℃ 后，PPHPC 的相对残余抗压强度降低了 25.5%，而相对质量损失略有增长；当温度升高至 200℃ 时，质量明显降低。相反，PPHPC 的相对残余抗压强度上涨了 15.6%。300℃ 后两者的数值差距减小；当温度从 300℃ 升高至 400℃ 后，相对残余抗压强度和质量降低幅度均较大；500℃ 后，相对残余抗压强度进一步降低，而相对质量损失变化较小。

（2）高温后 C80HPC 混凝土劈拉强度

① 温度对混凝土劈拉强度的影响　由图 1-76 可知，随着温度升高，C80HPC 劈拉强度逐渐降低，掺纤维混凝土在 200℃、500℃ 出现拐点，常温到 200℃，劈裂抗拉强度降低了 5%；200~500℃，降低速率较快，相邻两温度区段分别为 30%、14%。而在 500~800℃ 下降趋缓，总体降幅为 12%。而不掺纤维试件的速率变化拐点出现在 300℃ 和 500℃，在常温到 200℃ 时，700~800℃ 时，X 比 S 高出 2%~10%，表明在 200℃ 以下，纤维对混凝土劈裂抗拉强度有正效用，而 700℃ 后纤维完全熔化留下的孔道对该强度有负影响。而在 300~600℃，纤维对混凝土劈裂抗拉强度未有明显影响。

② 拉压比随温度变化关系　拉压比即混凝土劈拉强度与抗压强度的比值。由图 1-77 可知，随着温度的升高，C80HPC 的拉压比在常温到 300℃ 略微上升，在 300~800℃，拉压比随温度的升高而降低。总体而言，纤维混凝土与素混凝土的拉压比变化规律基本一致，常温、100℃、400℃、600℃ 后纤维混凝土较素混凝土拉压比略大。

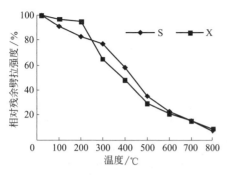

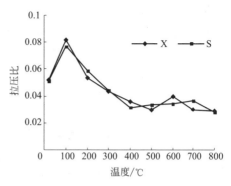

图 1-76 相对残余抗压强度与温度的关系　　　图 1-77 混凝土拉压比随温度变化曲线

（3）C80HPC 高温后轴心抗压强度

① C80HPC 残余轴心抗压强度与温度的关系　C80HPC 残余轴心抗压强度与温度的关系如图 1-78 所示。C80HPC 高温前后的轴心抗压强度总体呈下降趋势，

经受的温度越高，强度下降幅度越大。在 100℃时，试件 S 和 X 强度基本降低均小于 10%；100～200℃下降速度较慢，S 轴心抗压强度降低 8%，而 X 降低 5%；300℃后，残余轴压强度 S 比 X 高出 12%；300～500℃，轴压强度 S 大于 X；400℃后 X 的残余轴压强度已不足 50%。在 200℃以下和 700℃以上时轴心抗压强度 X 大于 S；800℃后损伤严重，二者强度均已丧失约 90%。

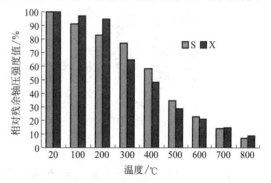

图 1-78 残余轴心抗压强度与温度关系

② 超声波声速与 C80HPC 轴压强度的关系　掺与不掺聚丙烯纤维 C80HPC 超声声速与轴心抗压强度关系曲线如图 1-79、图 1-80 所示。在常温时，X 与 S 的超声波声速相同，为 3.9km/s，而当受火温度达到 800℃后，X 和 S 的超声波声速分

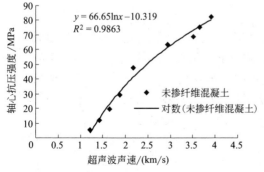

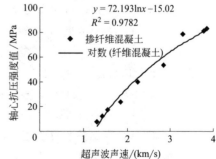

图 1-79 S 的超声波声速与轴压强的关系　　　图 1-80 X 的超声波声速与轴压强度关系

别降为 1.3km/s 和 1.2km/s；随着温度的升高，混凝土受火内部裂隙增多，C80HPC 密实度降低，测得的声速值减小，C80HPC 轴压强度值也逐渐降低，进一步揭示了 C80HPC 轴心抗压强度随温度升高而降低的规律。C80HPC 超声波声速与温度的关系式见图 1-79、图 1-80 中。

（4）高温后 C80HPC 弹性模量

图 1-81（a）为混凝土弹性模量与温度的关系。随着温度的升高，素混凝土与掺聚丙烯纤维混凝土的弹性模量均呈不断降低的趋势；400℃前，混凝土高温后弹性模量下降幅度较平缓，且掺聚丙烯纤维混凝土的弹性模量均大于素混凝土的弹性模量，掺纤维混凝土的弹性模量在 200℃、400℃时分别比素混凝土的大 5.5GPa、3.6GPa；400℃后混凝土高温后弹性模量下降幅度较明显，600℃以后，掺聚丙烯纤维混凝土的弹性模量与素混凝土的几乎接近。

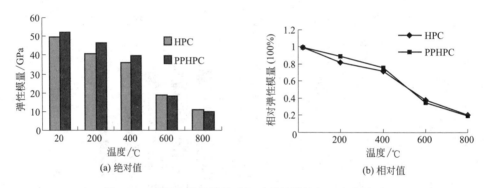

图 1-81　混凝土弹性模量及相对弹性模量与温度的关系

图 1-81（b）为混凝土相对弹性模量与温度的关系。400℃以前，混凝土相对弹性模量变化幅度均较小，且掺纤维混凝土的相对弹性模量仍都高于素混凝土；200℃时，掺纤维混凝土的相对弹性模量比素混凝土的高 7%；400℃后混凝土高温后的相对弹性模量下降幅度较明显，600℃、800℃掺聚丙烯纤维混凝土的相对弹性模量分别为 35%、19%，素混凝土的分别为 38%、21%，高温使 C80HPC 弹性模量的劣化趋于严重。

（5）高温后 C80HPC 抗折强度

由图 1-82 可以看出，随着作用温度升高，混凝土高温后抗折强度和相对抗折强度均呈降低趋势；400℃前，混凝土高温后抗折强度下降幅度较平缓，且掺聚丙烯纤维混凝土的抗折强度均大于素混凝土的抗折强度；400℃后混凝土高温后抗折强度下降幅度较明显；500℃时，素混凝土抗折强度略高于纤维混凝土的抗折强度；600℃以后，掺聚丙烯纤维混凝土抗折强度与素混凝土的几乎接近。

1.5.4.3　C80HPC 高温热物理性能

（1）高温对 C80HPC 导热性能的影响

试件标记：W 表示素混凝土试件，C 表示掺纤维试件。

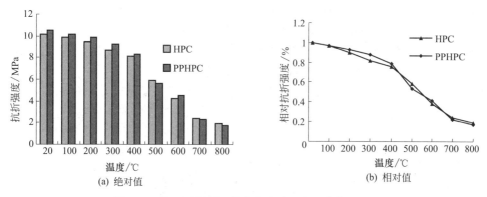

图 1-82 高温后混凝土的抗折强度及相对抗折强度

① 高温后试件表观密度 高温后试件的表观密度变化如图 1-83 所示。随温度升高，试件的表观密度整体呈下降趋势。素混凝土试件在 200℃前下降趋势较快，200～500℃下降趋势缓慢，其中 200～300℃、400～500℃几乎没有变化，500℃后又逐渐下降，但降幅较小；掺纤维试件与素混凝土试件表观密度的变化规律相似。

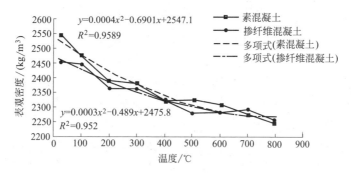

图 1-83 混凝土表观密度随温度变化规律

② 高温后试件的热导率 试件高温后的热导率变化如图 1-84 所示。素混凝土试件的热导率总体比掺纤维试件要大，600℃前大致呈线性减小，600℃后下降较

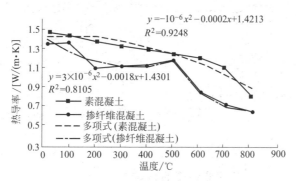

图 1-84 高温后混凝土热导率随温度变化曲线

快；掺纤维试件的热导率在 100℃略有升高趋势，100～200℃急剧减少，200～500℃逐渐变大，但是变化的幅度微小，500℃时较 200℃增加 5％左右，500℃以后热导率迅速下降，800℃较 500℃时下降了 38％。800℃后，二者热导率相近。普通混凝土的热导率大约在 0.8～2.0W/(m·K)。

③ 试件的热导率与表观密度关系　高温后试件的表观密度和热导率的关系如图 1-85 所示。随着混凝土的表观密度的降低，其热导率整体呈下降趋势。

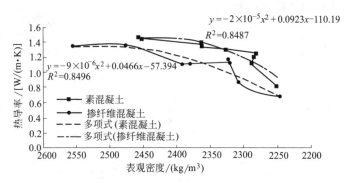

图 1-85　表观密度与热导率关系

④ 高温后 C80HPC 的导温系数　导温系数 a 越大，材料中温度变化的传播越迅速。研究表明，混凝土的比热容 c 随温度升高（0～1000℃）有微小增大。根据试验结果计算试件的导温系数见图 1-86。随着温度的升高，素混凝土和掺纤维混凝土的导温系数均呈下降趋势，混凝土内部的温度变化会传播得越来越慢。掺纤维混凝土的导温系数随温度的变化在 700℃前几乎呈线性变化，在 700℃后出现拐点，急剧下降；素混凝土的导温系数在 100℃后略有上升，200℃后下降较为迅速，约 14％，200～300℃呈上升趋势，幅度不大；500℃后又呈下降趋势。在同一温度高温后，掺纤维混凝土比素混凝土的导温系数大，差值波动较大。

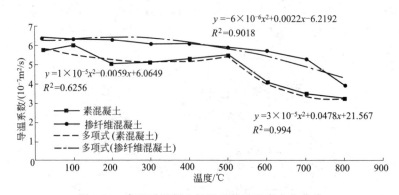

图 1-86　高温后混凝土导温系数随温度变化曲线

（2）高温对 C80HPC 热膨胀性能的影响

① 升温过程中试件线膨胀系数变化规律　由图 1-87 可知，随着温度升高，

混凝土线膨胀系数总体呈现上升趋势。在 $20\sim160℃$ 和 $560\sim720℃$ 温度段内，线膨胀系数上升速度较快，在 $160\sim560℃$ 温度段内增速缓慢，素混凝土线胀系数最大达到 $15.868\times10^{-6}/℃$，掺 0.2% PP 混凝土线膨胀系数最大达到 $14.865\times10^{-6}/℃$；在 $20\sim160℃$ 温度段内，素混凝土线膨胀系数比掺 0.2% PP 纤维的稍大，超过 $160℃$，素混凝土线膨胀系数显著大于掺 0.2% PP 纤维混凝土线膨胀系数。

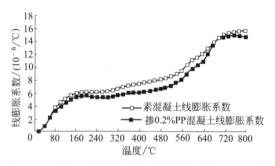

图 1-87　混凝土线膨胀系数随温度升高的变化曲线

② 升温过程中试件膨胀率变化规律　由图 1-88 可知，随温度升高，混凝土膨胀率总体呈升高趋势，$800℃$ 时，素混凝土膨胀率达到 15.868%，掺 0.2% PP 混凝土达到 14.865%；在 $20\sim180℃$ 温度段内，素混凝土线膨胀系数比掺 0.2% PP 纤维的稍大；超过 $180℃$，素混凝土线膨胀系数显著大于掺 0.2% PP 纤维混凝土线膨胀系数。

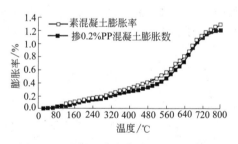

图 1-88　混凝土膨胀率随温度变化曲线

③ 降温过程中混凝土线膨胀系数变化规律　由图 1-89 可知，随温度降低，线膨胀系数总体呈上升趋势，在 $450\sim800℃$ 温度段内，比较稳定，在 $20\sim80℃$ 温度段内，增长速度快，素混凝土膨线胀系数最大值可达到 $96.310\times10^{-6}/℃$，表明 C80HPC 经过高温后再降到常温，其宏观长度是增大的；在整个降温过程中，素混凝土线膨胀系数高于掺 0.2% PP 混凝土。比较升温和降温过程中同一个温度下的线膨胀系数，可知降温时的线膨胀系数大于升温时的线膨胀系数。

④ 降温过程中混凝土膨胀率变化规律　由图 1-90 可知，随温度降低，膨胀率总体呈下降趋势，素混凝土膨胀率高于掺 0.2% PP 混凝土；比较升温和降温过程中同一个温度下的膨胀率，可知降温时的膨胀率大于升温时的膨胀率；$800℃$ 时，

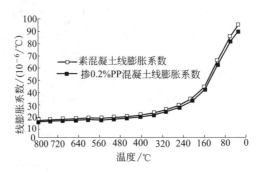

图 1-89　混凝土线膨胀系数随温度降低的变化曲线

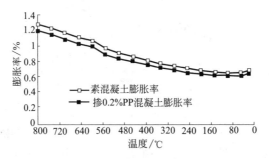

图 1-90　混凝土膨胀率随温度降低的变化曲线

素混凝土的膨胀率为 1.275%，掺 0.2%PP 混凝土的为 1.19%，20℃时，素混凝土的膨胀率为 0.674%，掺 0.2%PP 混凝土的为 0.64%，膨胀率降低了约 0.6%，表明混凝土在降温过程中较升温过程有收缩。与常温混凝土相比，经过高温后再降温到常温，混凝土宏观上是膨胀的。

第2章
高性能混凝土高温蒸汽压测试与模拟

迄今为止，对 HSC/HPC 的高温爆裂机理尚未达成统一共识，对爆裂的主要影响因素也缺乏深入了解和定量表征分析。因此，迫切需要深入开展对高强、高性能混凝土的耐高温性能研究，特别是其高温下爆裂机理的研究。

2.1 混凝土高温爆裂及研究进展

2.1.1 混凝土高温爆裂机理

蒸汽压理论认为，由于 HSC/HPC 内部较高的含水率及低渗透率，在火灾高温过程中，混凝土自身结构致密和不贯通的毛细孔限制了其内部水蒸气的蒸发逃逸，随即在混凝土一定厚度层上出现了"类饱和层"，即"饱和塞"（moisture clog）的作用，HSC/HPC 内部不断积聚的蒸汽压被认为是致使高温爆裂的主要因素。"饱和塞"这一概念由 Harmathy 和 Smith 分别于 1965 年和 1978 年先后提出，并将其应用于分析、解释混凝土内部蒸汽压力导致高温爆裂的机理上。

HSC/HPC 遭受高温作用时，热量在混凝土内部梯度传递，先受到热量的混凝土内部的自由水、吸附水以及结晶水等开始蒸发并形成水蒸气，从而产生蒸汽压；而且由于混凝土材料的不均匀性、热惰性，会产生一定的温度梯度，较高温度区域处的蒸汽压明显大于较低处的，进而又产生压力梯度，致使水蒸气同时向内、外移动，移至中心的水蒸气会遇冷再次冷凝，并在某一较冷区域饱和，形成水蒸气无法透过的区域（饱和塞）。高强、高性能混凝土自身内部结构致密、渗透率低，致使水分迁移受阻，内部蒸汽压积聚，积聚的压力由内向外，会造成饱和塞与受火面之间的薄弱部分发生爆裂现象，如图 2-1 所示。

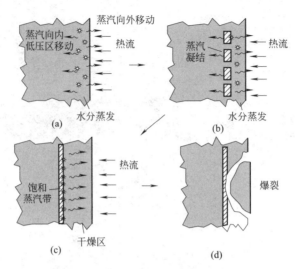

图 2-1　蒸汽压致爆机理模型分析图

2.1.2　混凝土蒸汽压测试国内外研究现状

　　国内外关于混凝土高温爆裂的研究已经持续多年，但混凝土的高温爆裂具有较大的随机性和不确定性，大都处在对爆裂成因的探讨状态，由于爆裂试验测试装置的设计及方法受限，对于高温下混凝土内部蒸汽压的测试相对较少。

　　国外，Kalifa 等通过自行研制一种在混凝土内部预埋测试导管的装置测量出了混凝土内部的蒸汽压力值，且得出掺入聚丙烯（PP）纤维可以大幅度降低高温下混凝土的内部蒸汽压力，从而抑制了其高温爆裂，有效地验证了混凝土的高温蒸汽压爆裂机理。Phan 进行了 HSC 内部蒸汽压力测试及高温爆裂分析研究，发现：混凝土内部的蒸汽压对爆裂影响较显著；当所测点温度在 230℃ 左右时，蒸汽压力值最大，达到了 2.1MPa；当掺入一定量的 PP 纤维时，蒸汽压峰值为 1.42MPa，PP 掺量增加一倍时，蒸汽压峰值仅为 0.66MPa，降低显著。Mindeguia 测量了混凝土加热过程中内部不同深度的蒸汽压，所有测点测得的蒸汽压力峰值均小于混凝土的抗拉强度，在 0.2～1MPa 之间。

　　国内，鞠杨等利用自主研发的蒸汽压装置，测量了高温下 RPC 内部蒸汽压，并对蒸汽压随温度的变化做了分析讨论，同时采用压汞、扫描电镜等试验，从微观角度对混凝土高温爆裂机理进行了分析，研究发现：RPC 内部蒸汽压随温度升高呈现先增大随后降低的趋势，并且孔隙蒸汽压在混凝土内部发生由浅入深的迁移及由外向内移动的变化规律。

　　王思翔等针对高强混凝土孔隙蒸汽压高温爆裂机理进行了蒸汽压试验，测量了电阻炉模拟高温作用下素高强混凝土、掺橡胶颗粒混凝土及掺纤维（钢纤维、聚丙烯纤维）混凝土内部孔隙压力，分析了不同种类混凝土内部孔隙压力值的差异，并探讨解释了孔隙压力对混凝土高温爆裂的作用机理。

综上所述，截至目前国内外对于高温下混凝土的孔隙蒸汽压测试相对甚少，所研究的混凝土均未结合工程实际，对混凝土进行加均布荷载和布置钢筋网，且几乎混凝土在高温下的蒸汽压试验都是通过高温电阻炉进行加热的。但实际火灾中升温速率非常快，电阻炉模拟是不足以切实反映出火灾的实际情况，与实际火灾作用存在一定的差异。

因此，本章除对无荷载作用下的 C60 和 C80 高性能混凝土小板进行高温电阻炉加热下的内部蒸汽压测试外，还结合工程实际对内部布置钢筋网且加均布荷载作用下的 C60 和 C80 高性能混凝土大板进行明火加热下的内部蒸汽压测试。

2.2　HPC 蒸汽压测试试验方案

2.2.1　试件制备

C60HPC 和 C80HPC 的原材料和配合比同第 1 章。试件形状为混凝土板，依据试验电阻炉炉膛的大小及《混凝土结构设计规范》中混凝土结构楼板厚度的规定，制备了长 390mm×宽 390mm×厚 120mm 的小板及长 800mm×宽 650mm×厚 100mm 的大板。在标准养护室养护 28 天后取出混凝土板试件，放置约 2h 至试件表面干燥后，用以测试混凝土饱水状态下的内部蒸汽压及其随温度变化的特征与规律。混凝土板试件制作过程如图 2-2 所示。

图 2-2　混凝土蒸汽压试验大板试件制作过程

无荷载电阻炉加热情况下设计有基准素混凝土、基准加筋混凝土、PP 纤维混凝土和 PP 纤维加筋混凝土四类混凝土小板;加均布荷载与明火耦合作用情况下设计有基准加筋混凝土和 PP 纤维加筋混凝土两类混凝土大板;PP 纤维体积掺量为 0.2%。

2.2.2 试验方法及装置

测试混凝土内部蒸汽压的试验装置主要有:金属导气管、压力变送器、智能无纸记录仪以及高温电阻炉四个部分,如图 2-3、图 2-4 所示。金属导气管长 400mm,外径 4mm,内径 2mm,使用不锈钢材质制作,在导气管一端连接压力变送器转换接头,另一端连接一个内径为 14mm 圆柱形的金属托盘,托盘内镶嵌有厚度为 2mm、内部孔径为 2.2μm 的金属滤片,同时在金属导气管内填充膨胀系数比较低的硅油后埋入混凝土板试件中;MIK-P300G 型压力变送器,量程为 0～4MPa,精度为 0.5% FS;水蒸气产生的压力传递给金属导气管中的硅油,硅油传递给压力变送器,从而测试出所产生蒸汽压的变化。MIK5000A 型记录仪,有 8 个通道可以记录压力变送器、热电偶、热电阻等仪器传递的数据。高温电阻炉同第 1 章所述。

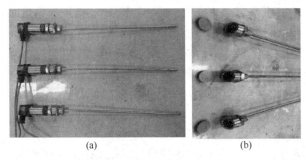

(a) (b)

图 2-3 蒸汽压装置中的导气管、压力变送器及金属滤片

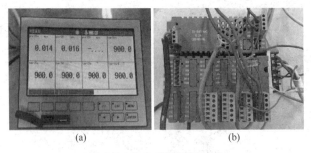

(a) (b)

图 2-4 全自动无纸记录仪

为了测试混凝土板梯度蒸汽压的变化,选择了距离受热面 25mm、50mm、75mm 三个不同位置埋设金属导气管,同时在导气管旁用细铁丝绑扎铠装高温热电偶,测试该部位受热时温度的变化值,高温热电偶同时布置在混凝土板试件受热面

和混凝土板试件的表面，同时测量混凝土板试件温度传导的数据。

将混凝土小板试件立起放进电阻炉炉门，同时用耐高温的矿棉将试件四周密封严实，防止热量泄漏。连接各种仪器，试验炉温设置为800℃。试验试件及电阻炉如图2-5所示。

为了使试验过程更接近于实际火灾情况，进行加均布荷载与明火耦合作用下混凝土板蒸汽压测试。依据相关建筑构件耐火试验，采用自行设计并砌筑的明火加热装置：炉膛尺寸为750mm×600mm×250mm，炉膛四周及底面由加气混凝土砌块砌筑而成，炉膛上方开口。炉膛底部布置有六组明火煤气电炉具，对炉膛上面的混凝土大板进行明火加热，以模拟火灾高温作用下高强、高性能混凝土单面受火状态，加热温度最高可以达到800℃。明火加热装置如图2-6所示。

图2-5　试验试件及电阻炉　　　　　图2-6　明火加热装置图

2.2.3　升温曲线

（1）无荷载电阻炉加热升温曲线

高温作用下无荷载混凝土板蒸汽压测试中采用高温电阻炉，可以调整、控制加热的目标温度。实测得出了对混凝土小板进行加热时电阻炉升温曲线，与ISO 834标准升温曲线的对比如图2-7所示。

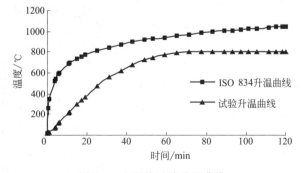

图2-7　电阻炉试验升温曲线

（2）加均布荷载与明火耦合加热升温曲线

本试验中明火加热装置可以调整控制加热的目标温度，实测得出了明火试验中混凝土大板进行受火时的升温时间曲线，与 ISO 834 标准升温曲线的对比如图 2-8 所示。

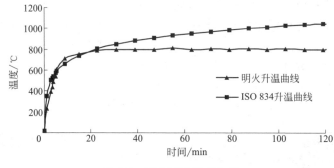

图 2-8　明火试验升温曲线

2.3　C60HPC 蒸汽压测试结果分析

2.3.1　试验现象

在对混凝土板试件进行加热约 70min 时，混凝土板背火面开始出现较大面积的渗水现象，如图 2-9 所示；在继续受热约 150min 后，混凝土板背火面的渗水开始逐渐减少，并慢慢呈现出斑点状，如图 2-10 所示。在混凝土板试件受热约 200min 后，板表面的渗水几乎完全消失。分析其原因：当混凝土板快速受热时，由于混凝土材料的热惰性及梯度传热性，使混凝土板受热面部分的孔隙水首先吸收热量并蒸发，造成该区域的孔压力升高，并且在蒸发区、低压区与受热表面间形成孔压梯度。沿着孔压梯度，水蒸气不但会外逸到外部环境中，同时还会向混凝土内部低温区移动，并且再次凝结成水，通过这种蒸发、移动、凝结的过程不断发生，较低温度区的孔隙含水也会连续增大，最终产生一个饱和层。由于水蒸气不容易穿过该饱和层继续移动，迫使水蒸气反向移动，从而就在该区域接近受热面的一边产生孔隙蒸汽压。在混凝土板背火面看到的渗水即为饱和层传递到表面造成的。在其中一块板试验时，由于压力变送器与金属导气管连接不严密，造成硅油从连接处流出并且蒸汽外泄，取下压力变送器后从导气管中喷出超过大约 1m 长的水蒸气柱，从而直观地看到水蒸气喷出的过程，如图 2-11 所示。

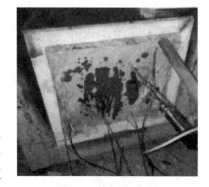

图 2-9　大面积渗水

图 2-10　斑点状渗水　　　　　　图 2-11　喷射出的水蒸气

2.3.2　C60HPC 不加荷载作用下混凝土小板试验结果与分析

（1）钢筋混凝土板中的聚丙烯纤维对蒸汽压力的影响

图 2-12～图 2-14 为钢筋混凝土小板同一测点处蒸汽压力随时间变化曲线图。可以看到，三个对应测点处，不掺纤维混凝土小板蒸汽压力值均高于掺 0.2％聚丙烯纤维混凝土小板。

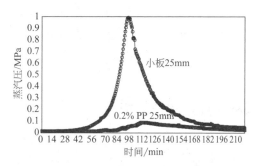
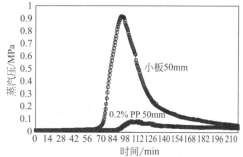

图 2-12　小板 25mm 处蒸汽压随　　图 2-13　小板 50mm 处蒸汽压随
　　　　　时间变化情况　　　　　　　　　　时间变化情况

对比高温电阻炉不加荷载情况下掺与不掺纤维的钢筋混凝土小板三个测点处的蒸汽压力值，掺 0.2％聚丙烯纤维的钢筋混凝土板的蒸汽压力都要远小于不掺纤维的钢筋混凝土板。可能是因为混凝土受高温作用的过程中，内部的水分变为水蒸气，水蒸气向远离受火面的一端迁移，水蒸气在迁移过程中受到浆体以及骨料形成的密闭结构的阻碍，积聚

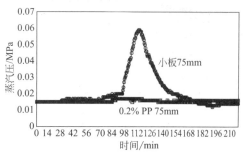

图 2-14　小板 75mm 处蒸汽压随时间变化情况

的水蒸气越来越多，压力越来越大，达到该位置处的抗拉强度后就会发生爆裂。而聚丙烯纤维在高温作用下（＞167℃）熔化，在混凝土的密闭孔隙间形成连续的通道，从而改善了混凝土的密闭结构，使密闭的孔隙连通起来，水蒸气得以顺利迁移。

（2）温度对蒸汽压力的影响

图 2-15、图 2-16 分别为不掺纤维和掺 0.2％纤维钢筋混凝土小板对应测点蒸汽压力随该测点温度变化曲线图。

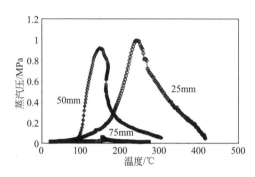

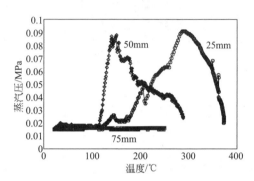

图 2-15　不掺纤维小板蒸汽压随测
点温度变化情况

图 2-16　掺 0.2％纤维小板蒸汽压
随测点温度变化情况

通过观察两块掺与不掺纤维的钢筋混凝土小板三个测点处蒸汽压力随测点温度变化的曲线可以看出，两块板的蒸汽压力均呈现先上升后下降的趋势，两块板各自 25mm 与 50mm 测点处的蒸汽压力峰值都较为接近，而 75mm 测点处的蒸汽压力值都几乎没有波动。

2.3.3　明火与荷载耦合下混凝土大板蒸汽压结果与分析

（1）聚丙烯纤维对蒸汽压力的影响

图 2-17～图 2-19 对比了不同试件（不掺纤维混凝土大板与掺 0.2％聚丙烯纤维

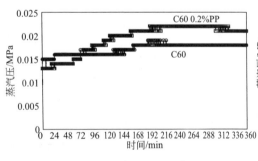

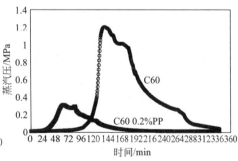

图 2-17　大板中心 25mm 蒸汽压
随时间变化情况

图 2-18　大板中心 50mm 处蒸汽压
随时间变化情况

混凝土大板）在受到明火与荷载耦合作用下，同深度测点位置（中心位置距离板底 25mm、50mm 以及板角落距离板底 25mm），蒸汽压力随时间变化曲线图。

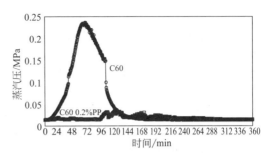

图 2-19　大板角部 25 mm 处蒸汽压随时间变化情况

通过观察板底中心 25mm 位置处蒸汽压力随时间变化曲线图发现：在明火与荷载耦合作用下，不掺纤维混凝土大板与掺纤维混凝土大板（0.2% PP）蒸汽压力值在此处几乎无变动。而在 50mm 测点处，两块板蒸汽压力数值明显增大。通过对比发现，掺聚丙烯纤维后，50mm 测点位置蒸汽压力降低显著，压力峰值降低 73.7%，且压力出现时间提前。

而在混凝土板边缘位置距离受火面 25mm 处的点，测试结果同样呈现掺加聚丙烯纤维降低混凝土内部蒸汽压的作用（图 2-19）。试件在试验开始时蒸汽压力就迅速上升，直到在 70min 达到峰值 0.237MPa，之后随着试验的结束迅速下降。而掺聚丙烯纤维混凝土大板在此测点处的蒸汽压力整体平稳，在 97.5～212min 有小幅波动，但都不超过 0.05MPa，可以忽略不计。综上，发现聚丙烯纤维在抑制混凝土内部蒸汽压力方面有明显的效果，故再一次从蒸汽压力实测的角度上说明了聚丙烯纤维对爆裂的抑制作用。

在实际工程中，当楼板在火灾中构件温度迅速升高时，推测构件最容易发生破坏的可能在楼板内部中心位置，距离受火面 25～50mm 之间，内部发生爆裂时致使承载力丧失。

（2）温度对蒸汽压力的影响

图 2-20、图 2-21 为荷载与明火耦合下不掺纤维、掺 0.2% 纤维混凝土大板对应测点的蒸汽压力随测点温度升高时的压力变化曲线图。从图 2-20、图 2-21 中可以

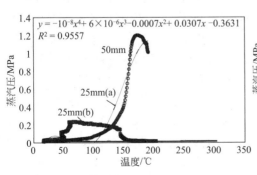

图 2-20　不掺纤维大板蒸汽压
随测点温度变化情况

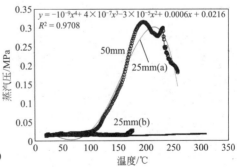

图 2-21　掺 0.2% 纤维大板蒸
汽压随测点温度变化情况

看到，掺 0.2% 聚丙烯纤维混凝土大板其蒸汽压力峰值明显小于不掺纤维混凝土大板，是由于混凝土板受高温与荷载耦合时聚丙烯纤维对混凝土内部产生蒸汽压力的抑制作用，通过高温后熔化形成的孔道释放蒸汽压力，减少混凝土爆裂的概率。而且两块板靠近受火面的 25mm 处的蒸汽压力值远低于 50mm 处的蒸汽压力值。这是因为，明火产生了较快的热辐射速率，致使水蒸气快速积累，导致了靠近受火面的饱和蒸汽带的形成，蒸汽压力持续增加并向远离受火面的部位迁移。因此靠近受火面的蒸汽压力反而会下降，但是远离受火面的试件中部位置处的蒸汽压力反而增大。

2.4 C80HPC 蒸汽压测试及结果分析

2.4.1 试验现象

（1）混凝土小板

① 渗水现象　随着混凝土小板不断受热，可以看到炉门缝隙处开始有大量烟雾向外逸出，当小板加热到约 67min 时，发现混凝土小板的背火面开始出现部分"斑点状"的渗水现象，如图 2-22 所示，此时背火面温度为 35.2℃，炉膛内温度为 802.5℃，板受火面温度为 401.4℃；在继续受热到约 118min 后，混凝土小板背火面的"斑点状"渗水现象逐渐减少；在混凝土小板加热到约 170min 后，小板背火面的渗水斑点几乎完全消失。基准素混凝土和基准加筋混凝土部分小板在加热到约 75min 时，有爆裂现象发生，此时炉膛内温度为 801℃；而 PPHPC 小板在加热过程中均无爆裂现象发生。

② 混凝土爆裂剥落　基准素混凝土和基准加筋混凝土经高温电阻炉加热后，两类基准混凝土小板均发生了不同程度的爆裂现象，且受热面均表现出不同深度的剥落现象。其中，基准素混凝土小板爆裂较严重，其剥落面占小板受热表面约 80%，板角部剥落最大深度约 6.5cm，板中间剥落最大深度约 5cm，且板内部有许多肉眼可见的小孔；而基准加筋混凝土只有受火面上半面出现剥落，其剥落面占小板受热表面约 45%，板角部剥落最大深度约 6.2cm，板中间剥落最大深度约 2.5cm，且板受热面未剥落的下半部分表面出现许多微细裂纹；两类基准混凝土小板侧面（板厚度方向）均出现许多肉眼可见的小孔，与受热前板表面相比较，受火痕迹均较明显。图 2-23（a）、图 2-23（b）分别为高温后两类基准混凝土小板外观形貌。

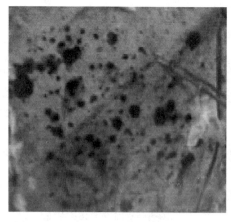

图 2-22　混凝土小板试验中"渗水现象"

(a) 基准素混凝土

(b) 基准加筋混凝土

(c) PP纤维素混凝土

(d) PP纤维加筋混凝土

图 2-23　各类混凝土高温后的外观形貌

PP 纤维素混凝土和 PP 纤维加筋混凝土经高温电阻炉加热后，两类 PP 纤维混凝土小板均未发生爆裂现象，但其受热面均出现许多肉眼可见的密集的细孔和不同分布的微细裂纹，且板侧面（板厚度方向）均出现一些肉眼可见的裂缝，与加热前板表面相比，受火痕迹也比较明显。图 2-23（c）、图 2-23（d）分别为高温后两类 PP 纤维混凝土小板外观形貌。

四类混凝土小板经高温试验并冷却至室温后的外观形貌如图 2-23 所示。各类混凝土小板经过高温试验后，板的受热表面均有肉眼可见的密集分布的小孔以及不同程度的微细裂缝；且基准混凝土小板在试验过程中发生了不同程度爆裂，主要表现在板受热表面的浅层混凝土有明显脱落现象；而 PP 纤维混凝土小板均未发生爆裂现象，并且与基准混凝土相比，受热表面肉眼可见的密集分布的小孔数量更多，孔径相对较小一些，但表面出现的网状微细裂缝相对较多。这说明在混凝土中添加适量 PP 纤维可有效抑制混凝土高温爆裂的发生，从而验证了其高温蒸汽压爆裂机理。

（2）混凝土大板

随着混凝土大板的不断加热，炉门缝隙及板背火面导气管缝隙处开始有白色烟雾向外逸出；基准加筋混凝土大板在加热至约 23min 时，听到有较大的爆裂声，此时炉膛内的温度为 796℃，板底温度为 712℃，之后陆续听到有"哧、哧、哧"的轻微爆裂声，爆裂声大约持续 20min，并且板侧面（特别是后侧面和右侧面）出现许多肉眼可见的裂缝，如图 2-24 所示；而 PP 纤维加筋混凝土大板在加热过程中均未听见有爆裂声发出，其他现象与基准加筋混凝土的类似。

(a) 后侧面　　　　　　　　　　　(b) 右侧面

图 2-24　明火试验过程中混凝土大板侧面裂缝

　　基准混凝土和 PP 纤维混凝土两类混凝土大板经高温试验并冷却至室温后的外观形貌如图 2-25 所示。图 2-25（a）所示为基准混凝土大板高温后的外观形貌，其经明火加热过程中发生了爆裂现象并伴随有白色烟雾逸出，可见受火面出现不同深度的剥落，剥落面积约占板受火表面积的 70%，其中板角埋设蒸汽压导管的周围出现剥落，剥落深度最大 19mm，板中间也出现剥落，其深度最大为 25mm 左右，从图中剥落部位可见，板保护层剥落后预先布置的单层钢筋网中有一根钢筋外露，

(a) 基准混凝土　　　　　　　　　(b) PP 纤维混凝土

图 2-25　混凝土大板高温后外观形貌

并有许多肉眼可见的大小空洞；未剥落部位出现许多微细裂纹，且板侧面（板厚度方向）出现许多肉眼可见的细长裂缝，较明显的几条裂缝大概在预埋钢筋网的钢筋间距处混凝土保护层上，与明火加热前板表面相比，受火面的过火痕迹较为显著。

图 2-25（b）所示为 PP 纤维混凝土大板高温后的外观形貌，发现其经明火加热过程中未出现高温爆裂现象，但同样有白色烟雾逸出，板侧面（板厚度方向）出现肉眼可见的细长裂缝，较明显的几条长裂缝约在配置单层钢筋网的钢筋间混凝土保护层上，可以推测是由于加热过程中混凝土自身受热膨胀及钢筋网对周围混凝土的束缚相互作用所致。冷却后观察大板受火面发现，有许多肉眼可见的针孔大的密集细孔并有许多微细裂纹，且受火面的过火痕迹比较明显，而板侧面的较大裂缝较加热过程中出现的有所变窄。与基准混凝土大板比，添加 PP 纤维混凝土大板未发生爆裂现象且出现的密集细孔及微细裂纹较多一些。这结合工程实际充分说明了在加均布荷载和明火耦合作用下高强、高性能混凝土中添加适量的 PP 纤维可以有效减小爆裂的危险，从而抑制其爆裂的发生。

2.4.2　温度对 C80HPC 混凝土板内部蒸汽压的影响

2.4.2.1　高温作用下无荷载混凝土蒸汽压测试结果与分析

（1）混凝土小板内部温度

混凝土小板不同深度测点的温度值随加热时间的变化曲线如图 2-26 所示。小板受热炉膛内部的升温速率较 ISO 标准升温曲线慢，加热 60min 左右炉膛内的温度达到 800℃，然后通过温控仪使炉膛内的温度基本维持在 800℃±10℃。距离混凝土板受热表面深度为 25mm、50mm、75mm 处测点的温度依次不断升高，并且升温速率均呈现先快后慢的变化趋势。同一时间混凝土内部不同测点的升温速率大致保持相同。

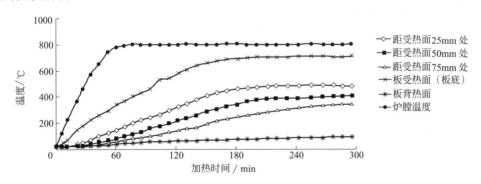

图 2-26　混凝土小板不同深度测点的温度随时间的变化曲线

（2）温度对混凝土内部蒸汽压的影响

① 基准混凝土　基准素混凝土和基准加筋混凝土小板中 3 个不同深度测点的蒸汽压力随加热时间的变化曲线分别如图 2-27 和图 2-28 所示。

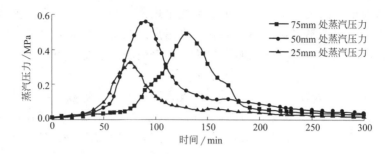

图 2-27　基准素混凝土内部蒸汽压随时间变化曲线

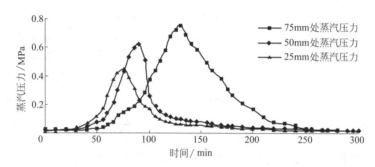

图 2-28　基准加筋混凝土内部蒸汽压随时间变化曲线

　　试验表明，混凝土小板加热的前 50min 中，两类混凝土的 3 个不同测点的蒸汽压力值变化幅度不大；之后，距离受热面最近的 25mm 处测点蒸汽压力先呈现快速上升的趋势，基准素混凝土小板、基准加筋混凝土小板分别加热至 75min、82min 时，蒸汽压力达到最大值，分别为 0.332MPa、0.445MPa，基准加筋较基准素混凝土的峰值蒸汽压力增大了 0.113MPa；之后两类混凝土相应测点处的蒸汽压力开始逐渐下降。随即距离受热面 50mm 测点处的蒸汽压力开始缓慢上升，基准素混凝土小板、基准加筋混凝土小板分别加热至 89min、92min 时，蒸汽压力达到最大值，分别为 0.558MPa、0.6185MPa，混凝土较基准素混凝土的峰值蒸汽压力增大了 0.06MPa；之后两类混凝土该测点处的蒸汽压力均开始逐渐降低，且基准加筋混凝土的蒸汽压力下降速率较大。距离受热面最远的 75mm 处测点的蒸汽压力开始缓慢上升，基准素混凝土小板、基准加筋混凝土小板分别加热至 130min、148min 时，混凝土内部蒸汽压力达到最大值分，别为 0.493MPa、0.758MPa；之后两种混凝土在该测点处的蒸汽压力均开始逐渐降低。可见，两种基准混凝土高温下的内部蒸汽压力随加热时间均呈现先增大后减小的变化趋势，且同一深度测点处基准加筋混凝土的蒸汽压力大于基准素混凝土的蒸汽压力。

　　基准混凝土小板内部距受热面 25mm 测点与 50mm、75mm 两测点处相比，此测点处距受热面最近，最先受到炉膛内的大量热辐射，并产生较大的温度应力，随着热量不断传递，混凝土内部温度随之升高，该测点附近的自由水和结合水转变成的水蒸气在混凝土内部密闭的微细孔结构中逐渐积聚，致使微孔结构中的蒸汽压力持续增大引起微孔结构破坏产生微裂缝，微裂缝的出现造成混凝土内部众多微孔结构相互贯通，直到与混凝土板表面微细裂缝贯通（即开裂现象），为混凝土内部水蒸气提供了逃逸的通道，内部蒸汽压力也就随着微细裂缝的不断出现而逐渐减小。试验过程中可以明显发现板侧面有肉眼可见的微细裂缝，并有白色烟雾不断冒出。混凝土小板内部 25mm 测点处的水蒸气在向板外逸散的同时，也会有部分水蒸气向板内部逐渐迁移，且迁移的水蒸气会逐渐聚积在混凝土内部更深处的微孔结构中凝结变成水，从而为混凝土板内部更深处测点蒸汽压力的增加提供更多的液态水。可以认为，这些都是本试验三个测点中 25mm 测点处蒸汽压力峰值最小的原因。距离基准混凝土小板受热面 50mm、75mm 测点处的蒸汽压力峰值均比 25mm 处的大，因为这些测点处受到的热辐射较 25mm 处少，进而产生的温度应力梯度的影响较 25mm 处小，所以 50mm、75mm 两测点处附近混凝土内部微孔结构内产生贯通至混凝土表面的微细裂缝就需较大的蒸汽压力，测点的试验数据也证实 50mm、75mm 两测点处的蒸汽压力值均较 25mm 处的大，可见所测得的试验数据符合混凝土高温爆裂机理的分析。

②PP 纤维混凝土　PP 素混凝土和 PP 加筋混凝土小板中 3 个不同深度测点内部蒸汽压力值随加热时间的变化曲线分别如图 2-29、图 2-30 所示。

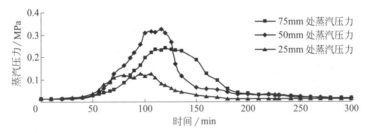

图 2-29　PP 素混凝土内部蒸汽压随时间变化曲线

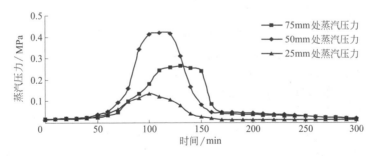

图 2-30　PP 加筋混凝土内部蒸汽压随时间的变化曲线

试验表明，对混凝土小板加热后，在距离受热面最近的 25mm 处测点的蒸汽压力峰值相对较小，PP 素混凝土小板、PP 加筋混凝土小板分别加热至 96min、99min 时，蒸汽压力达到峰值，分别为 0.125MPa、0.137MPa，相应测点的蒸汽压力峰值附近波动较明显，并趋于平缓之后开始逐渐下降。而距受火面 50mm 测点处的蒸汽压力峰值较高，PP 素混凝土小板、PP 加筋混凝土小板分别加热至 116min、110min 时，蒸汽压力达到峰值，分别为 0.324MPa、0.419MPa，且两种混凝土该测点处的蒸汽压力峰值附近也出现明显波动，持续一段时间才开始逐渐降低；距离受热面 75mm 处测点的蒸汽压力峰值附近也有所波动，PP 素混凝土小板、PP 加筋混凝土小板分别加热至 120min、131min 时，蒸汽压力达到峰值，分别为 0.242MPa、0.264MPa，峰值附近波动一段时间后，两种混凝土在该测点处的蒸汽压力均开始逐渐降低。可见，与 PP 素混凝土相比，PP 加筋混凝土 3 个测点处的蒸汽压力峰值均大于 PP 素混凝土相应测点处的峰值，表明加筋混凝土由于内部钢筋的束缚作用较素混凝土更容易发生高温爆裂。

对两类 PP 纤维混凝土小板进行加热过程中发现有大量的烟雾冒出，这是由于混凝土中的 PP 纤维受热开始逐渐熔化、汽化。由于 PP 纤维液态体积小于其固态所占空间以及其在混凝土内部的均匀散乱分布，形成众多细长的小孔隙，促进了混凝土小板内部微孔结构的相互贯通，为混凝土内部水分的蒸发逸出创造了一定的条件，进而有效地降低混凝土中水蒸气聚积形成的蒸汽压力，试验表明，PP 纤维混凝土的蒸汽压力峰值均远低于基准混凝土的最大蒸汽压力，降低了混凝土高温爆裂的可能性，从而验证了在高强、高性能混凝土中添加适量的 PP 纤维可在一定程度上有效地抑制混凝土高温爆裂的发生。

③ 基准混凝土与 PP 纤维混凝土对比分析 图 2-31～图 2-33 分别为 C80 混凝土小板内部距受热面 25mm、50mm 和 75mm 三个不同深度测点处的蒸汽压力随温度的变化曲线。距受热面 25mm 测点处，基准素混凝土、基准加筋混凝土、PP 纤维素混凝土、PP 纤维加筋混凝土达到蒸汽压力峰值 0.332MPa、0.445MPa、0.125MPa、0.137MPa 时 的 相 应 温 度 分 别 为 211.8℃、215.6℃、247.8℃、260.1℃。距受热面 50mm 测点处，基准素混凝土、基准加筋混凝土、PP 纤维素混凝土、PP 纤维加筋混凝土达到蒸汽压力峰值 0.558MPa、0.618MPa、0.324MPa、0.419MPa 时 的 相 应 温 度 分 别 为 145.6℃、148.5℃、202.3℃、170.4℃。距受热面 75mm 深度测点处，基准素混凝土、基准加筋混凝土、PP 纤维素混凝土、PP 纤维加筋混凝土达到蒸汽压力峰值 0.493MPa、0.758MPa、0.242MPa、0.264MPa 时 的 相 应 温 度 分 别 为 156.2℃、175.6℃、138.6℃、156.2℃。对比基准混凝土与 PP 纤维混凝土，距受热面 25mm 测点处的蒸汽压力峰值降低较为显著，除 75mm 测点处基准加筋混凝土的蒸汽压力峰值外，四类混凝土中 50mm 深度测点处的蒸汽压力峰值均比 25mm、75mm 深度测点处的蒸汽压力峰值大。可以推测混凝土内部 50mm 处有可能为混凝土高温爆裂机理中所提到的"类饱和层"，即混凝土内部的水蒸气在不断迁移过程中会在某一个临界区域达到饱和状态，形成"湿阻"现象，因此该"类饱和层"之前部分是蒸汽压力最大的区域，该测点处的内部蒸汽压不断积聚。

从图 2-31～图 2-33 中还可以直观发现，两类基准混凝土内部距受热面 25mm、50mm 和 75mm 三个不同深度测点处的蒸汽压力峰值均远高于 PP 纤维混凝土相应

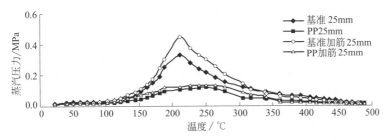

图 2-31　距受热面 25mm 处高性能混凝土内部蒸汽压力随温度变化曲线

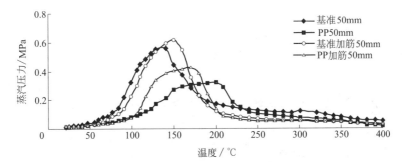

图 2-32　距受热面 50mm 处高性能混凝土内部内蒸汽压力随温度变化曲线

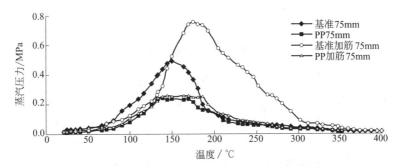

图 2-33　距受热面 75mm 处高性能混凝土内部蒸汽压力随温度变化曲线

各深度测点处的蒸汽压力峰值，这充分表明在混凝土中掺入适量的 PP 纤维能够有效地降低高温下混凝土内部的蒸汽压力，进而在一定程度上改善高强、高性能混凝土的高温抗爆性能，降低其爆裂的风险。

综合分析四类混凝土小板内部蒸汽压力随温度和时间的曲线图，混凝土内部峰值蒸汽压力大小有所差异，但整体变化趋势基本相似。在持续加热过程中，热量沿着混凝土板受热面由表及里不断传递，并形成一定的温度梯度，离板受热面较近的混凝土内部自由水及结合水蒸发并产生蒸汽压力，混凝土内部温度相对较高区域的水蒸气一部分不断积聚，另一部分向低温区域迁移，并在迁移过程中遇冷凝结成水；而较高温度区域的蒸汽压力增大到一定程度致使该区域的微孔结构破坏产生微细裂缝，当混凝土内部微细裂缝相互贯通到混凝土表面，内部部分水蒸气从裂缝中逃逸，混凝土蒸汽压力开始下降；当热量传递到低温区域时，低温区域积聚的水将再蒸发成水蒸气，并继续积聚—迁移—蒸发—迁移—冷凝循环进行，微细裂缝也在混凝土内部不断相互贯通扩展。试验中混凝土里添加适量 PP 纤维后，其在混凝土中均匀散乱分布，内部热量不断传递，达到其熔点后，就会熔融、汽化并在混凝土内部产生微裂缝及孔洞，有利于内部水蒸气的迁移，并为水蒸气向混凝土外逃逸创造条件，从而有效地降低了混凝土内部积聚的蒸汽压力，减小了高温爆裂的风险。

2.4.2.2　荷载与明火耦合作用下混凝土蒸汽压测试结果与分析

（1）混凝土大板内部温度

为结合工程实际，本试验中只研究了布置单层钢筋网的混凝土蒸汽压试验，混凝土大板不同测点的温度值随加热时间的变化曲线如图 2-34 所示。

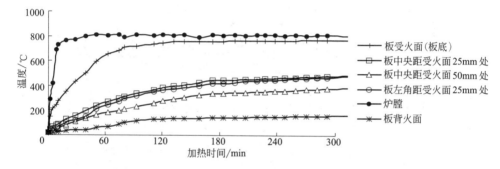

图 2-34　混凝土大板不同测点的温度随时间的变化曲线

明火加热混凝土大板炉膛内部的升温速率与 ISO 标准升温基本接近，前期升温速率较快，加热 20min 左右时炉膛内的温度就将近 800℃，然后通过调节煤气开关阀门的大小使整个加热过程中基本维持在 800℃±20℃。距离混凝土大板受火面板中 25mm 和板角 25mm 深度处测点的温度随时间的变化情况基本吻合，表明混凝土大板在加热过程中基本保持均匀受热；同一时间混凝土内部不同测点的升温速率大致保持相同。

（2）基准混凝土

基准混凝土大板中 3 个测点的蒸汽压力随加热时间的变化曲线如图 2-35 所示。

图 2-35 中蒸汽压力变化曲线表明，在开始对混凝土大板明火加热后，在距离受火面最近的板中 25mm 深度处测点的蒸汽压力先出现上升趋势，加热至 65min 时该测点处的混凝土内部蒸汽压力峰值为 0.504MPa，之后相应测点处蒸汽压力开始呈现下降趋势；随即距受火面板角 25mm 测点处的蒸汽压力开始缓慢上升，加热至 73min 时该测点处的蒸汽压力达到峰值 0.493MPa，之后该测点处的蒸汽压开始迅速降低并在加热的 40min 中陆续听见有"噼里啪啦"的爆裂声；最后距离受火面板中 50mm 深度处测点的蒸汽压力开始几乎直线上升，加热至 85min 时该测点处的蒸汽压力峰值为 0.718MPa，并在此时听见有一声较大的爆裂声，炉子和混

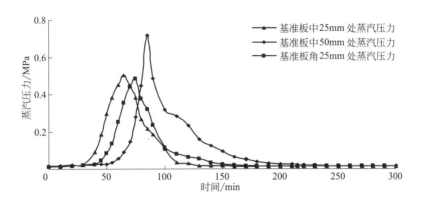

图 2-35　基准混凝土内部蒸汽压力随时间变化曲线

凝土板的缝隙处有大量白雾冒出。之后该测点处的蒸汽压力出现骤降，周围的混凝土发生爆裂剥落现象，并且内部有大量水蒸气从剥落面释放逃逸出来，随后该测点处蒸汽压力缓慢降低，此现象与混凝土高温爆裂相吻合。

（3）纤维混凝土

PP 纤维混凝土大板中 3 个测点处的蒸汽压力随加热时间的变化曲线如图 2-36 所示。

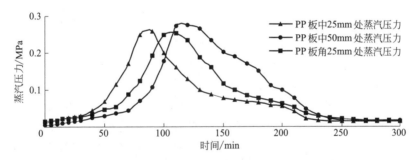

图 2-36　PP 纤维混凝土内部蒸汽压力随时间变化曲线

图 2-36 中的蒸汽压力变化曲线表明，开始对混凝土大板明火加热后，在距离受火面最近的板中 25mm 深度处测点的蒸汽压力先出现上升趋势，之后相应测点处蒸汽压力开始逐渐缓慢下降，随后不同时间段波动趋势较明显；紧接着距受火面板角 25mm 测点处的蒸汽压力开始逐渐上升，加热至 100min 左右时该测点处的蒸汽压力达到峰值 0.253MPa，之后该测点处的蒸汽压力并未开始迅速降低而是在蒸汽压力峰值附近波动了约 20min，随后开始缓慢降低，波动趋势也较明显；最后距离受火面板中 50mm 深度处测点的蒸汽压力开始逐渐增大，加热至 120min 左右时该测点处的蒸汽压力峰值为 0.282MPa，之后该测点处的蒸汽压力开始逐渐缓慢降低，并伴随有较小的波动趋势。

经均布荷载与明火耦合作用下混凝土大板内部距受火面 25mm 和 50mm 两个不同深度处的蒸汽压力随温度变化的曲线分别如图 2-37 和图 2-38 所示。随着明火

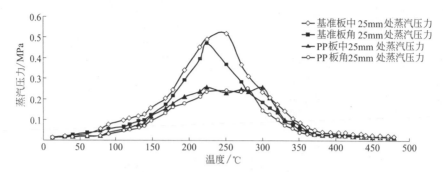

图 2-37　距受火面 25mm 处高性能混凝土内部蒸汽压力随温度变化曲线

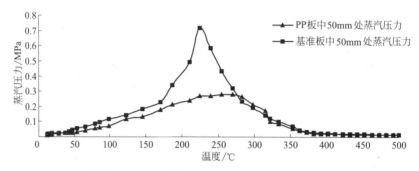

图 2-38　距受火面 50mm 处高性能混凝土内部蒸汽压力随温度变化曲线

温度的不断升高，混凝土各深度测点处的蒸汽压力变化均呈现先增大后减小的趋势。其中，距受火面板中 25mm 深度测点处，加热至 65min 时基准混凝土的蒸汽压力峰值为 0.504MPa，此时该测点处对应混凝土温度为 250.1℃，而 PP 纤维混凝土相应深度测点处的蒸汽压力峰值为 0.258MPa，加热时间为 90min，对应的混凝土温度为 300.2℃，其蒸汽压力峰值较基准混凝土的降低了 0.246MPa；距受火面板角 25mm 深度测点处，基准混凝土的蒸汽压力峰值为 0.493MPa，此时该测点对应混凝土温度为 237.9℃，该温度下测点处受火面周围的混凝土发生了爆裂现象，而 PP 纤维混凝土相应深度测点处的蒸汽压力峰值为 0.253MPa，此时该测点对应温度为 281.3℃，其蒸汽压力峰值较对应深度测点基准混凝土的降低了 0.24MPa，可见两类混凝土 25mm 深度处板中和板角测点的蒸汽压力基本接近，相应温度值也相差不大；距受火面 50mm 深度测点处，基准混凝土的蒸汽压力峰值为 0.718MPa，此时该测点的对应温度为 216.5℃，该温度下测点处受火面周围的混凝土发生了爆裂现象，而 PP 纤维混凝土相应深度测点处的蒸汽压力峰值为 0.282MPa，此时该测点的对应温度为 271.6℃，其蒸汽压力峰值较对应深度测点基准混凝土的降低了 0.436MPa。与基准混凝土相比，PP 纤维混凝土距受火面 25mm、50mm 深度测点处的蒸汽压力峰值均有不同程度的降低，其中 50mm 处测点蒸汽压力峰值降低显著，这充分说明了在混凝土中添加一定量的 PP 纤维，能够有效地降低混凝土高温下的内部蒸汽压力峰值，改善混凝土高温下的抗爆裂性能，进而降低其爆裂的风险。

对比两类混凝土内部蒸汽压力曲线图发现，基准混凝土和 PP 纤维混凝土两类混凝土高温下的内部蒸汽压力都呈现先增加后减小的趋势，但是对于基准混凝土而言，各测点的蒸汽压力随相应温度和时间都是以相对稳定的趋势增加或减小，而 PP 纤维混凝土各测点的蒸汽压力随相应温度和时间的波动性较大，特别是峰值蒸汽压力附近的波动更加明显，且达到峰值蒸汽压力的相应时间较基准混凝土的有所推迟。基准混凝土内部热量的传递相对比较稳定，而 PP 纤维混凝土导热不稳定，热量传递不均匀，尤其考虑到混凝土中添加的散乱分布的 PP 纤维达到熔化的先后时间不同，从而导致 PP 纤维混凝土在高温下内部蒸汽压力呈现波动的变化趋势。

2.5 数值模拟与实测结果分析

利用 Matlab 程序软件及有限差分法计算得到了不同时刻下混凝土内部温度和蒸汽压力随板厚度的变化情况，并对蒸汽压试验相应的实测结果进行了对比分析。

2.5.1 温度数值模拟与实测结果分析

图 2-39 为程序软件计算得到的不同时刻下沿混凝土板厚度方向上的温度分布。从图中可以发现，沿混凝土板厚度方向上的温度分布差别较明显，由于电阻炉升温速率相对较慢，模拟的混凝土板的表面温度在 1h 左右才达到 800℃，但此时距受热面 25mm 深度处的温度为 148.4℃，50mm 深度处的温度为 53.4℃，而背热板表面的温度几乎为常温。可见，温度先在混凝土板内不同深度处梯度传递，板受热表面处的温度梯度先达到最大，然后随着加热时间的持续，混凝土板厚度方向上不同深度处的温度也开始逐渐增大，但热量传递比较缓慢。

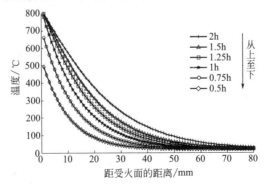

图 2-39 不同时刻下沿混凝土板厚度方向上的温度分布

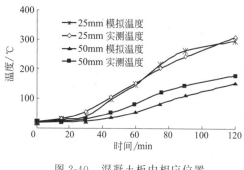

图 2-40 混凝土板中相应位置
处模拟与实测温度对比

图 2-40 所示为数值分析所得混凝土板中 25mm 和 50mm 深度 2h 内不同时刻的温度值与蒸汽压力试验中实测的相应位置处温度对比图。由图可以看出，混凝土板中 25mm 和 50mm 两个不同深度处的试验实测温度值与模拟所得温度值整体均随着加热时间持续而呈现逐渐增大趋势，都体现了混凝土在高温下的热传导规律。50mm 深度处加热 40min 后模拟得到的温度值与实测值相比有一定的差距，原因可能是在用软件模拟得到的温度值较实测值有所偏小。模拟计算时理想假设认为混凝土内部已完全水化以及忽略了选取的相关热工参数与实际混凝土的自身差距，而实际情况中混凝土在高温加热下内部会发生一系列的水化反应及单面受热情况下板背热面实际不断散热等。

2.5.2 蒸汽压数值模拟与实测结果分析

（1）模拟与实测结果分析

图 2-41 为程序软件计算得到的不同时刻下混凝土沿板厚度方向上的蒸汽压力分布。从图中可以看到，不同时刻下沿混凝土板厚度方向上的蒸汽压力分布较明显，并且某一时刻下均有一个蒸汽压力峰值，随着加热时间不断增加，压力峰值逐渐增大，而且随着远离受热面的方向梯度增加。

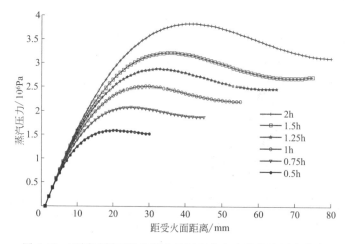

图 2-41 不同时刻下沿混凝土板厚度方向上的蒸汽压力分布

图 2-42 和图 2-43 分别为程序计算和试验实测得到的受热 2h 内距混凝土板受火面 25mm、50mm 和 75mm 深度处测点的蒸汽压力随时间的变化情况。对比发现，尽管同一时刻下的蒸汽压力值有一定的差异，但前 1.5h 内模拟和实测的整体变化趋势基本保持一致，都呈现出距受火面最近的 25mm 深度处先出现蒸汽压力，随后远离受火面处依次开始出现蒸汽压力，表现出高温下混凝土内部蒸汽压力沿受火面由表及里、向内传递的变化规律。

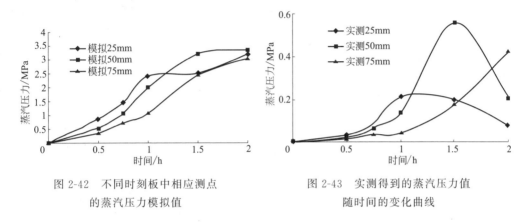

图 2-42　不同时刻板中相应测点　　　　图 2-43　实测得到的蒸汽压力值
　　　　的蒸汽压力模拟值　　　　　　　　　　　随时间的变化曲线

由图 2-42 可以看出，模拟得到的蒸汽压力值会随着受火时间的持续而不断增长下去，但是实际情况下随着受火时间的增加，混凝土板内部的水分会随之不断蒸发丧失，结合蒸汽压力理论应该是先增加后减小；而图 2-43 实测得到的蒸汽压力值随时间的变化符合蒸汽压力理论，距离受火面 25mm 处的蒸汽压力在 1h 左右达到峰值，随后开始逐渐降低，可能是该测点相比其他两个测点距受火面最近，温度应力最大，水分蒸发也较快，并且该点处附近的水蒸气在向外蒸发的同时也向内不断地迁移；随后 50mm 处的蒸汽压力在 1.5h 左右达到最大值，也即三个测点的最大值，可推测该测点附近可能为蒸汽压爆裂理论中的"类饱和层"，其附近混凝土中的热量传递和水分迁移均比较剧烈，并在一定程度上阻止了水分的向内迁移，使得附近的蒸汽压力积聚并且达到峰值，故 50mm 测点处的蒸汽压力相对来说比较大；而 75mm 测点处距受火面相对较远，热量传至此所需时间较长，附近的水分蒸发也随之缓慢，导致该测点的蒸汽压力随受火时间缓慢增大。

（2）偏差分析

本章中数值模拟数据与实测数据存在一定的偏差，分析主要有以下影响因素。

① 理想假设条件　本数值分析中假设混凝土内部是连续匀质多孔的，常温下是饱和的且已完全水化，内部水化物不再发生水化反应。而实际中混凝土内部粗细骨料本身就是随机离散的，不连续的大小不等的多孔材料，内部热量和水分的迁移也是不确定的，且常温下并未完全水化，在高温过程中内部水化物仍在发生着水化反应；高温下混凝土内部水分的蒸发、迁移存在着诸多不确定性。

② 热工参数的选择　本数值分析中混凝土的比热容、热导率、水蒸气扩散系数均参考文献中的，与实测的混凝土本身相应的热工参数有所偏差，而这些参数直接影响着混凝土内部热量的传递和水分的迁移，加上内部热量和水分二者本身也存在着不确定的相互影响。

可见，诸多因素都会影响着数值模拟的计算值，为与试验实测值有较好的相关吻合性，应该分析其主要影响因素。本数值模拟计算中主要影响因素有混凝土的比热容、热导率、水蒸气扩散系数等热工参数，所以今后应该对混凝土自身的相关热工参数进行试验实测，并在此基础上进行相关数值模拟，相信会与实测数据有更好的相关吻合性。

第3章
高性能混凝土高温热应变测试与模拟

当建筑物发生火灾时，混凝土构件在高温、荷载及相关约束的多重作用下，内部热应力会发生重分布。由于目前国内对热应力尚无统一定义，引起热应力的因素也较多，且热应力无法用仪器直接测得，故本章采用振弦式应变计测量热应变，通过应力与应变之间的基本力学原理分析计算热应力，即瞬态热应力，以期为分析结构内部承载力的大小及破坏形式提供一定的试验依据。

3.1 混凝土热应变试验

3.1.1 混凝土板制备

C60HPC 和 C80HPC 的原材料和配合比同第 1 章。试件形状为混凝土板，根据试验电阻炉炉膛的大小及《混凝土结构设计规范》中混凝土结构楼板厚度的规定，制备了长 390mm×宽 390mm×厚 120mm 的小板及长 800mm×宽 650mm×厚 100mm 的大板。小板聚丙烯纤维掺量为 0、0.1%、0.2%、0.3%，在 3 种掺 PP 的板中布置钢筋网，所用的钢筋为 HRB400，φ12 螺纹钢，钢筋网布置成"井"字形，如图 3-1 所示；在距离试件底部分别为 25mm、50mm、75mm 处埋置应变及蒸汽压试验装置（见第 2 章），振弦应变计布置位置如图 3-2 所示。大板优选了 PP 掺量为 0.2% 的混凝土大板和素混凝土板，内部均布置有类似实际工程的钢筋网。混凝土大板制备如图 3-3 所示。

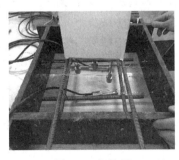

图 3-1　钢筋网

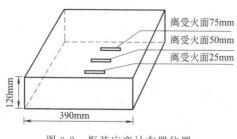

图 3-2　振弦应变计布置位置　　　　　　　　图 3-3　混凝土大板制备

在标准养护室养护 28 天后取出混凝土板试件，放置约 2h 至试件表面干燥后，用以测试混凝土饱水状态下的内部热应变及其随温度变化的特征与规律。

3.1.2　试验方法及装置

（1）试验装置

本试验所用的热应变测量仪器为埋入式混凝土振弦应变计，如图 3-4 所示，应变计读数仪如图 3-5 所示，量程为 $\pm 1500 \mu\varepsilon$，灵敏度为 $1\mu\varepsilon$；应变计尺寸为 150mm；内部含有应变传感器及温度传感器，测量应变的同时还可测量温度，测量范围为 $-55 \sim 125℃$，使用环境温度为 $-10 \sim 70℃$。

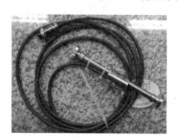

图 3-4　混凝土振弦应变计　　　　　　　图 3-5　应变计读数仪

（2）试验方法

① 高温电阻炉试验　将混凝土小板从养护池取出后在自然环境中晾干，24h 后称量板的质量，在试验结束后还会称量一次质量，测量观察整个试验中混凝土板的失水；将板的底面朝炉膛放进炉门处，板四周的孔隙用高温耐火棉填塞，防止热量的散失以模拟绝热边界；用振弦应变计读数仪将 3 个不同深度位置处的应变计值归为零。混凝土小板、高温电阻炉及装置如图 3-6、图 3-7 所示。具体试验步骤如下：

第一步，将应变的接头与读数仪接通，读出初始值。

第二步，将温度控制仪的目标温度设定为 800℃，持续加热的同时每隔 5min 测量一次各个深度处的应变值并记录在相应的表格上，一直读数直到应变计烧坏无法显示读数为止，同时记录温度值，在应变计测量的温度范围外的温度由高温热电偶记录。

图 3-6　混凝土小板

图 3-7　高温电阻炉及装置

第三步，因为本试验与蒸汽压试验同时进行，因此要等到蒸汽压数值开始下降时才能关闭温度控制仪，让混凝土板在空气中自然冷却，冷却的同时无纸记录仪要继续记录，直到蒸汽压力下降到不再变化时方可关闭无纸记录仪。

第四步，取出混凝土板，拆下试验装置，称取质量，试验结束。

② 明火与荷载耦合试验　将混凝土大板从养护室取出后在自然环境中晾晒24h，装好试验装置后称质量，将混凝土板放到明火炉台上，板周边空隙用高温耐火棉完全填塞，并在板上布置 145.6kg 的荷载，布置的荷载应尽量均匀、对称，荷载大小参照《混凝土设计规范》，荷载由混凝土试块与砂子组成，主要空隙由砂子填充，明火与荷载耦合试验如图 3-8 所示。具体步骤如下：

第一步，将应变计的接头与读数仪接通，置零初始值，打开 DV 摄像机进行全程录像。

第二步，打开明火炉，持续加热，每隔 2min 读 1 次数，因为本试验的升温速率要明显高于通过电阻炉加热的方式，并记录相应的应变计数值，持续加热，直到应变计无法测量出具体数值，记录在测量范围内的应变值及温度值，超出应变计读数仪测量范围的温度通过巡检仪记录。

图 3-8　明火与荷载耦合试验

第三步，温度到达 650℃ 左右时就不再升高，但是此时混凝土板内部的蒸汽压力还在持续上升，因此要等到蒸汽压力的数值开始下降时才可关闭明火炉，无纸记录仪此时继续记录数值，让混凝土板在空气中自然冷却，直到显示的蒸汽压力不再下降时方可关闭无纸记录仪。

第四步，当混凝土板冷却到常温后将板上的荷载卸下，并且拆下试验装置，抬下板称质量，试验结束。

（3）高温试验

① 高温电阻炉高温试验　小板试验用高温电阻炉及高温试验同第 2 章。

② 加均布荷载与明火耦合火灾高温试验　加均布荷载与明火耦合火灾高温试验同第 2 章。

3.2　混凝土板热应变试验结果与分析

3.2.1　混凝土热应变随受火时间的变化规律

试验混凝土小板标记：掺 PP 纤维 0.1%、0.2%、0.3% 的小板分别标记为 A、B、C 板，不掺纤维的素混凝土小板标记为 S 板，而在其中布置有钢筋网和掺量为 0.2%PP 纤维的小板标记为 BR 板，其中仅布置有钢筋网无纤维的小板标记为 SR 板。荷载与明火耦合的大板为素混凝土及掺 0.2%PP 纤维的混凝土板，两种混凝土大板内均布置了钢筋网，分别标记为 1 号板、2 号板。在每块板距离受火面 25mm、50mm、75mm 处布置应变计，应变计读数仪由人工进行读数并记录，每隔 5min 分别记录 3 个深度处的应变值，将打开高温电阻炉的温度控制仪的时刻记录为 0min。由于振弦应变计的检测温度上限为 125℃，之后应变计已烧坏，读数仪无法读出数值。

（1）无荷载无钢筋网小板的高温热应变

A、B、C、S 板在 3 个测点处的应变值随时间的变化情况，如图 3-9～图 3-12 所示。由图可知，板内 3 个测点的应变值总体均随着时间的增加而升高，30min 以前 3 个测点的应变值均比较相近，之后随着温度升高应变值速率增大，3 个测点处的应变值相差越来越大。距板受火面 25mm 处的应变值升高最快，距受火面 75mm 处的应变值则升高最慢。所有测点的应变值中，素混凝土的最大应变值始终高于 PP 纤维混凝土最大应变值，其最大值达到 258με，而 PP 纤维混凝土应变最大值为 200με 左右。

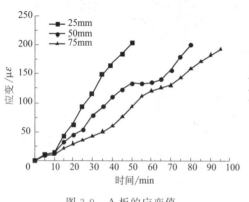

图 3-9　A 板的应变值

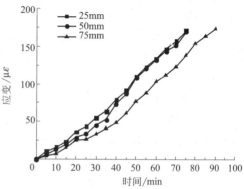

图 3-10　B 板的应变值

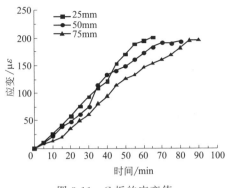

图 3-11　C 板的应变值

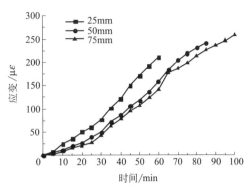

图 3-12　S 板的应变值

各板在相同深度处的应变值与受热时间的关系，如图 3-13～图 3-15 所示。图 3-13 中各条曲线的最高点为 120℃左右对应的应变值，可以看出虽然 PP 纤维掺量为 0.2%的 B 板所能测得的受火时间最长，但是所测得的最大热应变却要小于另外 3 种混凝土板最大热应变值。

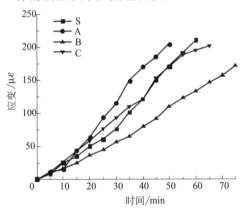

图 3-13　各板距离受火面 25mm 处的应变值

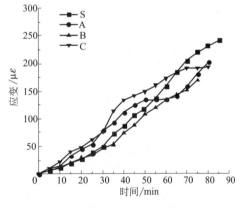

图 3-14　各板距离受火面 50mm 处的应变值

由图 3-14、图 3-15 可知，4 种混凝土在距受火面 50mm 及 75mm 处的热应变均随着加热时间的增长而增加，而 75mm 处所测得的应变值高于 50mm 处，总体看，A、C、S 板的受火初期热应变均呈现缓慢增加的趋势，三者的数值相差不大。约 60min 后出现明显的差距，S 板的热应变升高要快于另外 3 种混凝土板，而 A 板与 C 板的热应变相差不大。B 板的热应变一直都处于比较小的状态，在受火后

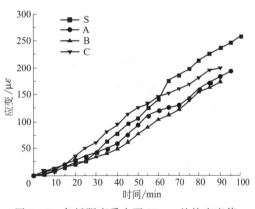

图 3-15　各板距离受火面 75mm 处的应变值

期时则明显低于其他 3 种混凝土板。这可能是因为在距离受火面比较近的混凝土中的 PP 纤维受热熔化而形成了孔隙，同时降低了混凝土内部蒸汽压，从而起到了减小热变形的作用。PP 纤维掺量为 0.2％对混凝土的热应变有一定的抑制作用。

（2）无荷载有钢筋网小板的高温热应变

BR 及 SR 板不同测点处的应变值与受火时间的关系，如图 3-16、图 3-17 所示。BR 及 SR 板在 3 个测点处的应变值均随着时间的增长而逐渐增加；但在距受火面 25mm 的测点处很快就达到了 120℃左右，其最大应变值却远小于 50mm 处及 75mm 处的最大应变值。

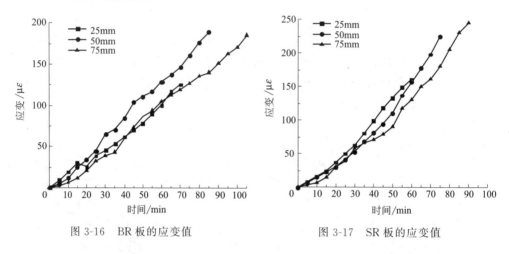

图 3-16　BR 板的应变值　　　　图 3-17　SR 板的应变值

为了更清晰地分析置入钢筋网对应变值的影响，BR、SR、B、S 各板在相同深度处的应变值与受热时间的关系，如图 3-18～图 3-20 所示。

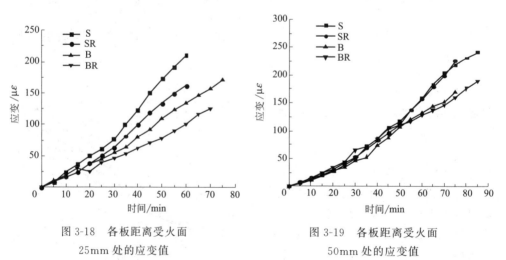

图 3-18　各板距离受火面　　　　图 3-19　各板距离受火面
25mm 处的应变值　　　　　　　50mm 处的应变值

由图 3-18 可以看出，S、SR、B、BR 四种混凝土板在距受火面 25mm 处的应变值均随着受火时间的延长而升高，其中 S 板的上升速率最大，而 BR 板的最小。受火 30min 以前的应变值均相差不大，40min 之后呈现明显的差距，由于钢筋网布置在距离受火面 25mm 处，应变计布置在钢筋网的中心位置，混凝土受热后可能由于应变计周围的混凝土与钢筋网相互约束而阻碍了混凝土的受热变形，加之如前述掺

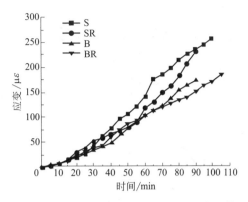

图 3-20　各板距离受火面 75mm 处的应变值

0.2％PP 纤维可对混凝土板在高温下的热应变起到一定的抑制作用，因此两者的共同作用下造成了 BR 板的应变值最小，相对于 S 板的最大应变值要小 40.3％；B 板的最大应变值要高于 SR 板，但两者相差不大。综合上述，试验表明配置钢筋网可对混凝土的高温热应变起到明显的抑制作用，这种作用甚至大于掺 PP 纤维带来的效果；若将钢筋网及 PP 同时加入到混凝土中，可能对抑制混凝土高温爆裂、提高混凝土结构抗火能力起到积极作用。

由图 3-19 及图 3-20 可以看出，总体上距受火面 50mm 及 75mm 两个测点处的热应变均随着时间的增长而逐渐升高，但与 25mm 测点处不同的是，4 种混凝土板相互之间始终并未出现明显的差距，在 50min 后才开始有小幅差距。距受火面 50mm 测点处 S 板与 SR 板的应变值在相同受火时间时始终相差无几，B 板与 BR 板也始终相差无几，但是 BR 板相对于 SR 板应变值的最大值要小 16.1％，应变值的最大值是 B 板。距受火面 75mm 测点处 4 种混凝土板在升温时间及最大应变值方面有所差距，相对来说 S 板的应变值最大，而 B 板的应变值最小。综上所述可以看出，钢筋网对于在 50mm 及 75mm 处的高温热应变影响并不明显，该情况可能是 PP 纤维起主要作用，由此推测钢筋网对同深度处的混凝土的高温热应变起明显改善作用，对于其他深度处的热应变作用不明显。

（3）荷载与明火耦合作用下混凝土大板的高温热应变

由于明火炉膛的升温速率比电阻炉的快，因此本试验规定每隔 2min 读数一次，以便更精确地测试和分析高温下的热应变发展情况。1 号、2 号两种混凝土大板的高温热应变随时间的变化情况，如图 3-21、图 3-22 所示。

由图 3-21 及图 3-22 可知，1 号板及 2 号板在 3 个测点处的热应变均随着时间的增长而逐渐升高；由于明火外焰直接加热，升温速率高，大板达到相同温度或相同热应变所需的升温时间明显短于通过高温电阻炉加热的混凝土小板，明火加热 10min 左右大板在 25mm 测点处的热应变已升高至 230$\mu\varepsilon$ 左右。

1 号、2 号板的 3 个测点处的热应变与受火时间的关系，如图 3-23～图 3-25 所示。

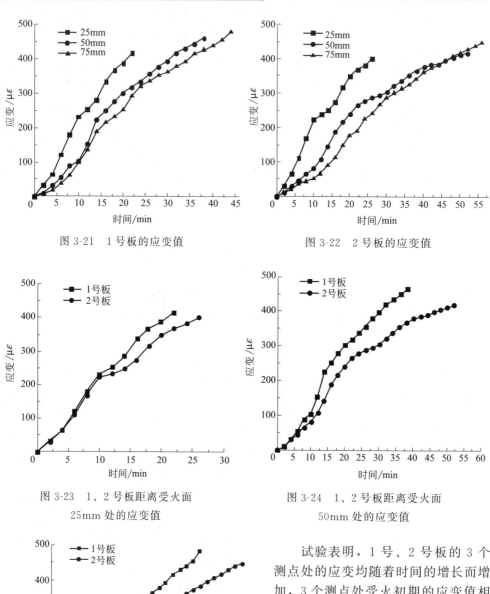

图 3-21　1 号板的应变值

图 3-22　2 号板的应变值

图 3-23　1、2 号板距离受火面
25mm 处的应变值

图 3-24　1、2 号板距离受火面
50mm 处的应变值

图 3-25　1、2 号板距离受火面 75mm 处的应变值

　　试验表明，1 号、2 号板的 3 个测点处的应变均随着时间的增长而增加，3 个测点处受火初期的应变值相差不大，后期 1 号板应变值的上升速率要高于 2 号板；两种混凝土板的应变值普遍高于无荷载电阻炉试验的混凝土小板，几乎增加了一倍。离受火面最近的 25mm 测点的温度升高最快，达到应变计的极限温度所需的时间也最少。图 3-23 表明 1 号板的最大应变值与 2 号板相近，两者在 25mm 处都布置有钢筋网；图 3-24

表明 2 号板所需的受火时间明显长于 1 号板，最大应变值也低于 1 号板；图 3-25 与图 3-24 规律相似。

综上所述可知，荷载与明火耦合能显著地增大混凝土的应变值；掺加 0.2%PP 纤维能减慢温度在混凝土构件中的传导，并且能减小混凝土的高温热应变。由于在实际工程中的建筑物构件均受荷载作用，因此当发生火灾时混凝土构件内部热应变能在短时间内达到很大值，并产生变形和裂缝，对建筑的承载力构成较大威胁，甚至坍塌而造成严重的危害。

3.2.2　温度对混凝土热应变的影响

S、B、BR 三种混凝土板所受温度与热应变关系，如图 3-26～图 3-28 所示。

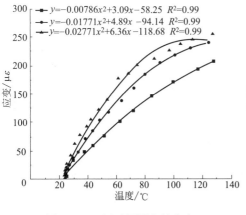

图 3-26　S 板不同深度的应变值随温度的关系

■25mm；●50mm；▲75m；

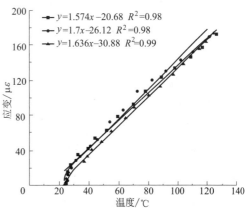

图 3-27　B 板不同深度处的应变值随温度的关系

■25mm；●50mm；▲75m；

以上三图均表明热应变总体上随着温度的升高而逐渐增大，热应变与温度密切相关。图 3-26 表明增幅先大后小。图 3-27 表明 B 板的散点分布比 S 板集中，表明掺加 0.2%PP 纤维能够使应变呈梯度减小，使各个深度的热应变在相同温度下的值都很相近，热应变随温度的升高而平稳线性增加，变形更趋均匀。图 3-28 表明 BR 板在 25mm 测点的应变值较小，与另外两个测点处的散点区分明显，而 50mm 及 75mm 这两个测点处的应变

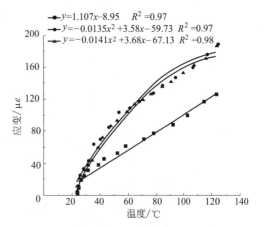

图 3-28　BR 板不同深度的应变值与温度的关系

■25mm；●50mm；▲75m；

值比较集中且相近。由于 25mm 处布置有钢筋网，在升温后钢筋网与混凝土相互约束，会抑制混凝土在高温下的变形，因此在相同温度时 25mm 测点处的应变要明显低于另外两个测点，这也印证了之前得出的结论，钢筋网能抑制同深度处热应变的发展。

为了更好地利用温度与应变的关系，忽略深度的影响，S、B 板所有测点热应变与温度的关系曲线，如图 3-29、图 3-30 所示。

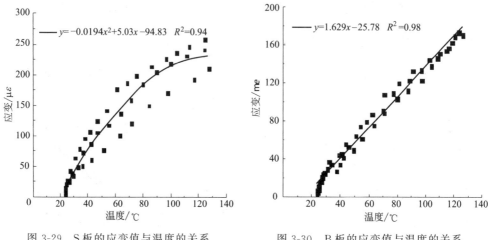

图 3-29 S 板的应变值与温度的关系   图 3-30 B 板的应变值与温度的关系

BR 板 25mm 处的散点用 BR1 表示、而 50mm 及 75mm 处的散点用 BR2 表示，其热应变与温度的关系曲线，如图 3-31 所示。

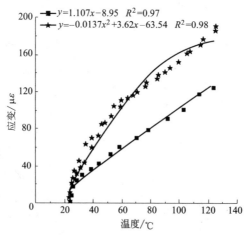

图 3-31 BR 板的应变值与温度的关系
■BR1；★BR2

回归关系式中的 x 表示温度（单位为℃），$x \leqslant 125℃$；y 表示该温度下的热应变（单位为 $\mu\varepsilon$）。

3.3 计算机模拟与分析

利用 ABAQUS 软件对混凝土小板高温热应力进行有限元模拟分析，并将模拟结果与混凝土小板的高温电阻炉试验结果进行对比分析。

3.3.1 混凝土热应力模拟方法及步骤

利用 ABAQUS 软件对混凝土内部高温热应力进行初步分析与探讨。具体步骤如下：

第一步，创建部件，输入模型的尺寸，定义宏观物理特性。

第二步，创建材料和截面属性，由于所用材料的属性并非全部由试验获得，其中一部分如：混凝土的弹性模量、热导率、线膨胀系数等是通过笔者及团队试验研究获得，而钢筋的弹性模量、屈服强度、线膨胀系数等通过查阅相关资料取得。

第三步，定义装配件，定义好钢筋属性后将钢筋网按间距分布装配起来，构成单层钢筋网布置在距混凝土板底面 25mm 处。

第四步，设置分析步，以时间为设置的标准，以高温电阻炉的升温曲线为升温标准给构件加热，定义为按线性的方式计算。

第五步，定义约束，设置升温曲线、加热方式，定义受火面与绝热面等。

第六步，定义荷载和边界条件，四周两对边分别为简支和嵌固约束，对模型进行温度场的定义。

第七部，划分网格，将混凝土与钢筋网按不同的网格大小划分，网格越小计算越精确，但同时也要考虑计算的效率。

第八步，提交分析作业，创建一个作业提交后计算机就开始计算工作。

第九步，后处理，通过不同的选项可以选择性地输出不同的图像与曲线图，试验结束。

由于输出热应力的同时也可以输出模型在不同位置、不同时间的温度，并且可以观测到温度的变化云图，将通过高温热电偶测出的温度记录下来与通过模拟得到的温度进行对比分析。

3.3.2 基于 ABAQUS 的混凝土小板热应力分析

通过 ABAQUS 软件模拟得出的温度场、热应变及热应力的云图分别如图 3-32、图 3-33、图 3-34 所示（见文后彩插）。本模型的混凝土板截面的测点分别有 A、B、C、D、E 五个，他们的位置分别为距离受火面 20mm、40mm、60mm、80mm、100mm。通过输出温度与热应变的数值，得出 A、B、C、D、E 点的温度与热应变的关系曲线如图 3-35。

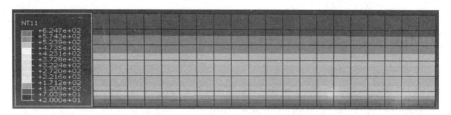

图 3-32　混凝土板截面的温度场云纹图

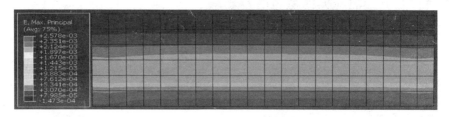

图 3-33　混凝土板截面的热应变云纹图

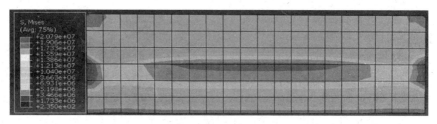

图 3-34　混凝土板截面的热应力云纹图

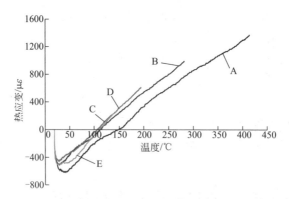

图 3-35　各深度处温度与应变的关系

图 3-32 表明混凝土板截面的温度场离受火面越近梯度越大，云图中的颜色也就越是趋近红色，图 3-33 与图 3-34 分别是以第一主应变及第一主应力的云图，图中离受火面越近表明热应变越大，而热应力最大的地方图中显示的是在截面的中间而并非底部。图 3-35 表明混凝土板截面 5 个深度处的高温热应变均随温度的升高呈现先降低后升高的趋势。其中离钢筋网最近的 A 点的应

变要明显低于其他 4 个测点，这与第三章试验中在钢筋网所在的 25m 处的热应变要明显低于其他测点这一结论吻合。正是由于钢筋网与混凝土的相互挤压导致混凝土所测得的应变值变小，在其他深度处的 B、C、D、E 这些测点处热应变几乎相近。

通过 ABAQUS 输出的温度与高温热应力的关系如图 3-36。

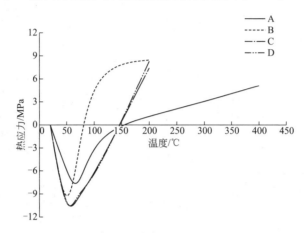

图 3-36　温度与热应力的关系

图 3-36 表明，模型板截面深度处的热应力均随着温度的升高而大体上呈上升趋势，与热应变存在相似之处。早期的热应力为负值，此时即为压应力，混凝土板是处于完全安全的状态；随着温度的升高热应力也逐渐升高，变成拉应力的状态，并且上升很快，在 200℃的时候就已经能达到 9MPa 左右，这已经超过了混凝土试件应有的劈拉强度；但是在布置了钢筋网的深度处的热应力却始终低于其他深度处，在 200℃时的热应力仅为 1.17MPa。在第三章的高温热变形的试验中发现，钢筋网确实能抑制同深度处的高温热应变的发展。

3.3.3　基于 ABAQUS 的混凝土大板热应力拓展分析

在上一节利用 ABAQUS 对混凝土小板模拟的基础上进行更深层次的模拟分析，为了与实际工程中的楼层板联系起来，本试验在混凝土板的尺寸大小、钢筋网的数量及布置情况、边界约束情况、对升温曲线进行了相应调整，具体步骤如下：

（1）创建部件

① 创建混凝土部件

创建尺寸为 3m×3m 的构件，得出三维图形。

② 创建钢筋部件

利用同样的方式创建钢筋部件，选用 HRB400，直径为 12mm，间距为 150mm，长度为 3m。

（2）创建材料和截面属性

利用创建混凝土小板所用的方式进行材料的截面属性的创建。

（3）定义装配件

通过整列工具画出单层钢筋网，为了方便操作将钢骨架合并成一个整体部件，命名为 gangjin，将单层钢筋网再次进行阵列后得到双层钢筋网，两钢筋网的距离为 70mm，将双层钢筋网沿 Z 轴正方向移动 15mm，钢筋网的保护层厚度为 15mm。

（4）设置分析步

同样选择温度-位移耦合，分析步时长设置为 60min，最大迭代数为 10000，最初迭代步长为 0.1，最小迭代步长为 0.001，最大迭代步长为 60，允许的最大温升为 500℃，此次选用国际升温曲线 $T=20+345\lg(8t+1)$。

（5）定义约束

利用同样的方式进行约束和绝热面的定义。

（6）定义荷载和边界条件

定义边界条件：本次的模型选用的是四边均为固结约束，定义约束后的混凝土板如图 3-37。

（7）划分网格

混凝土板和种子大小均选用 0.05，钢筋的为 0.02，划分网格后的混凝土装配件如图 3-38。

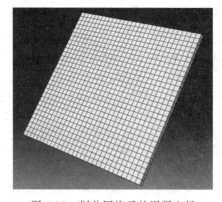

图 3-37　约束后的混凝土板　　　　图 3-38　划分网格后的混凝土板

① 查看单元类型。

② 选择温度-位移耦合，混凝土板单元类型为 C3D8T，钢筋选用 truss。

（8）提交分析作业

（9）后处理

得出不同时间下的热应力、温度等云图，见图 3-39～图 3-41（见文后彩插）。钢筋网的位移及应力云图分别见图 3-42～图 3-44（见文后彩插）。

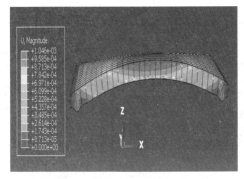

图 3-39 混凝土板截面的位移云图

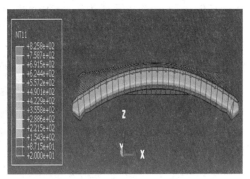

图 3-40 混凝土板截面的温度云图

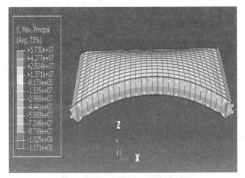

图 3-41 混凝土板截面的热应力云

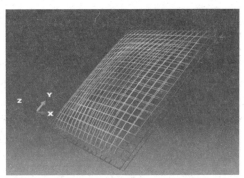

图 3-42 钢筋网的位移云图

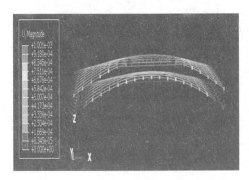

图 3-43 钢筋网截面的位移云图

图 3-44 钢筋网截面的热应力云图

图 3-39 为混凝土板的高温后的位移云图,图中表明当混凝土板地面受热时,混凝土板呈现上"凸"的形状,从截面图可以看出是呈现拱形,板中心的位移最大,最大值为 1.046mm。图 3-40 及图 3-41 分别为混凝土板截面的温度和热应力的云图。图 3-40 中表明当混凝土板地面持续受热 60min 后温度能达到 826℃,图 3-41 表明混凝土板热应力的最大处在板的四周。这可能是因为板的四周是处于完全约束的情况,当混凝土板受热后与四周有相当大的内力作用,大约为 50MPa,而

板的其他地方总体上呈现为 10MPa 的热应力。

图 3-42 及图 3-43 表明在混凝土板内部的钢筋网在也呈现上"凸"的形状，由于钢筋网的四周被完全约束住，因此四周并没有产生位移，但是钢筋网的中心的位移最大，能达到 1mm 左右，图 3-44 为钢筋网截面的热应力云图，从图中的颜色可以明显看出四周的热应力要大于其他地方，这也是因为在约束端形成了较大的内力，但是钢筋网的热应力要明显低于混凝土板，由此可见钢筋网能起到很好的保护作用，这也是在实际生活中当发生火灾时建筑物依然能保持一定承载力的主要原因。

第4章
高性能混凝土微结构高温损伤

高性能混凝土的火灾损伤极其复杂，由于高温下的爆裂、胀缩、热应力和热分解等诸多因素的共同作用，使混凝土微结构随作用温度升高而损伤劣化趋于严重，导致混凝土宏观力学性能降低，甚至使建筑物坍塌。

4.1 C40HPC 微结构高温损伤

4.1.1 C40HPC 微结构高温损伤 CT 试验

X 射线 CT（computerized tomography，计算机层析扫描）技术是无损探测混凝土内部细观裂纹萌生、扩展、贯通的有效手段。采用先进的 CT 技术进行高性能混凝土火灾损伤的三维动态显微观测，分析 C40 高性能混凝土在不同温度作用下内部微结构劣化衍化规律；定量观测与分析内部裂隙的数量、长度、宽度及形态；揭示内部微结构变化特征值随温度变化的劣化衍化规律。

（1）CT 试验系统

本试验采用太原理工大学与中国工程物理研究院应用电子研究所共同研制的 μCF225FCB 型高分辨显微 CT 系统，该 CT 试验系统见图 4-1。该设备的技术指标为：X 射线接收器为 Paxscan4030 平板探测器，成像窗口 406mm×293mm，有效窗口 406mm×282mm。该设备可以对各种金属和非金属材料实施连续 CT 扫

图 4-1 μCF225FCB 型高分辨
显微 CT 试验系统

描分析，试件的尺寸大小在 $\phi 1 \sim 50\text{mm}$ 范围，放大倍数为 $1 \sim 400$ 倍，扫描单元的分辨率为 $0.5 \sim 194\mu\text{m}$。

（2）CT 扫描高温试验方法

试件加热装置采用高温气氛炉，平均升温速率为 10℃/min，温控精度为 $\pm 1\text{℃}$。高温气氛炉、扫描试件安装及模拟图如图 4-2 所示。

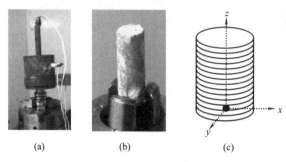

(a)　　　　　　(b)　　　　　　(c)

图 4-2　高温气氛炉、扫描试件安装、模拟图

（3）CT 扫描试验分析方法

CT 图像是所研究物体全部的体积元对 X 射线的线衰减系数 μ 的分布。通常将 μ 值转化为 CT 值，因为线衰减系数 μ 和材料的密度成比例关系，而每个 CT 值又表示该点的线衰减系数，所以每个点的 CT 值表示各点相对应的密度值。

① CT 扫描图像重建　CT 重建后的图像反映物体所有体素对射线的线衰减系数的分布。所有体素的线衰减系数 μ_i 经过卷积反投影算法即可解得，从而得到该断层上 μ_i 的二维分布，即 CT 图像。

为便于统计分析，将 CT 值转变为灰度值，该值的变化范围从 $0 \sim 255$，其中黑色为 0，白色为 255，数值的大小反映在图像中各点的颜色深浅，颜色越深代表该点的物质密度越小。由黑到白大致分 5 块区域，分别为：孔隙裂隙、水泥净浆体、砂浆体、粗骨料、细骨料。

② CT 扫描图像二值化　采用 Otsu 方法计算阈值。由于混凝土为非均匀体，各代表层之间的相互线衰减系数不同，因此各体积元代表的灰度值不同，阈值差异明显。将阈值处理后的图像二值化，二值化图像显示缺陷明显，作为计算缺陷率的依据。

4.1.2　C40HPC 微结构高温损伤 CT 图像分析

（1）CT 图像扫描及重建

CT 试验试件扫描尺寸为 $\phi 6\text{mm} \times 5.65\text{mm}$。采用高温气氛炉对同一试件加热 $100 \sim 600\text{℃}$，并及时进行 X 射线 CT 实时扫描。将试件 CT 扫描图重建成 1500 张横截面图像（$x\text{-}y$ 平面）进行分析。常温下 $x\text{-}y$ 平面各代表层 CT 灰度图像如图

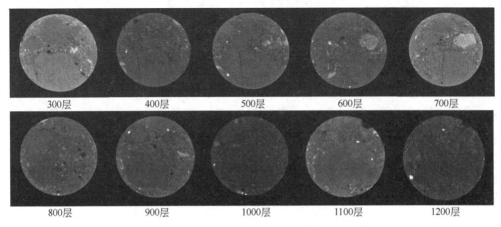

图 4-3   常温下 HPC x-y 平面 X 射线 CT 图像

4-3 所示。由图可以直观看到内部孔隙分布、孔径大小及灰度情况等。常温下，混凝土中存在着明显的原始缺陷，即孔隙、微裂缝和气孔。

（2）高温损伤混凝土的 CT 图像分析

由图 4-4 可见，常温下混凝土内部分布有不同尺寸和形状的原始缺陷；试件在 300℃下，骨料与浆体界面有细微裂缝形成，但不明显；400℃时，孔隙数量明显增加，骨料与浆体界面处形成的裂缝变得清晰且持续扩展；温度达到 500℃时，孔隙数量继续增加，孔径增大，骨料内部裂缝进一步增多，两相界面处形成的裂缝持续扩展，并延伸至浆体内部，有的裂缝甚至与孔隙连通。

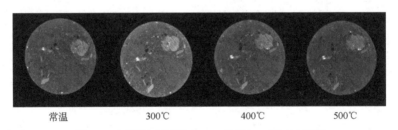

图 4-4   不同温度混凝土 x-y 平面 700 层 CT 图像

（3）混凝土 CT 图像二值化

计算阈值，并将阈值处理后的图像二值化，图 4-5 为常温下 HPC x-y 平面 CT 图像的二值化图像。与图 4-3 对比可见，经阈值分割后的二值化图像中混凝土内部的孔隙显现得更为清晰，作为计算混凝土缺陷率的依据。

（4）孔隙率分析

利用图像分析软件统计得出 C40HPC 混凝土 CT 图像孔隙率与受火温度的关系如图 4-6 所示。300℃之前，混凝土孔隙率变化不大；在 300℃之后，随温度升高孔隙率增大。

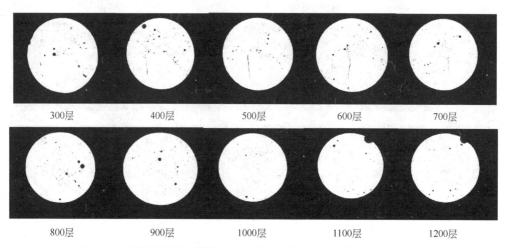

图 4-5 常温下高性能混凝土 x-y 平面 X 射线 CT 图像的二值化图像

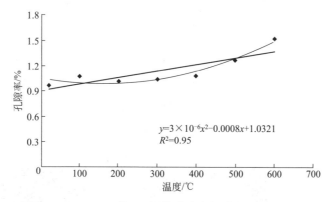

$$y=3\times10^{-6}x^2-0.0008x+1.0321$$
$$R^2=0.95$$

图 4-6 C40HPC 的 CT 图像孔隙率与受火温度的关系

4.1.3 C40HPC 微结构高温损伤压汞试验与分析

采用 AutoPore 9500 型压汞仪,测试不同温度作用后高性能混凝土孔径分布及孔隙率等。

(1)总孔隙率随温度的变化情况

C40HPC 经不同温度作用后的总孔隙率变化曲线如图 4-7 所示。总体上,混凝土的总孔隙率随温度的升高呈现增加的趋势。需要注意的是,100℃的孔隙率比相邻温度对应的孔隙率略有增加,如前所述,在 100℃左右,混凝土内部自由水变为水蒸气蒸发而留下较多毛细孔;在 200～300℃间,随着温度的不断升高,高性能混凝土较为致密的结构使其内部形成一种自蒸养的状态,未水化水泥颗粒及粉煤灰等矿物外掺料中的活性微粒得到进一步水化,生成的水化产物填充了内部毛细孔,从而使混凝土的总孔隙率有所降低,同时,温度的增加会使内部结合水、凝胶水等脱出,温度升高到 400℃时,混凝土形成微裂缝,水分随裂缝通道蒸发逃逸,使总孔隙率继续增加。500℃时,总孔隙率再次呈现一定程度的增加,这可能是由于水化产物 $Ca(OH)_2$ 及硫铝酸盐受热分解。另外在高温下,混凝土内部各组分之间的体积变化不一致,是其产生裂缝的主要原因之一。700℃左右,$CaCO_3$ 分解,混凝土内部更加疏松多孔,总孔隙持续增加。

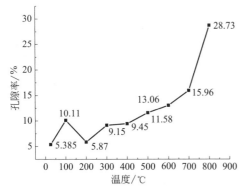

图 4-7 C40HPC 总孔隙率随温度变化曲线

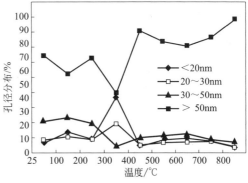

图 4-8 C40HPC 高温后内部孔径分布(%)

(2)高温对混凝土孔结构的影响

混凝土高温前后内部孔径分布情况如图 4-8 所示。将混凝土不同温度作用前后内部孔隙的分布分为<20nm、20~30nm、30~50nm 以及>50nm 共四种情况。由图可见,300℃之前,孔分布变化不大;在 100~300℃之间,孔径 30nm 以上的孔呈减少趋势,300℃时最少,而孔径 20nm 以下孔 300℃时增多;400℃时,孔径 50nm 以上的孔急剧增加,表明 400℃是混凝土微结构劣化的阈值温度,50nm 孔径混凝土微结构劣化的阈值孔径,也是混凝土的体积变形和宏观力学性能劣化的主要原因;400℃后,混凝土内部大于 50nm 的孔隙率占主要比例,微结构持续劣化。

(3)孔径分布的变化

高性能混凝土常温下经压汞法测得的孔径分布曲线分别如图 4-9 所示。常温下,混凝土内部的最可几孔径为 50nm 左右,孔径为 $20\mu m$ 左右的大孔也占有相当比例。

经不同温度作用后的混凝土孔径分布曲线分别如图 4-10 所示。100℃、200℃时,最可几孔径仍为 50nm 左右,且比例先增加后减少,如图 4-10(a)、图 4-10(b)所示;300℃时,最可几孔径出现在 50nm 和 95nm 两个尺寸,且概率基本相当,如图 4-10(c)所示;由图 4-10(d)可知,400℃时,50nm 毛细孔出现的概率有所降低,而大孔出现的概率继续增加;图 4-10(e)表明,500℃时,最可几孔径出现三个明显的峰值,分别对应为 62nm、95nm 及 $0.432\mu m$,且大孔所占比例显著提高;600℃时,50nm 和 60nm 孔径出现的概率均高于 200℃和

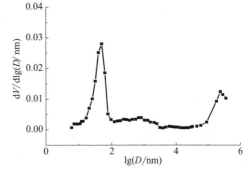

图 4-9 常温下高性能混凝土孔径分布

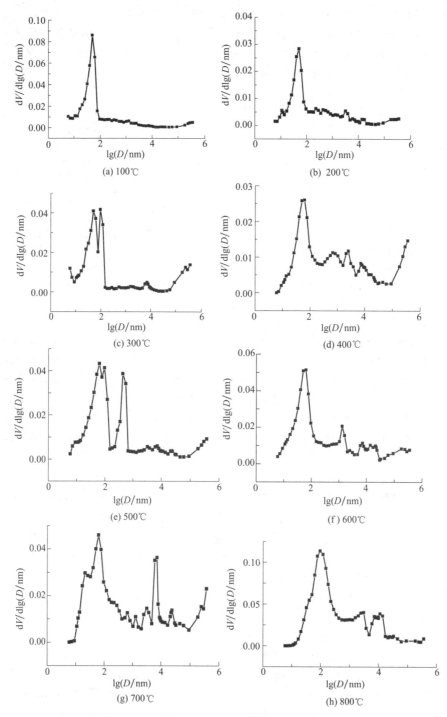

图 4-10 不同温度作用后高性能混凝土孔径分布

300℃时的相应概率，且微米级大孔也有不同程度的增加，如图4-10（f）所示；700℃时，最可几孔径分别为62nm和7.2μm，如图4-10（g）所示；800℃的孔径分布由图4-10（h）表明，混凝土内部>50nm的有害孔出现的概率显著增加。

（4）孔隙分形特征的研究

① 分形维数与孔隙率间的关系　分形维数D与孔隙率P间的关系式为：

$$D = 3 - \frac{\lg(1-P)}{\lg(r/R)} \tag{4-1}$$

孔体积分形维数D是孔隙率和孔径分布的函数。式中，r/R为测试孔径与最大孔径之比，该值反映孔的分布范围。根据压汞测孔所得数据，可获得函数中$\lg(1-P)$与$\lg(r/R)$的斜率，假定为e，则孔的分形维数$D=3-e$。当孔隙分布范围一定时，分形维数D随孔隙率增大而减小；孔隙率一定时，分形维数决定于孔隙分布范围，范围越窄，表示分形维数越小。

② 混凝土高温后孔体积分维数　高温后混凝土的孔结构具有多重分形特征，见图4-10。$\lg(1-P)$与$\lg(r/R)$之间的关系需用两条直线表示，并以50nm为分界点，将孔分为宏观孔（>50nm）和微观孔（<50nm）两种。本书对混凝土高温前后孔体积分形维数采用同样的孔隙范围作为分界点。

图4-11～图4-19分别为常温、100℃、200℃、300℃、400℃、500℃、600℃、700℃及800℃高温后混凝土的$\lg(1-P)$-$\lg(r/R)$，图中的（Ⅰ）和（Ⅱ）对应为孔径小于50nm和大于50nm范围的分段数据点及相应的拟合直线、拟合公式。根据拟合公式中的斜率，可以计算出两种孔径范围内的孔体积分形维数D_1、D_2。

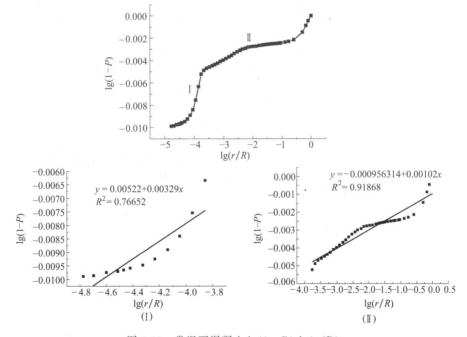

图4-11　常温下混凝土$\lg(1-P)$-$\lg(r/R)$

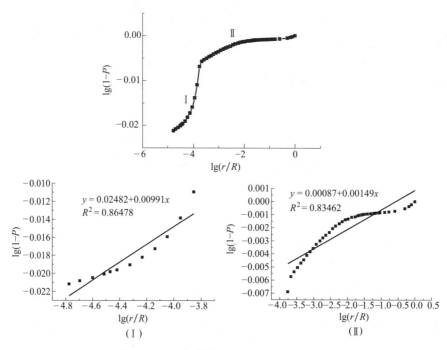

图 4-12 100℃混凝土 lg(1−P)-lg(r/R)

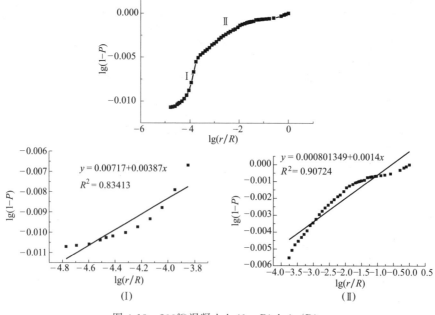

图 4-13 200℃混凝土 lg(1−P)-lg(r/R)

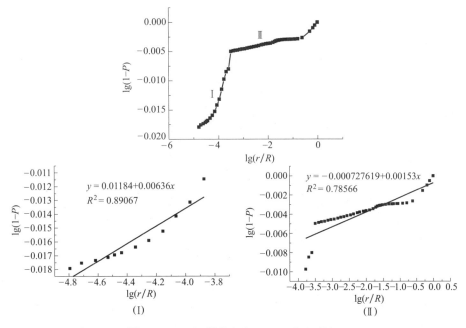

图 4-14 300℃混凝土 lg(1−P)-lg(r/R)

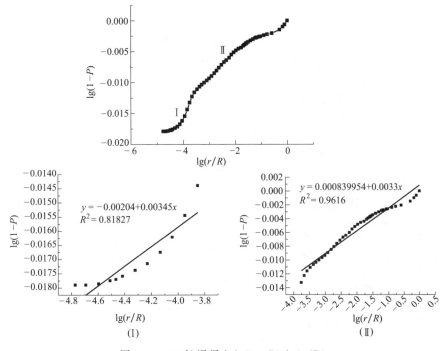

图 4-15 400℃混凝土 lg(1−P)-lg(r/R)

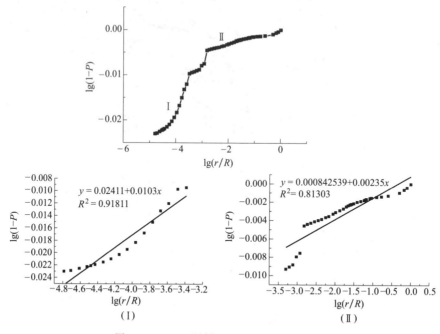

图 4-16　500℃混凝土 $\lg(1-P)$-$\lg(r/R)$

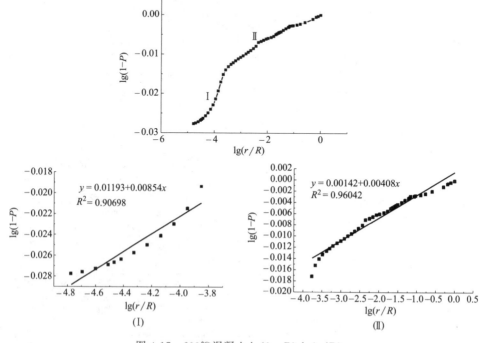

图 4-17　600℃混凝土 $\lg(1-P)$-$\lg(r/R)$

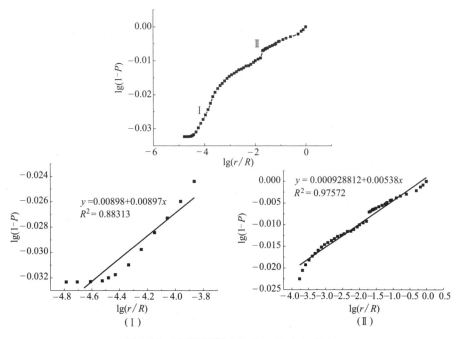

图4-18　700℃混凝土 $\lg(1-P)$-$\lg(r/R)$

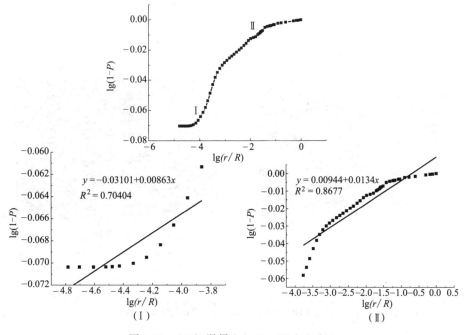

图4-19　800℃混凝土 $\lg(1-P)$-$\lg(r/R)$

由混凝土的孔结构参数及立方体抗压强度的关系可以看出，混凝土转折孔径基本在 50nm 左右；两种孔径范围内，孔体积分形维数均随混凝土孔隙率的增加而减小；大孔阶段的孔体积分形维数与混凝土抗压强度随温度的变化规律基本一致，即随着抗压强度的降低，孔体积分形维数基本呈减小趋势；总孔隙率与孔径大于 50nm 的孔隙率与温度之间的关系高度相似，100℃ 时，两种孔隙率较常温时略高，100℃ 后，随温度的升高而增加，孔径小于 50nm 的孔隙率与温度间关系则不存在明显的相关性，表明大于 50nm 的大孔孔隙率是影响混凝土抗压强度的主要因素。

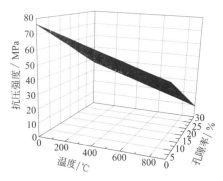

图 4-20 混凝土抗压强度与
温度、孔隙率间关系

建立图形如图 4-20 所示。

（5）混凝土抗压强度与温度及孔隙率的关系

混凝土经高温作用自然冷却后的立方体抗压强度与温度及孔隙率的拟合关系式如下：

$$f_{cu} = -0.03067x_t - 1.31573x_p + 76.35547 \quad R^2 = 0.8603 \quad (4-2)$$

式中，f_{cu} 为混凝土立方体抗压强度，MPa；x_t 为温度，℃；x_p 为混凝土总孔隙率，%。

由式（4-2），以温度作为 x 轴，孔隙率作为 y 轴，抗压强度作为 z 轴，三维坐标系下

4.1.4 C40HPC 高温损伤扫描电镜分析

图 4-21 为 300℃ 后 C40HPC 扫描电镜图片，从图中可以看出 C40HPC 孔隙较多。分析不同温度作用后 C40HPC 扫描电镜图片得知，常温时，孔隙较少，高温作用后，孔隙增多，裂缝发展严重，缺陷尺寸较大。

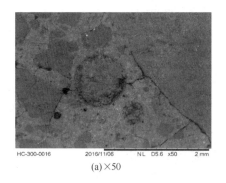
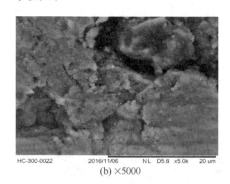

(a)×50   (b)×5000

图 4-21 C40HPC 扫描电镜图片

4.2 C60HPC 的微结构高温损伤

分析掺聚丙烯纤维前后的 C60 高强、高性能混凝土在不同温度作用下内部微

结构损伤及劣化衍化规律；揭示其高温爆裂及掺聚丙烯纤维改善高温性能的机理。

4.2.1　C60HPC 的 CT 扫描试验与分析

（1）C60HPC 的 CT 图像扫描及重建

本试验 CT 扫描试件尺寸为 30mm×30mm×30mm，掺与不掺聚丙烯纤维的 2 种试件分别标记为 C60HPC 和 C60PPHPC。高温处理制度：目标温度为 300℃ 和 500℃ 两个等级，达到目标等级后恒温 1.5h，然后与常温试件的 CT 扫描图片进行对比分析。以常温（20℃）、300℃ 和 500℃ 下第 200 层、500 层、800 层 CT 图片为例，如图 4-22 及图 4-23 所示，对 CT 扫描图像各层所表征的混凝土内部缺陷进行直观识别，观察微孔洞、孔隙、裂纹等混凝土初始缺陷的数量、形状及其分布情况，分析混凝土内部微观结构和缺陷扩展演化的差异以及不同温度下混凝土内部裂纹的扩展趋势。通过对各层 CT 扫描图像的灰度直方图进行对比分析，描述掺聚丙烯纤维前后的混凝土在不同温度作用后的灰度图差异及其与温度的关系。

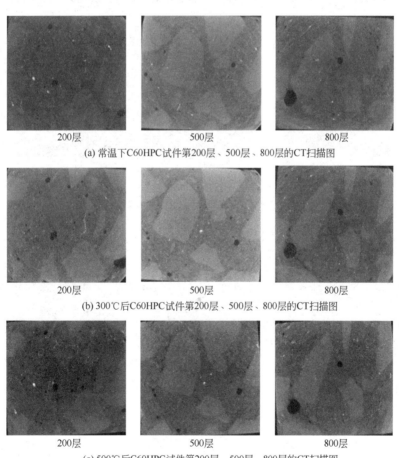

(a) 常温下C60HPC试件第200层、500层、800层的CT扫描图

(b) 300℃后C60HPC试件第200层、500层、800层的CT扫描图

(c) 500℃后C60HPC试件第200层、500层、800层的CT扫描图

图 4-22　不同温度下 C60HPC 试件的 CT 扫描图

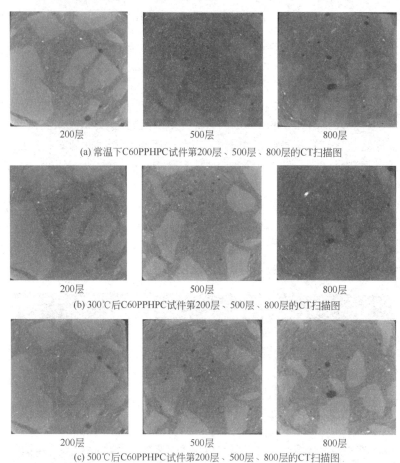

(a) 常温下C60PPHPC试件第200层、500层、800层的CT扫描图

(b) 300℃后C60PPHPC试件第200层、500层、800层的CT扫描图

(c) 500℃后C60PPHPC试件第200层、500层、800层的CT扫描图

图 4-23 各温度下掺聚丙烯纤维前后 C60PPHPC 试件的 CT 扫描图

（2）扫描图像观察分析

扫描图像直观显示：常温下，C60HPC 内部孔隙、裂隙分布不均匀，较大孔洞较多分布在粗骨料边缘。300℃后，C60HPC 试件内部各层 CT 图像中均存在不同扩展程度的裂纹，且裂纹一般分布在砂浆区较大孔隙边缘周围、粗骨料的边界处以及骨料内部。500℃后，C60HPC 试件内部各层 CT 图像中裂纹变宽变长，砂浆区域内裂纹发展、扩展、呈网状搭接，并与区域内的孔洞贯通；试件边缘处的大骨料与砂浆连接处的裂纹数量明显增多，且扩展程度加强；在试件内部的断面中可以看到较长的贯穿性裂纹。C60PPHPC 的 CT 图像除具有上述特征外，300℃及以上高温后聚丙烯纤维熔化留下的孔洞也清晰可见。

（3）灰度分析

使用 VCTiS 4.2.1 for Analyzer 分析软件对 C60 HPC 试件内部各层 CT 扫描图像的灰度进行统计分析并显示相应的灰度直方图。每层 CT 扫描断面图片的灰度都在 0～65535 之内。直方图横轴表示整张 CT 扫描图灰度值，竖轴上表示与该直方图横轴上各灰度值相对应的频数，如图 4-24 所示。

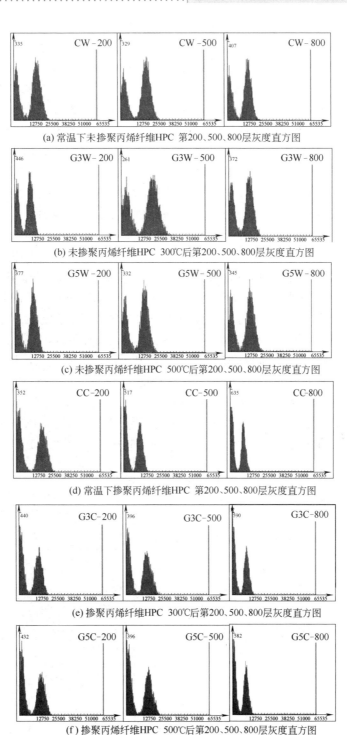

图 4-24　各温度下掺聚丙烯纤维前后 C60 HPC 试件的灰度直方图

① 未掺聚丙烯纤维混凝土试件经 CT 扫描后，各层灰度统计直方图在常温下和高温后的情况存在差异。300℃后，第 200、300、400 层频数分布的灰度范围有不同程度的缩小，频数峰值增大；第 500、600、700、800、900、1000 层频数分布的灰度范围有不同程度的增大，频数峰值降低。500℃后和 300℃后相比，多数扫描层呈现为频数分布的灰度范围有不同程度的缩小，而频数峰值增大。

② 掺聚丙烯纤维混凝土试件经 CT 扫描后，各层灰度统计直方图在常温下和高温后的情况存在差异。300℃后，第 200、300、400、700、800 层频数分布的灰度范围有不同程度的缩小，频数峰值增大；第 500、600、900、1000 层则呈相反趋势。500℃后与 300℃后相比，多数扫描层呈现为频数分布的灰度范围有不同程度的缩小，而频数峰值增大；一些扫描层频数峰值基本不变，且在 300℃后的频数峰值变化幅度比 500℃后小。

总体而言，靠近混凝土试件边缘扫描层呈现频数分布灰度范围缩小而频数峰值增大的趋势，而试件中部的扫描层相反。表明试件边缘经受高温作用的时间较长，缺陷损伤加剧，表现为频数分布灰度范围缩小而频数峰值增大；试件中部达到设定的温度等级后，损伤缺陷增多，表现为频数分布灰度范围增大而频数峰值降低。频数分布灰度范围的频数峰值的变化，均反映了随作用温度升高混凝土微结构不断劣化的趋势；掺加聚丙烯纤维可能有利于降低混凝土内部的蒸汽压，从而使 PPHPC 在 300℃后的频数峰值变化减小，降低劣化程度。

（4）CT 扫描图像进行二值化及缺陷率统计

① C60HPC 扫描图像进行二值化及缺陷率统计 对 C60HPC 扫描后得到的 CT 图像进行二值化处理，图 4-25 即为常温下 C60HPC X 射线 CT 图的二值化图。

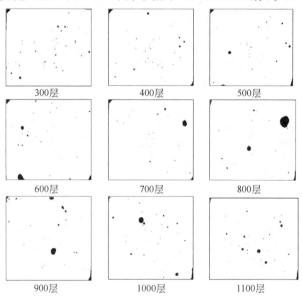

图 4-25 常温下 C60HPC X 射线 CT 图的二值化图

C60HPC高温后其内部缺陷率与抗压强度的关系如图4-26所示。由图可知，随温度升高，缺陷率呈增大趋势；温度越高，缺陷率越大；同时抗压强度降低。但孔隙率增大幅度较大，抗压强度降低幅度则较小。

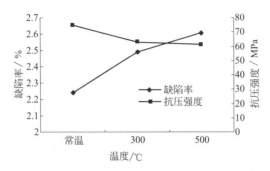

图 4-26　高温与 C60HPC 缺陷率及抗压强度的关系

② C60PPHPC扫描图像进行二值化及缺陷率统计　对 C60PPHPC 扫描后得到的 CT 图像进行二值化处理，图 4-27 即为常温下 C60PPHPC X 射线 CT 图的二值化图。

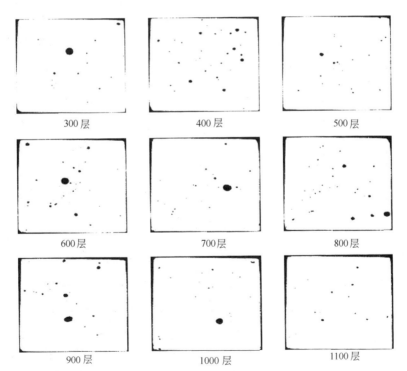

图 4-27　常温下 C60PPHPC X 射线 CT 图像的二值比图像

经过计算得到混凝土试件各代表层在不同温度下的缺陷率，得知随着作用温度的升高，混凝土缺陷率增大。

a. 温度对 PPHPC 内部缺陷率的影响　温度和不同代表层缺陷率的关系如图 4-28 所示。从图中可以看出，由于混凝土本身为多相、非匀质材料，因此，各个温度下不同代表层的缺陷率大小不同。但总体看，随温度升高，缺陷率呈增大趋势；温度越高，缺陷率越大。

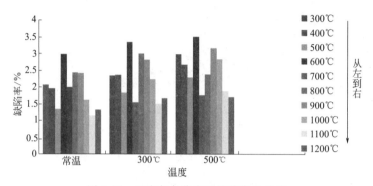

图 4-28　温度与各代表层缺陷率的关系

b. 掺纤维混凝土内部缺陷率及质量损失与温度的关系　混凝土的内部缺陷率及质量损失率与温度之间的关系见图 4-29。混凝土的质量损失率及缺陷率均随温度的升高而增加。由常温加热到 300℃后，质量损失率达 4.18%；500℃后，质量损失率达 6.68%；加热到 300℃后，缺陷率由 1.93%增加到 2.23%，500℃后缺陷率增加到 2.52%，表明混凝土内部孔隙裂纹进一步扩展。

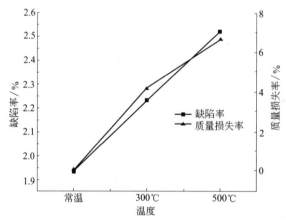

图 4-29　高温后聚丙烯纤维 HPC 质量损失率与缺陷率的关系

c. 掺纤维混凝土内部缺陷率与抗压强度的关系　PPHPC 高温后，其内部缺陷率与抗压强度的关系见图 4-30。随着温度的升高，混凝土缺陷率增加，抗压强度减小。表明温度升高导致混凝土微结构劣化，孔隙增多，界面区由于浆体收缩和骨料膨胀产生裂缝，使结构变得疏松，从而导致其宏观力学性能不断恶化。

（5）裂缝劣化衍化分析

使用 Photoshop 等相关图像处理软件对 CT 图片中的裂缝进行提取，如图

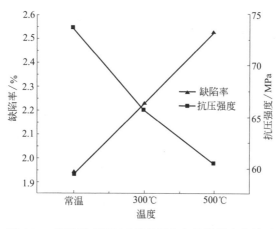

图 4-30　高温后 PPHSC 质量损失与抗压强度的关系

4-31、图 4-32 所示。表 4-1、表 4-2 分别为不掺聚丙烯纤维和掺聚丙烯纤维 C60HPC 混凝土试件中第 1000 层裂缝测量信息。对不同温度下不同层的裂缝测量和统计发现：随温度升高，裂缝在长度和宽度上均有所发展，掺纤维混凝土内部裂缝比不掺纤维混凝土内部裂缝数量多，长度和宽度较长，短小的裂缝分布较多。在掺纤维混凝土试件中，300℃时主要出现短小的裂缝，500℃出现的裂缝比较长。但未掺纤维混凝土试件中，300℃时内部没有裂缝，500℃时出现较多的短小裂缝。

图 4-31　C60 混凝土裂缝提取图

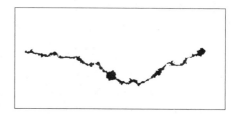

图 4-32　C60 混凝土裂缝提取示例

表 4-1　C60HPC CT 扫描图像第 1000 层裂缝提取信息　　　单位：mm

温度	裂缝 1		裂缝 2		裂缝 3	
	长度	宽度	长度	宽度	长度	宽度
300℃	—	—	—	—	—	—
500℃	2.82	0.08	3.30	0.06	4.20	0.06

表 4-2　C60PPHPC CT 扫描图像第 1000 层裂缝提取信息　　　单位：mm

温度	裂缝 1		裂缝 2		裂缝 3		裂缝 4	
	长度	宽度	长度	宽度	长度	宽度	长度	宽度
300℃	3.00	0.06	3.50	0.08	2.90	0.10	3.20	0.06
500℃	10.00	0.18	11.00	0.12	9.00	0.10	5.5	0.08

4.2.2 压汞试验研究与分析

（1）HPC 孔结构分析

根据压汞试验得到高温作用前后混凝土的孔结构参数。

① 温度对 HPC 孔隙率的影响　不同温度作用后，HPC 孔隙率变化曲线如图 4-33 所示。可以看出，随着温度的升高，混凝土的孔隙率不断增大；温度越高，孔隙率增长越快。

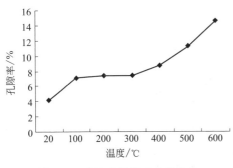

图 4-33　孔隙率随温度变化曲线

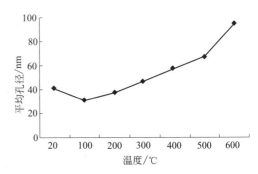

图 4-34　平均孔径随温度变化曲线

② 温度对 HPC 平均孔径的影响　不同温度作用后，HPC 平均孔径的变化曲线如图 4-34 所示。由图可以看出，300℃后随着温度的升高，混凝土内部孔隙的平均孔径持续增大。常温下平均孔径为 41.0nm，100℃时平均孔径为 31.2nm，比常温时减小了 23.9%；200℃时平均孔径为 37.7nm，比常温时减小了 8.1%；300℃时平均孔径为 47.9nm，比常温时增大了 16.8%；500℃时平均孔径为 67.9nm，与 300℃相比增长了 41.8%，增幅较大；600℃时平均孔径为 95.1nm，比 500℃增长了 40.1%，增幅较大。温度低于 300℃时，平均孔径较常温时小，原因可能是在较高温度下混凝土内部的蒸养作用及游离水不断蒸发使水泥黏结更加紧密，另外凝胶体在低温度下的脱水也使得其与骨料的结合程度加强。

将混凝土不同温度作用前后孔径的分布划分为 <50nm 的无害或少害孔、>50nm 的有害和多害孔两种情况，如图 4-35 所示。

由图 4-35 可知，当温度低于 300℃时，小于 50nm 孔的孔隙率呈增大趋势，100℃、200℃、300℃时分别较常温增大 30.2%、9.0%、48.7%；大于 50nm 孔的孔隙率呈减小趋势；100℃、200℃、300℃时分别较常温减小 15.7%、4.7%、23.5%。当温度高于 300℃时，情形则相反，小于 50nm 孔的孔隙率呈减小趋势，400℃、500℃、600℃时分别较 300℃时减小 44.52%、46.5%、40.2%；大于 50nm 孔的孔隙率呈增大趋势，400℃、500℃、600℃时分别较 300℃时增大 43.9%、45.9%、40.3%。同时表明 400℃时小孔的减少和大孔的增加幅度均较大，

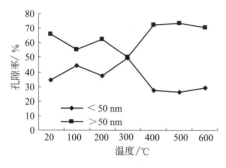

图4-35　C60HPC内部孔隙分布
与温度的关系

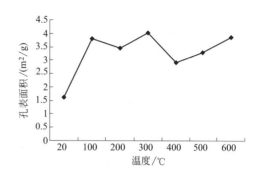

图4-36　孔表面积随温度变化曲线

400℃可能是HPC微结构劣化的阈值温度。

③ 温度对HPC孔表面积的影响　不同温度作用后，HPC孔表面积随温度变化曲线如图4-36所示。可以看出，随着温度的升高，总体混凝土的孔表面积呈增大趋势。400℃前波动较大，常温下的孔表面积为1.63m²/g，100℃、200℃、300℃分别较常温时增大133%、112%、147%；400℃时的孔表面积较100℃、200℃、300℃时均低，为2.925m²/g，比常温时增大了79.4%；400℃后孔表面积线性增长，500℃、600℃时比400℃时分别增长了12.3%、31.7%。

④ 孔隙分形特征研究　通过压汞试验，分析相应孔径下的孔隙率的变化。根据数据 $\lg(1-P)$ 和 $\lg(r/R)$ 作散点图，其中各压力下相应的孔径为 r，各压力下的累计进汞量为孔隙率 P，R 为最大孔径，常温、300℃、600℃下的 $\lg(1-P)$ 和 $\lg(r/R)$ 的关系如图4-37所示。

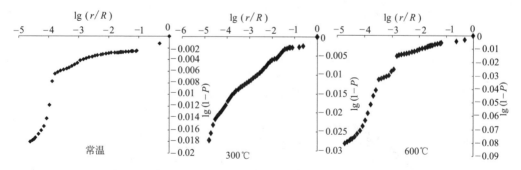

图4-37　常温、300℃、600℃下HPC整体 $\lg(1-P)$-$\lg(r/R)$

对混凝土高温前后孔体积分形维数采用孔隙范围作为分界点，将各温度下的 $\lg(r/R)$-$\lg(1-P)$ 关系图分为两段，分别进行分析。图4-38~图4-45中的对应孔径小于50nm和大于50nm范围为小孔阶段和大孔阶段的分段数据点，求得两段直线的斜率，计算出两种孔径范围内的分形维数 D_1、D_2，所得结果见表4-3。

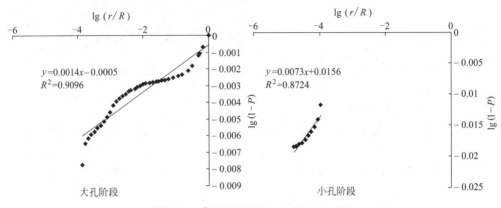

图 4-38 常温下 HPC lg(1-P)-lg(r/R)

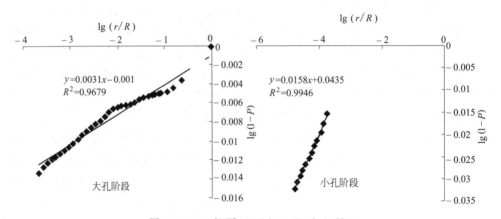

图 4-39 100℃下 HPC lg(1-P)-lg(r/R)

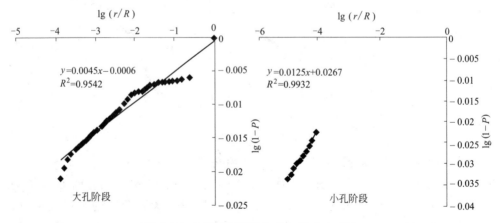

图 4-40 200℃下 HPC lg(1－P)-lg(r/R)

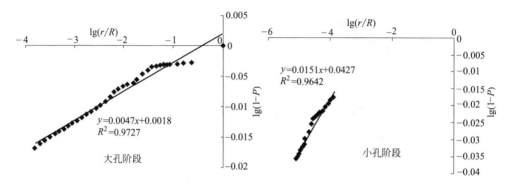

图 4-41 300℃下 HPC lg(1－P)-lg(r/R)

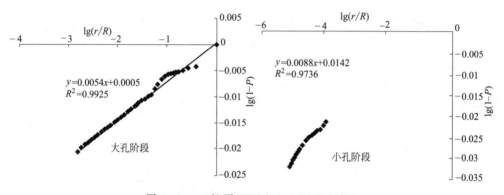

图 4-42 350℃下 HPC lg(1－P)-lg(r/R)

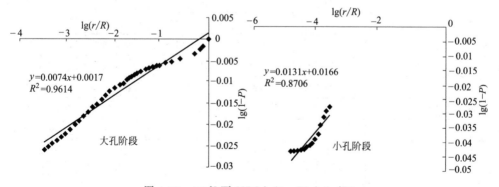

图 4-43 400℃下 HPC lg(1－P)-lg(r/R)

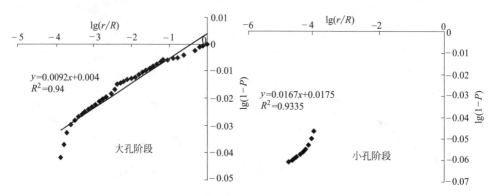

图 4-44　500℃下 HPC lg(1−P)-lg(r/R)

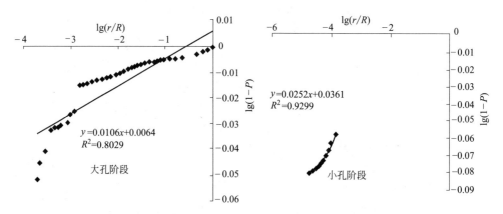

图 4-45　600℃下 HPC lg(1−P)-lg(r/R)

表 4-3　C60HPC 孔结构参数

温度	分形维数		总孔隙率/%	孔隙率/%		转折孔径/nm
	D_1(小)	D_2(大)		<50nm	>50nm	
常温	2.9927	2.9986	4.21	1.783425	3.426575	50.3212
100℃	2.9842	2.9969	7.15	3.185090	3.964909	62.4249
150℃	2.9813	2.9951	8.08	3.556100	4.523901	50.2811
200℃	2.9875	2.9955	7.46	2.781449	4.677151	50.3521
250℃	2.9881	2.9955	7.21	2.900368	4.309631	50.3438
300℃	2.9849	2.9953	7.39	3.669415	3.720584	50.3495
350℃	2.9912	2.9946	7.65	2.620521	5.029491	50.3430
400℃	2.9869	2.9926	8.74	1.681501	7.058498	50.2971
500℃	2.9833	2.9908	11.20	2.974093	8.225906	50.3015
600℃	2.9748	2.9894	14.61	4.293458	10.31654	50.3029

由图 4-38～图 4-45 及表 4-3 可知，HPC 高温后微结构以孔径为 50nm 左右的孔为分界点表现出不同的分形特征。总体随着孔隙率增大，混凝土大小孔两段的分形维数均呈减小趋势。同时发现在受 350℃ 以下温度作用的混凝土两段分形维数变化较为平缓，而 350℃ 及以上温度作用后的混凝土两段分形维数变化较大，表明引起混凝土孔隙分布突变的阈值温度在 350℃ 左右。分析 200～300℃ 温度下分形维数的变化，可以发现在该温度范围内小孔分形维数 D_1 呈现出相对明显的变化，而大孔分形维数 D_2 几乎没变；150～250℃ 之间小孔的分形维数 D_1 呈现增长趋势，可以推测在该温度范围内混凝土内部存在自蒸养状态，内部更加密实，细化了孔隙。在 300～350℃ 温度下，出现小孔分形维数 D_1 变大，大孔分形维数 D_2 变小的现象，表明该范围温度作用下孔径增大、大孔增多，小孔减少、大孔孔隙率从 3.7% 升高到 5.0%，而小孔孔隙率从 3.6% 降至 2.6%。进一步表明引起混凝土孔隙结构突变的温度或在 350℃ 左右。

大于 50nm 孔的孔隙率、分形维数与抗压强度的关系如图 4-46 所示。随着温度的升高，大孔分形维数减小，大于 50nm 的有害孔和多害孔的孔隙率增大，混凝土的抗压强度降低。300℃ 之前大孔孔隙率略有增大，300℃ 之后大孔孔隙率基本呈线性增大，且增大幅度较大。400℃、500℃、600℃ 高温后，抗压强度分别为 49.5MPa、44.8MPa、38.6MPa；500℃、600℃ 后抗压强度比常温降低了 33.1%、42.4%，损伤严重。

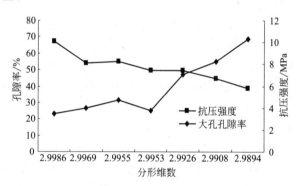

图 4-46 HPC 孔隙率、抗压强度与分形维数的关系

(2) PPHPC 孔结构分析

根据压汞试验得到高温前后混凝土的孔结构参数。

① 温度对 PPHPC 孔隙率的影响 不同温度作用后 PPHPC 孔隙率变化曲线如图 4-47 所示。由图可以看出，随着温度的升高，混凝土的孔隙率不断增大，温度越高，孔隙率增长越快。常温下的孔隙率为 15.15%，300℃ 时孔隙率有所增长，达到了 16.38%，比常温增长了 8.12%；500℃ 时孔隙率增长到 18.03%，比常温增长了 19.01%；700℃ 时，孔隙率高达 20.48%，比常温下增长了 35.18%，增长幅度较大。

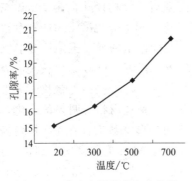

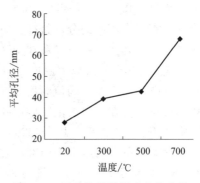

图 4-47　孔隙率随温度变化曲线　　　　图 4-48　平均孔径随温度变化曲线

② 温度对 PPHPC 平均孔径的影响　不同温度作用后 PPHPC 平均孔径随温度的变化曲线如图 4-48 所示。由图可以看出，随着温度的升高，混凝土内部孔隙的平均孔径持续增大。常温下平均孔径为 27.8nm；300℃时平均孔径为 39.5nm，增长了 42%，增长幅度较大；500℃时平均孔径为 43.2nm，与300℃相比增长了 9.4%；700℃时平均孔径为 68nm，比 500℃增长了 57.4%，增长幅度大。

③ 温度对 PPHPC 孔径分布的影响　吴中伟院士根据各种尺寸的孔对混凝土产生作用的差别，将孔径尺寸范围作了划分：小于 200Å（1Å = 10^{-10} m，余同）的为无害孔级，大于 200Å 且小于 500Å 的为少害孔级，大于 500Å 且小于 2000Å 的为有害孔级，大于 2000Å 的为多害孔级，并且认为 500Å 以下的孔越多，1000Å 以上的孔越少，越有利于改善混凝土的性能。根据吴中伟院士的上述结论，由本压汞试验数据统计得到不同温度下孔径的分布情况，本书将混凝土不同温度作用前后孔径的分布范围分划分为 <20nm、20～50nm、50～200nm、>200nm 共四种情况，如图 4-49 所示。

由图 4-49 可知，当温度不断升高时，混凝土总体呈现小孔减少、大孔增加的趋势。20nm 以下的小无害孔和 20～50nm 的少害孔随温度的升高而减少，50～200nm 的有害孔和 >200nm 的多害孔的比例随温度的升高而增加。常温下，四种孔的分布差别不大，无害孔和少害孔的数量共达 49.06%，有害孔和多害孔的数量共达 50.94%；300℃后，无害孔和少害孔的数量减少，但幅度不大，数量共达 39.78%，有害孔和多害孔的数量有增大的趋势，数量共达 60.22%；500℃后，无害孔和少害孔的数量明显减少至 29.03%，有害孔和多害孔的数量增加至

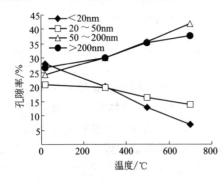

图 4-49　C60PPHSC 内部孔隙分布
与温度的关系

70.97%；700℃后，无害孔和少害孔的数量减少到20.61%，有害孔和多害孔高达79.39%，占有相当大的比例。

也可将材料中的孔隙分为如下三个等级：大孔（>0.1μm）、过渡孔（0.05～0.10μm）和小孔（<0.05μm），如图4-50所示。分析发现，常温时，小孔占总孔隙的19.6%～22.5%之间，过渡孔占总孔隙的14.6%～17.0%之间，大孔占总孔隙的59.2%～63.4%之间。300℃时，虽然混凝土的孔隙面积比减小了，但小孔占总孔隙的比例减小了，在10.3%～12.5%之间，大孔占总孔隙的比例增加到了64.9%～78.2%之间。500℃时，大孔孔隙占到了总孔隙的89.6%～90.7%之间，小孔孔隙只占总孔隙的2.3%～4.2%之间。

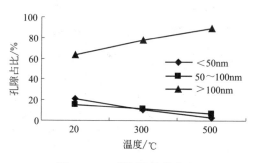

图4-50　三等级孔孔径分布

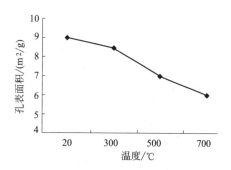

图4-51　孔表面积随温度变化曲线

④ 温度对PPHPC孔表面积的影响　不同温度作用后PPHPC孔表面积变化曲线如图4-51所示。由图4-51可以看出，随着温度的升高，混凝土的孔表面积不断减小。常温下的孔表面积为9.020m²/g；300℃时孔表面积为8.458m²/g，比常温下减小了6.2%；500℃时孔表面积为6.981m²/g，比300℃时减小了17.5%，减小幅度较大；700℃时孔表面积为5.984m²/g，比500℃时减小了14.3%。

结上所述，300℃后混凝土的抗压强度小于常温时的抗压强度，但是本节对孔隙面积比进行分析时发现，高强混凝土300℃后的孔隙面积比小于常温时的孔隙面积比，表明孔隙面积比不是影响高强混凝土抗压强度的唯一指标。通过对比可以发现，300℃后，高强混凝土中小孔占整个孔隙的比例明显减少，而大孔的比例明显增多，这说明大孔对于高强混凝土强度的不利影响大于小孔，影响高强混凝土强度的因素主要是孔径的分布，其次才是孔隙面积比。

⑤ 孔隙分形特征研究　通过压汞试验，分析常温、300℃、500℃、700℃时相应孔径下的孔隙率的变化。根据数据$\lg(1-P)$和$\lg(r/R)$作散点图，其中各压力下相应的孔径为r，各压力下的累计进汞量为孔隙率P，R为最大孔径，各温度下$\lg(1-P)$和$\lg(r/R)$的关系如图4-52所示。

由图4-52看出，混凝土的孔径分布比较复杂，不同的温度作用后有不同的分

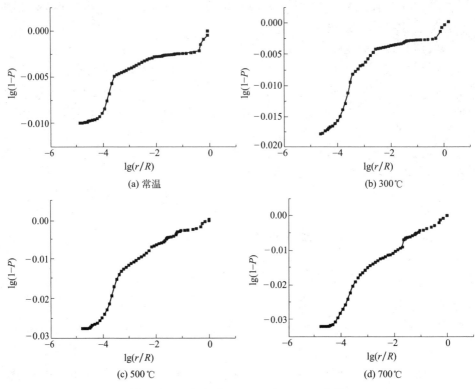

图 4-52　各温度下 lg(1−P)-lg(r/R) 曲线

形特征，也就有不同的分形维数。同前所述，对混凝土高温前后孔体积分形维数采用孔隙范围作为分界点。将图 4-52 各温度下的 lg(r/R)-lg(1−P) 关系图分为两段，分别进行分析。图 4-53 中的（Ⅰ）和（Ⅱ）对应为孔径小于 50nm 和大于50nm 范围的分段数据点，求得两段直线的斜率，计算出两种孔径范围内的分形维数 D_1、D_2，所得结果见表 4-4。

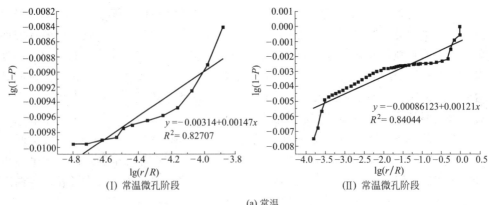

(Ⅰ) 常温微孔阶段

(Ⅱ) 常温微孔阶段

(a) 常温

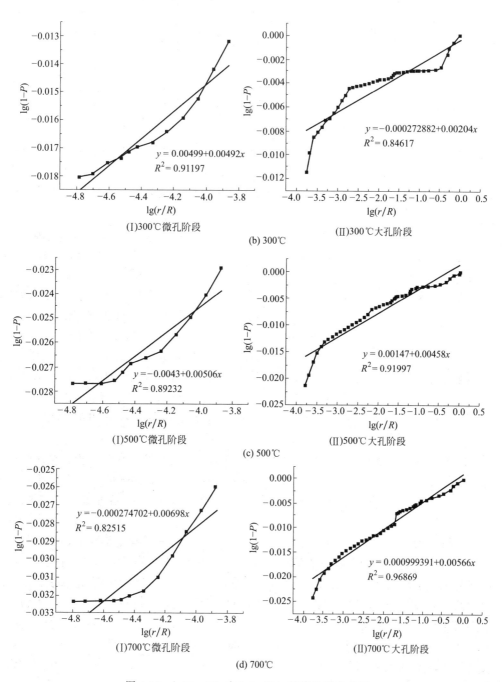

图 4-53 $\lg(1-P)$ 和 $\lg(r/R)$ 的线性拟合关系

表 4-4   C60PPHPC 孔结构参数

温度	孔表面积 /(m²/g)	分形维数		孔隙率/%	
		D_1	D_2	<50nm	>50nm
常温	9.020	2.9985	2.9988	7.43	7.72
300℃	8.458	2.9951	2.9980	6.52	9.86
500℃	6.981	2.9949	2.9954	5.23	12.80
700℃	5.984	2.9930	2.9943	4.22	16.26

由图 4-53 及表 4-4 可知，PPHPC 高温后微结构以孔径为 50nm 左右的孔为分界点表现出不同的分形特征。随着作用温度升高，混凝土大小孔两段的分形维数均呈减小趋势，表明混凝土内部孔隙孔径增大、大孔数量增多、小孔数量减少，微结构劣化趋于严重。

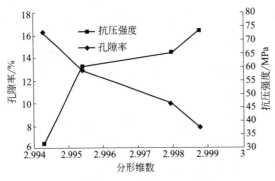

图 4-54   孔隙率、抗压强度与分形维数的关系

大于 50nm 的孔的孔隙率、分形维数与抗压强度的关系如图 4-54 所示。随着温度的升高，大于 50nm 的有害孔和多害孔的孔隙率增大，混凝土的抗压强度降低。500℃、700℃ 高温后，大孔隙率分别为 12.80%、16.26%，抗压强度分别为 60.5MPa、31.8MPa；700℃ 后抗压强度仅为常温下混凝土抗压强度的 43.2%，损伤严重。

综上所述，温度与孔体积分形维数、孔隙率、平均孔径、孔表面积、抗压强度有密切的关系。随着温度的升高，总的孔隙率增大，大于 50nm 的孔的孔隙率也增大，小于 50nm 的孔的孔隙率减小，平均孔径增大，分形维数减小，抗压强度下降。

分析原因如下：温度不断升高的过程中，主要是过渡孔与毛细孔的数量和体积在不断增加，其中过渡孔来自水泥的水化产物 C-S-H、Ca(OH)₂、钙矾石晶体等，毛细孔来自于水泥浆体中先前被水填充，在后来的反应过程中未被水化物填充的孔隙。温度升高到 300℃ 时，水泥的水化产物 C-S-H、Aft(钙矾石) 和 CH(六方板状的氢氧化钙) 开始脱水分解产生破坏，使过渡孔增多，混凝土的抗压强度下降。500℃ 后，水化产物大部分分解，混凝土内部孔隙数量增多，孔隙尺寸变大，骨料及其与水泥石间的界面也产生了裂纹，大孔明显增多，导致抗压强度下降较多。700℃ 以后，CaCO₃ 开始分解，内部孔隙进一步增多，裂纹进一步扩展，混凝土内部结构变得疏松，进而混凝土强度迅速下降。

4.2.3 C60HPC 的扫描电镜研究

利用扫描电镜获得 C60HPC 清晰的微观图像，表明掺聚丙烯纤维 HPC 高温作用前后所形成的微观结构的劣化特征明显。图 4-55 是常温下混凝土的孔隙和裂缝情况，从图中可以看出常温下混凝土表面密实，孔隙和裂缝很少，孔隙周围的结构完整，没有破碎的现象，裂缝宽度也很小。随着温度的升高，其微观结构破坏越来越严重，水泥浆体逐渐脱水，结构变得疏松。图 4-56 是高温后混凝土的孔隙和裂缝情况，与常温相比，从图中可以看出高温后混凝土疏松，孔隙和裂缝增多，孔隙周围的结构破碎，贯通裂缝增多，宽度增大。

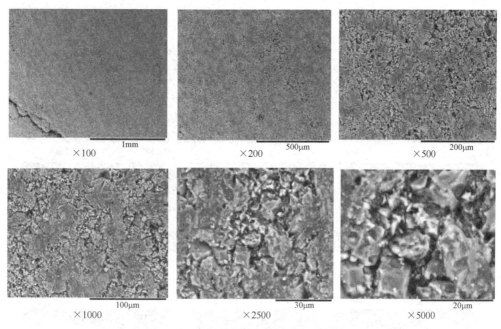

图 4-55 常温下混凝土的孔隙和裂缝情况

(a) 孔隙和裂缝   (b) 孔洞和纤维

图 4-56 高温后混凝土的孔隙和裂缝情况

4.3　C80 高性能混凝土微结构高温损伤

分析掺聚丙烯纤维前后的 C80 高强、高性能混凝土在不同温度作用下内部微结构损伤及劣化衍化规律；揭示高温爆裂及掺聚丙烯纤维改善高温性能的机理。

4.3.1　C80 高性能混凝土微结构高温损伤 CT 图像分析

（1）CT 图像扫描及重建

CT 图像扫描及重建同 C40HPC。常温下 C80HPC 及 C80PPHPC x-y 平面各代表层 CT 灰度图像如图 4-57、图 4-58 所示。

图 4-57　常温下 C80HPC X 射线 CT 图像

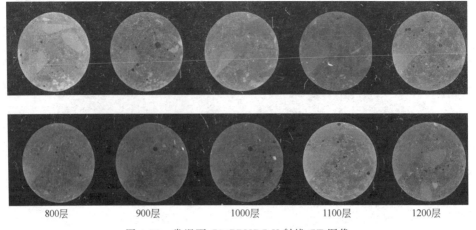

图 4-58　常温下 C80PPHPC X 射线 CT 图像

（2）高温损伤混凝土的 CT 图像分析

不同温度作用后 C80HPC 和 C80PPHPC 在 x-y 平面第 1200 层 CT 图像如图 4-59、图 4-60 所示。

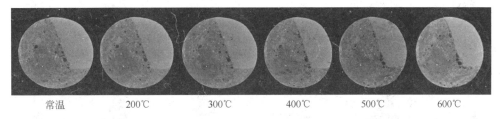

常温　　　　　200℃　　　　　300℃　　　　　400℃　　　　　500℃　　　　　600℃

图 4-59　高温后 C80HPC 第 1200 层 X 射线 CT 图像

常温　　　　　200℃　　　　　300℃　　　　　400℃　　　　　500℃　　　　　600℃

图 4-60　高温后 C80PPHPC 第 1200 层 X 射线 CT 图像

（3）CT 扫描图像二值化

利用阈值对 CT 图像进行二值化处理。常温下 C80HPC 代表层 X 射线 CT 图像如图 4-61 所示，常温下掺 PP 纤维 C80HPC 代表层 X 射线 CT 图像如图 4-62 所示。不同温度作用后 C80HPC、C80PPHPC 第 1200 层 X 射线 CT 图像分别如图 4-63、图 4-64 所示。

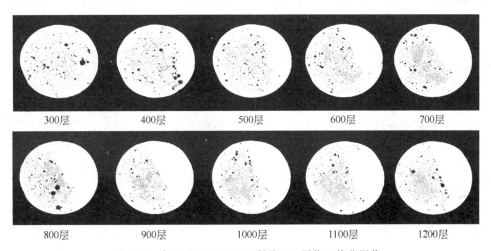

300层　　　　　400层　　　　　500层　　　　　600层　　　　　700层

800层　　　　　900层　　　　　1000层　　　　　1100层　　　　　1200层

图 4-61　常温下 C80HPC X 射线 CT 图像二值化图像

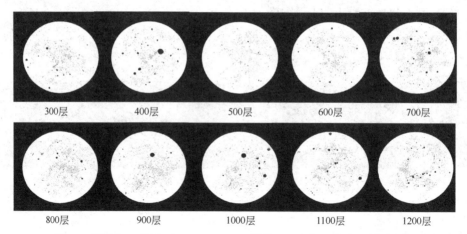

图 4-62　常温下 C80PPHPC X 射线 CT 图像二值化图像

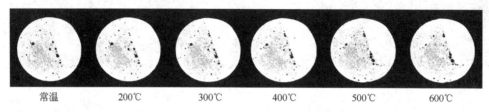

图 4-63　高温后 C80HPC 第 1200 层 X 射线 CT 图像二值化图

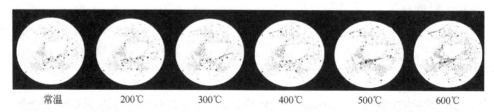

图 4-64　高温后 C80PPHPC 第 1200 层 X 射线 CT 图像二值化图

　　与 CT 重建图 4-56～图 4-60 对比可见，经阈值分割后的二值化图像中混凝土内部的孔隙、裂隙等缺陷及其随温度升高劣化衍化情况更为直观清晰，可作为计算混凝土缺陷率的依据。

　　（4）孔隙率分析

　　① 温度对 C80HPC 内部缺陷率的影响　C80HPC 混凝土 CT 图像缺陷率与受火温度的关系如图 4-65 所示。高温作用后，C80HPC 试件内部缺陷率比常温有所提高，作用温度越高，混凝土缺陷率越大。

　　② 温度对 C80PPHPC 内部缺陷率的影响　温度与 PPHSC 内部缺陷率的关系如图 4-66 所示，可知 PPHSC 在常温至 400℃之间，缺陷发展不明显，缺陷率上升缓慢。从常温到 400℃，缺陷率仅上升了 0.39，约为常温时缺陷率的 9%；且从 200℃ 加热至 300℃ 和 300℃ 加热至 400℃，缺陷率上升均未超过 0.1。400～500℃，

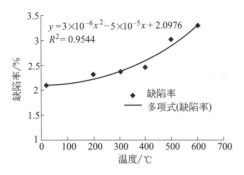

图 4-65　温度与代表层平均
缺陷率的关系

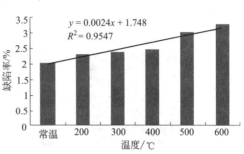

图 4-66　不同温度作用下的 PPHPC
内部缺陷率均值

PPHSC 孔径扩展明显，裂隙发展加剧，温度对缺陷率的影响明显，两温度区间内缺陷率上升幅度大，上涨了 0.59，约为常温时缺陷率的 29%。400～500℃ PPHSC 缺陷率有显著差异，该区段为温度阈值区段。当温度上升至 600℃ 时，缺陷率变化幅度又减小。

温度与 PPHSC 缺陷率的关系式：

$$y = 0.0024x + 1.748 \qquad R^2 = 0.9547 \tag{4-3}$$

式中，x 为高温温度，$20℃ \leqslant x \leqslant 600℃$；$y$ 为高温后 PPHPC 缺陷率均值；R 为相关系数。

（5）孔结构分析

① 孔径分布分析　孔径分布是评价水化水泥浆体特性的重要指标。不同温度作用下，PPHPC 第 500 层的内部缺陷率变化最为明显，平均孔径均值和最大值较为突出，表 4-5 为不同温度作用下 PPHSC 第 500 层 X 射线 CT 图像的已知参数。

表 4-5　不同温度作用下 PPHSC 第 500 层 X 射线 CT 图像的已知参数

温度	CT 图像	二值化图像	缺陷率 /%	平均孔径 /μm	最大孔径 /μm
常温			1.43	19.84	121.45
200℃			1.56	19.75	100.76

续表

温度	CT 图像	二值化图像	缺陷率/%	平均孔径/μm	最大孔径/μm
300℃			1.66	21.52	148.77
400℃			1.98	20.13	162.75
500℃			2.86	21.91	224.31
600℃			3.14	21.49	205.38

　　无论经历的高温高低，PPHPC 内部的孔隙主要还是集中在 $20\mu m$ 以下，对不同孔径范围的孔隙数量进行统计，不同温度下 PPHSC 第 500 层孔隙数量分布情况如图 4-67 所示。

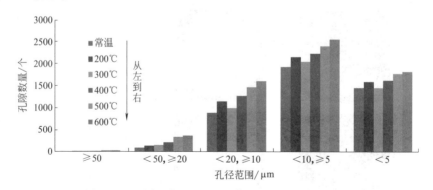

图 4-67　不同温度下 PPHPC 第 500 层孔径分布情况

由图 4-67 可知，随着温度的升高，同一孔径范围内的孔隙数量呈上升趋势。PPHSC 孔隙数量集中在 $20\mu m$ 以下，大于 $50\mu m$ 的孔隙数量很少，从常温到 $600℃$ 分别为 5 个、14 个、18 个、17 个、37 个、36 个，这与孔隙数量总和相比微乎其微；大于 $20\mu m$ 的孔隙数量分别占总孔隙数量的 2.32%、3.14%、3.80%、4.34%、6.12% 和 6.28%，其中 $600℃$ 时的大于 $20\mu m$ 的孔隙数量，约为常温时的 3 倍；大于 $20\mu m$ 的孔隙占总数的 93% 以上，其中 $10\sim20\mu m$ 区段内的孔隙数量占总数的 $20.23\%\sim25.18\%$ 之间。从常温到 $200℃$，该区段内孔隙数量增加了 275 个，而到 $300℃$ 时，各代表层孔隙数量均值增加最小，第 500 层时孔隙数量出现负增长，减少了 165 个。$400\sim600℃$，第 500 层孔隙数量递减增加，相邻两温度间孔隙数量变化为上一温度的 28.23%、15.93% 和 9.02%；在 PPHSC 第 500 层孔隙分布在 $5\sim10\mu m$ 区段内的孔隙数量占总数的 $40\%\sim44\%$，是整个孔径分布区间内孔隙数量最多的一组。该区段内的不同温度作用后的孔隙数量分布情况同 $10\sim20\mu m$ 区段；小于 $5\mu m$ 的孔隙数量也相对较多，从常温到 $600℃$，孔隙数量分别占总数的 33.41%、31.33%、31.15%、30.27%、29.43% 和 28.60%，随着温度的升高，虽然孔隙数量呈现上升趋势，但是占总数的比例不断下降。

② 相对缺陷率　利用相对缺陷率值（相对缺陷率＝高温作用后的缺陷率值/常温时的缺陷率值）来分析掺与不掺 PP 纤维对 HPC 内部缺陷率的影响，不同温度作用后 HPC 与 PPHPC 内部相对缺陷率的关系见图 4-68。由图可知，随着温度的升高，HPC 与 PPHPC 的相对缺陷率值不断增长，PPHPC 的相对缺陷率值均大于不掺纤维的 HPC。结合掺聚丙烯纤维对 HPC 抗压强度的影响，结果表明，高温作用后掺加聚丙烯纤维不影响 HPC 抗压强度的变化，但能有效地提高试件内部缺陷率的发展，增加内部蒸汽压逃逸的机会，抑制 HPC 的爆裂。在 $400℃$ 之前，PPHPC 与 HPC 的相对缺陷率相差相对较小，分别为 HPC 相对缺陷率的 14.26%、15.77%、17.62%；到 $500℃$ 时，试件内部的纤维已经完全熔解，HPC 与 PPHPC 相对缺陷率值的差别明显增大，两者的差异达到 39.38%；$600℃$ 时，虽然两试件的相对缺陷率值增长，但是幅度变化不大，两者的差异为 37.99%。

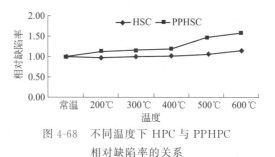

图 4-68　不同温度下 HPC 与 PPHPC
相对缺陷率的关系

4.3.2　高温对高性能混凝土内部细观裂纹发展的影响

（1）裂缝分析

利用 Photoshop 软件将裂缝提取出，图 4-69 为提取出的某一裂缝，并利用像素与实际长度的比例进行裂缝长度、宽度的测量，表 4-6、表 4-7 分别为 HPC、PPHPC CT 扫描图像第 1200 层裂缝提取信息。

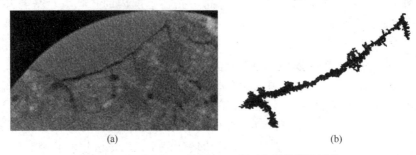

(a)   (b)

图 4-69   PPHSC 600℃下 1200 层 CT 图像提取裂缝

表 4-6   HPC CT 扫描图像第 1200 层裂缝提取信息   单位：mm

温度/℃	裂缝 1		裂缝 2		裂缝 3		裂缝 4	
	长度	宽度	长度	宽度	长度	宽度	长度	宽度
500	5.15	0.0448	1.41	0.0728	3.15	0.0616	0.74	0.0672
600	5.15	0.0448	1.62	0.0728	3.15	0.0616	0.74	0.0672

表 4-7   PPHPC CT 扫描图像第 1200 层裂缝提取信息   单位：mm

温度/℃	裂缝 1		裂缝 2		裂缝 3		裂缝 4		裂缝 5		裂缝 6 较短裂缝集合	
	长度	宽度	长度	宽度	长度	宽度	长度	宽度	长度	宽度	长度	宽度
300	3.38	0.0672	—	—	—	—	—	—	—	—	—	—
400	3.38	0.0784	—	—	—	—	—	—	—	—	—	—
500	3.38	0.1008	1.78	0.0616	1.23	0.0560	1.30	0.0728	1.40	0.0616	—	—
600	3.38	0.1120	2.82	0.0616	1.23	0.0560	1.30	0.0728	1.50	0.0616	0.31	0.0560
											0.78	0.0616
											0.83	0.0560
											0.48	0.0560
											0.66	0.0672

通过对其他 C80HPC、C80PPHPC 试件 CT 扫描代表层图像的分析后能够得出：掺聚丙烯纤维的混凝土试件在 300℃温度作用下即开始出现裂缝，不掺聚丙烯纤维的混凝土试件在 500℃温度作用下才会出现裂缝。随着温度的上升，掺聚丙烯纤维的混凝土试件中裂缝缺陷在长度和宽度上逐渐发展，而未掺聚丙烯纤维混凝土试件中的裂缝发展较慢。总体上，掺聚丙烯纤维混凝土试件中的裂缝多于未掺聚丙烯纤维的混凝土。掺聚丙烯纤维可增加释放高温蒸汽压的通道，因此有利于高强、高性能混凝土抑制高温爆裂和改善高温性能。

（2）高温对 HPC 内部细观裂纹发展的影响

高温下 HPC 中的裂纹一般分布在如下区域中：较大孔隙边缘处的砂浆区域；相隔较近的粗骨料中间部分的砂浆区域；沿着粗骨料边缘与砂浆区的接触面处；微小孔洞群、孔隙群分布的砂浆区；整个试件边缘处的砂浆区域；粗骨料内部。

裂纹的分布形式多样，在较大孔隙周围呈发散状多条分布；在相邻粗骨料之间呈平行状一条或多条分布；一些裂隙随着粗骨料的边缘形状出现，即界面裂缝；在孔隙群处的裂隙呈不规则分布状；一些裂隙靠近试件边缘处集中分布；粗骨料内部裂隙较少出现。

常温下部分骨料内部有原始裂缝，骨料与浆体界面过渡区无明显裂缝；300℃时，HPC CT 扫描图像中均存在不同扩展程度的裂纹，且裂纹一般分布在砂浆区较大孔隙边缘周围、骨料与浆体界面处以及骨料内部。400℃时，发生轻微的体积膨胀，骨料与浆体界面处形成的裂缝变得清晰且持续扩展；500℃时，HPC 内部各层 CT 扫描图像中裂纹变宽变长；砂浆区域内裂纹发展、扩展呈网状搭接，并与区域内的孔洞贯通；试件边缘处的大骨料与砂浆连接处的裂纹数量明显增多，且扩展程度加强；在试件内部的断面中可以看到较长的贯穿性裂纹。

高温下，HPC、PPHPC 中单条裂缝的长度、宽度、面积和周长都会随温度的升高而增大，如图 4-70 所示。混凝土截面的裂缝总数量、总长度、总面积、总周长、宽度也随温度的升高而增大，如图 4-71 所示（未示出总数量）。

HPC 中由于温度作用产生的裂缝一般在 400℃左右出现，数量较少，随着温度的升高，裂缝数量变化不大，裂缝参数逐渐增大。PPHPC 由于温度产生的裂缝一般在 300℃时开始出现，400℃时裂缝大量出现，裂缝数量多于 HPC。500℃时，裂缝数量持续增长，裂缝参数增大。600℃作用下，PPHPC 中仍有新裂缝出现。400℃是 HPC、PPHPC 裂缝劣化的阈值温度。

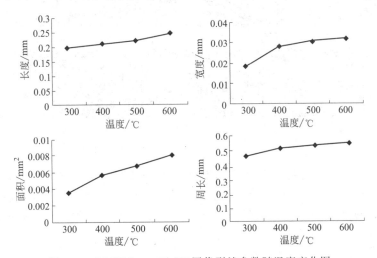

图 4-70　PPHPC x-z 面 CT 图像裂缝参数随温度变化图

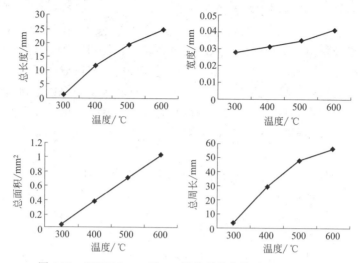

图 4-71　PPHPC x-z 面 CT 图像裂缝参数随温度变化图

4.3.3　温度-荷载共同作用下 C80 高性能混凝土微结构 CT 图像分析

（1）缺陷分析

经过试验得到温度-荷载共同作用下的 CT 图像。图 4-72 为常温下荷载作用的 PPHPC 试件 CT 图像，使用前述方法对 CT 图像进行二值化处理，图 4-73 为常温下荷载作用的 PPHPC 试件的 CT 二值化图像。

图 4-72　常温下荷载作用 PPHPC CT 图像

经过对其他温度与荷载作用下 PPHSC 二值化图像的分析及其与只有温度作用下的 PPHSC 比较分析发现：温度与荷载共同作用下的 C80PPHSC 缺陷率比只有温度作用下的 PPHSC 略有增加，其增加幅度不大，基本认为荷载对温度作用下的 PPHSC 产生的缺陷没有影响。

（2）裂缝分析

使用前述方法对温度-荷载作用下的 CT 图像进行相应裂缝测量，经过与只有

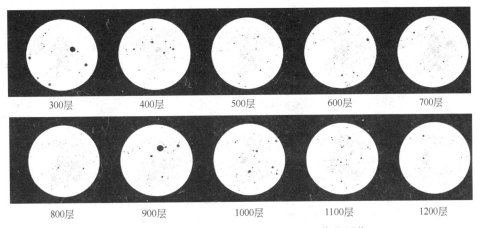

图 4-73　常温下荷载作用 PPHPC CT 二值化图像

温度作用下的测量结果对比发现，由温度和荷载共同作用下的混凝土试件中裂缝较只有温度作用下的混凝土试件数量多，长度和宽度发展快，裂缝缺陷明显严重，并认为这是温度-荷载共同作用下的 C80PPHSC 缺陷率比只有温度作用下的 PPHSC 略有增加的主要原因。

4.3.4　C80 高性能混凝土高温损伤压汞试验与分析

根据压汞曲线及相关理论公式，压汞试验可得到材料的孔隙率、孔径分布、孔表面积等孔结构参数。

（1）温度对 HPC、PPHPC 孔隙率的影响

不同温度作用后 HPC、PPHPC 孔隙率变化图如图 4-74 所示。由图可以看出，常温时 HPC 和 PPHPC 的孔隙率较大，受到高温作用的混凝土孔隙率反而较小，这可能是由于本压汞试验测孔范围较大，混凝土中的大孔受高温作用后劣化，孔径变大，超出了压汞试验的测孔范围。HPC 常温时的孔隙率为 28.67%，孔隙率数值较大；200℃、300℃后孔隙率下降，分别为 18.37%、2.82%；300℃后孔隙率大幅下降，这可能是因为当温度达到 300℃之前，混凝土内部形成"蒸养条件"，有利于水化反应的进行，水化产物大量产生，填充了孔隙；400℃后，HPC 孔隙率上升至 17.66%；450℃、500℃后 HPC 孔隙率连续下降，分别为 16.69%、13.74%；600℃、700℃时 HPC 由于水化产物大量分解使孔隙率增加至 16.36%、23.56%；700℃后孔隙率较大，微结构劣化严重。

PPHPC 各温度作用后的孔隙率在 11%～22% 之间波动。常温时 PPHPC 孔隙率为 21.97%；200℃时孔隙率下降至 15.37%；300℃孔隙率小幅上升

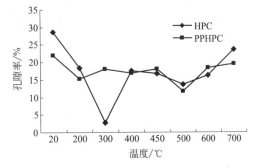

图 4-74　HPC、PPHPC 孔隙率随温度变化图

到 18.10%，相较于 HPC，PPHPC 在 300℃后未出现孔隙率大幅下降的现象，一方面可能由于纤维熔化留下了孔隙，另一方面纤维熔化形成的孔道有利于水蒸气逃逸，内部"蒸养"条件不充分、孔隙填充不密实，也间接表明在高强、高性能混凝土中掺入纤维有改善高温性能和抑制爆裂的作用；400℃作用后孔隙率略有下降，并在 450℃作用后再次上升，孔隙率分别为 16.96% 和 18.02%；500℃作用后孔隙率为 11.78%，降低较多；600℃、700℃后分别为 18.44% 和 19.56%，孔隙率呈上升趋势。除 300℃外，HPC 和 PPHPC 孔隙率的总体变化趋势基本相同，500℃后随作用温度升高孔隙率持续增大，混凝土损伤趋于严重。

（2）温度对 HPC、PPHPC 平均孔径的影响

不同温度作用后 HPC、PPHPC 平均孔径变化图如图 4-75 所示。HPC 的平均孔径随温度变化较大，常温时，HPC 平均孔径较大，为 825.7nm；200℃后，平均孔径为 91.3nm，较常温大幅降低；300℃后平均孔径变化不大；400℃、450℃后平均孔径连续增大，且增幅较大，表明 400℃、450℃后 HPC 内部孔隙劣化严重；500℃后平均孔径再次减小；600℃、700℃后的 HPC 平均孔径分别为 102.2nm 和 91.5nm，变化不大。PPHPC 的平均孔径均随温度的上升而减小，其值在 101.7～326.7nm 的范围内。除常温、400℃、450℃外，PPHPC 的平均孔径大于 HPC。

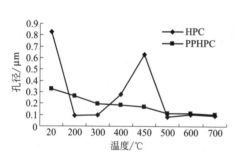

图 4-75 HPC、PPHPC 平均
孔径随温度变化图

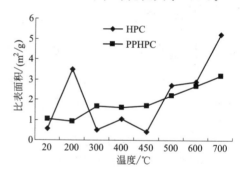

图 4-76 HPC、PPHPC 孔表面积
随温度变化图

（3）温度对 HPC、PPHPC 孔表面积的影响

不同温度作用后孔表面积变化如图 4-76 所示。由图可知，除 200℃ HPC 的孔表面积大幅上升外，总体 HPC 和 PPHPC 的孔表面积随温度的升高而增大；500℃后 HPC 孔表面积较 PPHPC 大，推测可能是 HPC 微结构劣化较 PPHPC 严重。

（4）孔径分布

长久以来，有一种观点认为：孔径分布，而非总孔隙率，才是评价水化水泥浆体特性比较好的指标，它控制硬化水泥浆体的强度、渗透性和体积变化。

不同温度作用后 HPC、PPHPC 的孔径分布如图 4-77、图 4-78 所示。最可几孔径代表混凝土中分布最多的孔隙的孔径，在孔隙分布的研究中有重要意义。除最可几孔径孔隙外，其他孔径的孔隙分布比最可几孔径数量略少，对混凝土的性能有较大影响，也具有研究的意义。本节将孔径以小于 $1\mu m$、$1～100\mu m$、$100\mu m～$ $1mm$ 间的孔隙，分别称为微观孔、细观中孔、细观大孔进行分析。

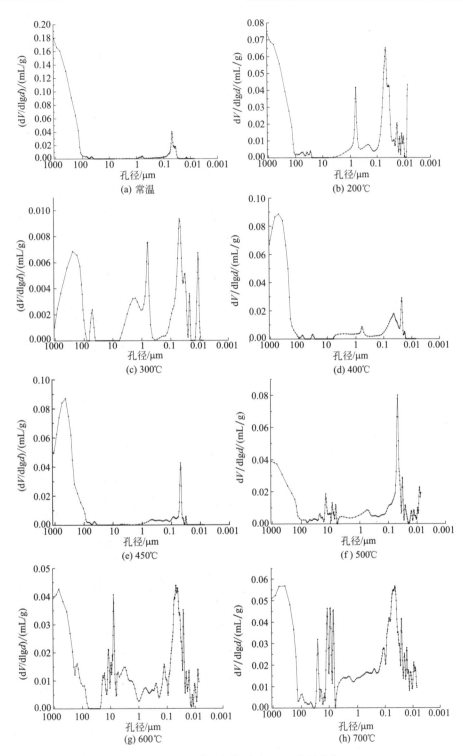

图 4-77 不同温度作用后 HPC 孔径分布

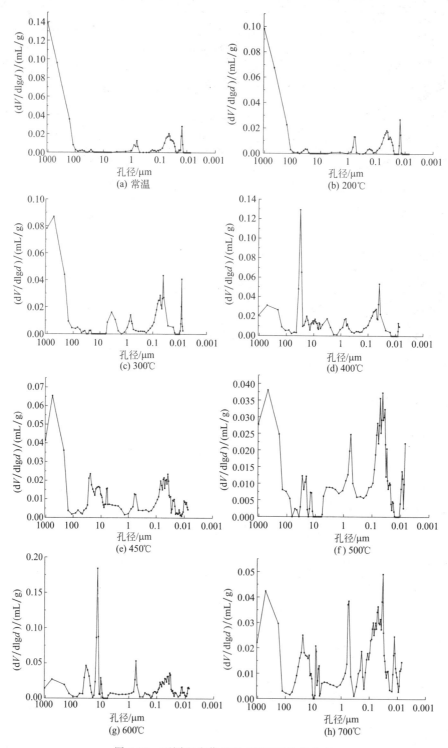

图 4-78　不同温度作用后 PPHPC 孔径分布

由图 4-77 可知，HPC 在常温下的最可几孔径为 1064μm，100～1000μm 的细观大孔分布较多，孔径为 49nm 左右的微观孔分布也较多。200℃作用后，最可几孔径为 1073μm，但孔径为 7nm、49nm、617nm 左右微观孔分布很多，尤其是 49nm 的微观孔较多。300℃作用后，最可几孔径为 49nm，孔径为 500μm、607nm、11nm 的微观孔分布也较多，细观大孔占比变少，该温度作用后 HPC 内部孔隙的尺寸分布更加广泛。400℃作用后细观大孔分布最多，最可几孔径是 560μm，表明 400℃ HPC 混凝土微结构劣化严重，缺陷增多。450℃作用后孔径分布图较 400℃变化不大。500℃作用后微观孔分布最多，最可几孔径为 47nm，孔径在 1069μm、14μm、8nm 左右的孔隙也分布较多，表明混凝土微结构进一步劣化。600℃作用后微观孔分布增加，最可几孔径尺寸为 47nm，但孔径为 663μm 大孔和 7.6μm 中孔的孔隙数量与 47nm 孔数量相差不多。700℃作用后，大孔分布最多，最可几孔径为 502μm，孔隙分布与 500℃、600℃相似，混凝土内部不同尺寸的孔隙均有分布，微结构劣化加剧，损伤严重。

由图 4-78 可知，PPHPC 在常温下的孔隙分布以细观大孔为主，最可几孔径为 1069μm，微观孔也有少量分布。200℃作用后最可几孔径是 1073μm，与常温孔径分布相似。300℃作用后微观孔分布开始增多，最可几孔径为 630.5μm，孔径在 38nm、8.2nm 左右的孔隙也有较多分布，此时混凝土劣化开始。400℃作用后各个尺寸的孔隙均分布较多，但以细观中孔为主，最可几孔径为 30.63μm。450℃作用后各个尺寸孔隙分布增加，细观大孔分布较多，最可几孔径为 509.9μm，孔径在 25μm、12μm、6μm、606nm、53nm 左右的孔隙也较多，表明微观孔、细观中孔劣化，孔径增大，PPHPC 内部劣化严重。500℃作用后大孔分布最多，最可几孔径为 501.5μm，孔径在 44nm、37nm、53nm、569nm 左右的微观孔也较多，混凝土进一步劣化。600℃作用后细观中孔数量急剧增多，远远多于细观大孔和微观孔，最可几孔隙为 14.08μm，36μm、63nm 处的微观孔分布也较多。700℃作用后 PPHPC 内部微观孔和细观中孔分布增加，与细观大孔占比相当，最可几孔径是 34nm，在 20～100nm、14～40μm、200～800μm 范围内也分布着较多的孔隙。

综合 HPC、PPHPC 孔径分布可以看出，PPHPC 在 300℃作用后孔隙劣化开始，HPC 在 300℃作用后孔隙劣化程度已经较深，表明聚丙烯纤维熔化后释放了蒸汽压，使得孔隙劣化程度减缓。400℃作用后，HPC、PPHPC 二者劣化程度均最严重，表明 400℃是混凝土劣化的阈值温度。500℃作用后，随着温度的升高，HPC、PPHPC 产生进一步劣化，且劣化程度随温度升高而加深。

（5）不同孔径范围的孔隙率及其占比

根据不同孔径范围的孔隙对强度的影响，本书按孔径大小将混凝土中的孔隙分为无害孔（<20nm）、少害孔（20～100nm）、有害孔（100～200nm）、多害孔（>200nm）四类，对混凝土压汞数据进行计算分析，得到 HPC、PPHPC 高温后不同孔径范围的孔隙率及其占总孔隙的比例。

① 高温对 C80HPC 孔径分布的影响　C80HPC 高温后不同孔径范围的孔隙率随温度的变化趋势如图 4-79 所示。由图可知，总体 HPC 内的无害孔、少害孔、有害孔的孔隙率均随温度的升高而升高，但变化幅度较小；多害孔的孔隙率在常温时较大，300℃之前降低显著，400～450℃多害孔孔隙率快速增加，500℃后多害孔孔隙率下降，之后在 600～700℃持续上升，超过 400℃时的多害孔孔隙率。

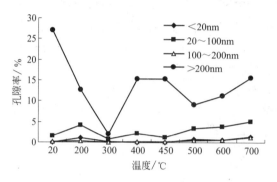

图 4-79　C80HPC 不同孔径范围的孔隙率随温度变化图

C80HPC 高温后不同孔径范围孔隙占比随温度变化趋势如图 4-80 所示。由图 4-80 可知，HPC 各温度下多害孔均占有最大比例；无害孔和有害孔占比随温度升高波动增大，但变化幅度很小，所占比例也很小；少害孔和多害孔所占比例较大。400～450℃时混凝土中多害孔的孔隙显著增大，表明 400℃是使 HPC 的劣化严重的阈值温度。

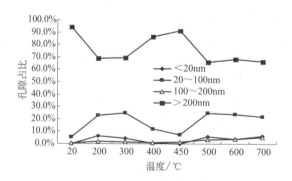

图 4-80　C80HPC 不同孔径范围孔隙占比随温度变化图

② 高温对 C80PPHPC 孔径分布的影响　C80PPHPC 高温后不同孔径范围的孔隙率随温度变化趋势如图 4-81 所示。由图 4-81 可知，总体 PPHPC 内的无害孔、少害孔、有害孔的孔隙率均随温度的升高而升高，但变化幅度较小；多害孔的孔隙率则随温度的升高而降低，500℃后多害孔的孔隙率为 8.32%，降低幅度较大，其他温度下多害孔孔隙率在 13%～15% 之间波动。

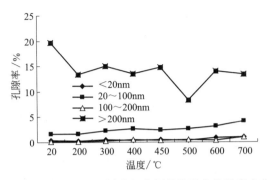

图 4-81　C80PPHPC 不同孔径范围的孔隙率随温度变化图

　　C80PPHPC 不同孔径范围孔隙占比随温度变化趋势如图 4-82 所示。由图可知，各温度下多害孔的比例最大。随温度的升高，多害孔占比呈下降趋势，表明高温作用下聚丙烯纤维熔化有利于水蒸气的逃逸，改善了混凝土的高温性能。少害孔的占比随温度的升高而增大。无害孔和有害孔占比随温度升高略有增大，所占比例很小。在高温阶段，400～450℃的 PPHPC 多害孔的占比均小于 HPC，也表明加入聚丙烯纤维能够改善混凝土的高温性能。

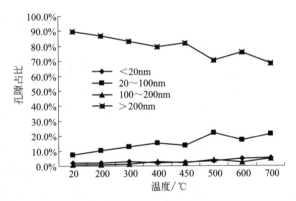

图 4-82　C80PPHPC 不同孔径范围孔隙占比随温度变化图

　　(6) 孔结构分形特征分析
　　分形维数是表征分形特征的重要参数。由分形理论可知，多孔材料中的孔结构具有显著的分形特征，孔体积分形维数可用来评价多孔材料孔隙表面的粗糙度和孔体积的空间分布特征。不同数学模型计算出的模型分形维数有一定差别，本书分别利用压汞试验计算出的分形维数和韦江雄建立的模型计算出的分形维数进行分析。
　　① 压汞试验分形维数分析　固体的表面积与 R^D 呈正比例关系，D 表示分形维数，在 2～3 之间变化。当 $D=2$ 时，表示固体表面是一个平的表面，D 值为 3 时，表示固体表面极其粗糙。做 $\lg(dV/dP)$ 与 $\lg(P)$ 的曲线图，根据曲线的斜率

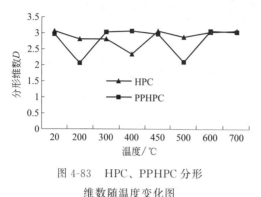

图 4-83　HPC、PPHPC 分形
维数随温度变化图

可计算出 D 值。由于分形维数由拟合数据得来，试验数据中 D 值出现略大于 3 的情况，可视为正常。

由压汞试验计算得出 HPC、PPHPC 分形维数如图 4-83 所示。对于火灾损伤混凝土微结构而言，若 D 较小，表示孔隙表面较光滑，劣化程度低，或小孔劣化融合成大孔，孔结构复杂程度降低。D 较大，表示孔隙较粗糙或破损，或微结构劣化程度加深，缺陷数量增多、孔结构复杂程度增大。

由图 4-83 可知，常温时 HPC 分形维数为 3；在 400℃之前，HPC 孔隙的分形维数随温度的升高而减小，孔隙表面粗糙度降低，可能是由于随着温度的升高，小孔劣化融合成大孔，孔结构复杂程度降低；450℃作用后，HPC 孔隙的分形维数增大，孔隙表面变粗糙，孔隙趋于劣化；600℃、700℃分形维数继续增大，混凝土微结构劣化加剧。

常温时 PPHPC 分形维数为 2.9640；200℃作用后，孔隙分形维数降幅较大，降至 2.0491，这可能是由于聚丙烯纤维熔化后，释放蒸汽压，孔隙表面劣化减缓；300℃、400℃时，分形维数约为 3；450℃作用后分形维数较小；500℃作用后，分形维数减小幅度较大，接近 2.0，可能是由于小孔融合变成大孔，孔隙复杂程度降低；PPHPC 的分形维数在 600℃、700℃作用后增大至 3，表明孔隙粗糙、破损，微结构劣化程度加深，缺陷数量增多。

综上所述，300℃前，HPC 的分形维数较 PPHPC 大，表明加入聚丙烯纤维释放蒸汽压，降低了混凝土的劣化程度；300～450℃，PPHPC 分形维数大于 HPC；450℃后，除 500℃时 PPHPC 的分形维数较小外，两者分形维数基本一致。

② 分段分形维数分析　有时 $\lg(r/R)$ 和 $\lg(1-P)$ 的关系不能用一条直线来拟合，需要分段拟合，则分形维数也需分段计算分析。从图 4-84（a）～图 4-99（a）为 $\lg(r/R)$ 和 $\lg(1-P)$ 的关系图，从图中可以看出，$\lg(r/R)$ 和 $\lg(1-P)$ 的关系曲线需用三段直线来拟合，其对应的孔径范围是：<50nm、50nm～100μm 和>100μm，本书将这三个阶段分别定义为微孔阶段、中孔阶段、大孔阶段。分段计算不同温度下混凝土的分形维数，如图 4-84～图 4-99 所示，图中的分图（b）、（c）、（d）分别为各温度下大孔阶段、中孔阶段、微孔阶段 $\lg(r/R)$ 和 $\lg(1-P)$ 线性拟合图。通过线性拟合的斜率计算不同温度下 HPC、PPHPC 的分段分形维数。

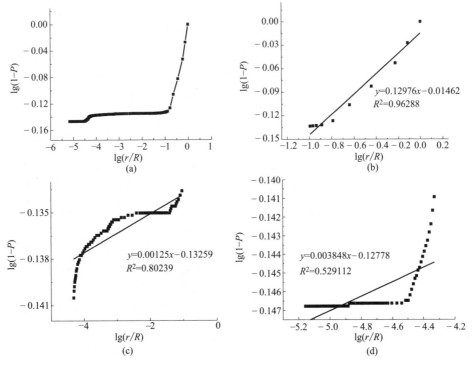

图 4-84　HPC 常温下 $\lg(1-P)$ 和 $\lg(r/R)$ 的线性拟合关系

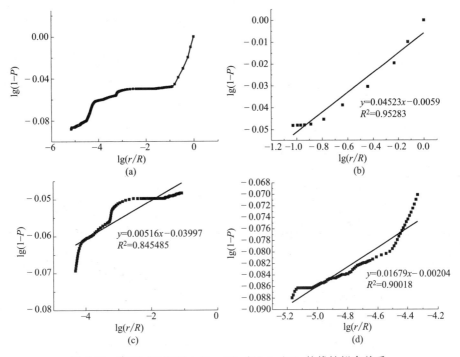

图 4-85　HPC 200℃后 $\lg(1-P)$ 和 $\lg(r/R)$ 的线性拟合关系

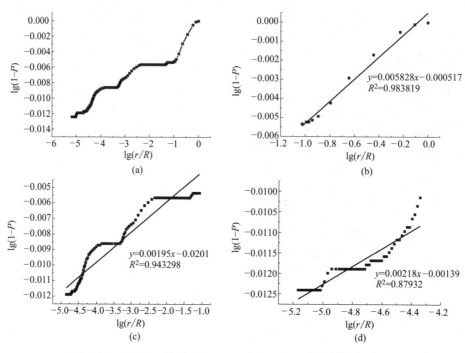

图 4-86　HPC 300℃后 lg(1−P) 和 lg(r/R) 的线性拟合关系

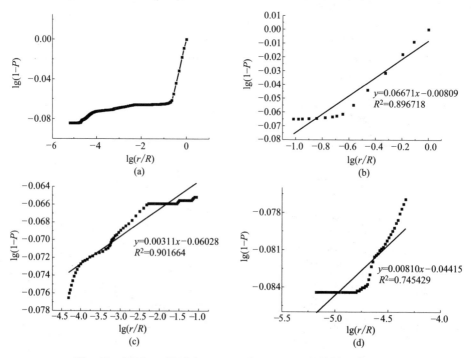

图 4-87　HPC 400℃后 lg(1−P) 和 lg(r/R) 的线性拟合关系

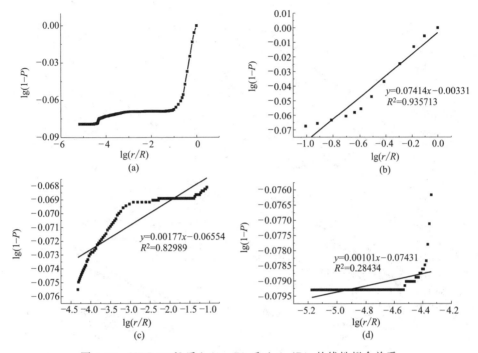

图 4-88　HPC 450℃后 lg(1−P) 和 lg(r/R) 的线性拟合关系

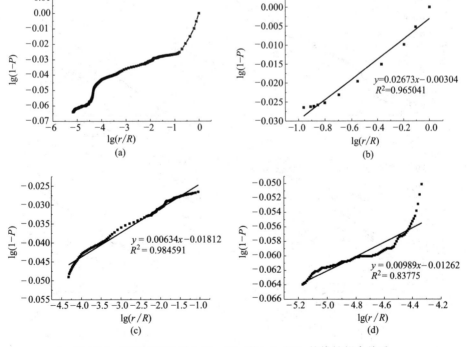

图 4-89　HPC 500℃后 lg(1−P) 和 lg(r/R) 的线性拟合关系

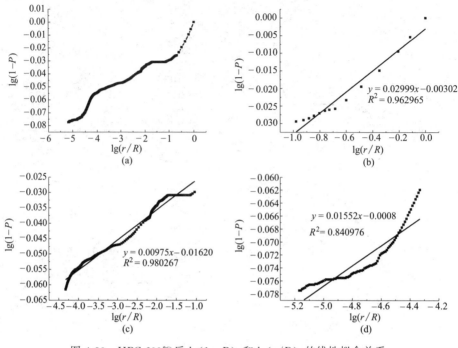

图 4-90　HPC 600℃后 lg(1－P) 和 lg(r/R) 的线性拟合关系

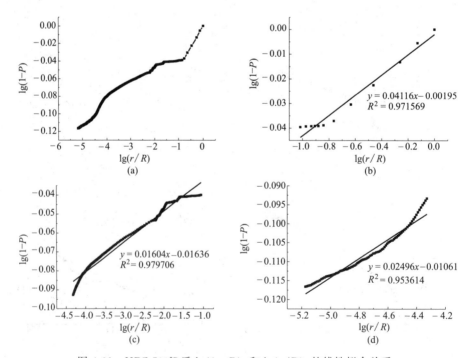

图 4-91　HPC 700℃后 lg(1－P) 和 lg(r/R) 的线性拟合关系

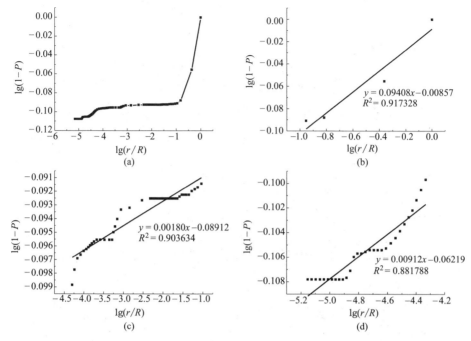

图 4-92 PPHPC 常温下 $\lg(1-P)$ 和 $\lg(r/R)$ 的线性拟合关系

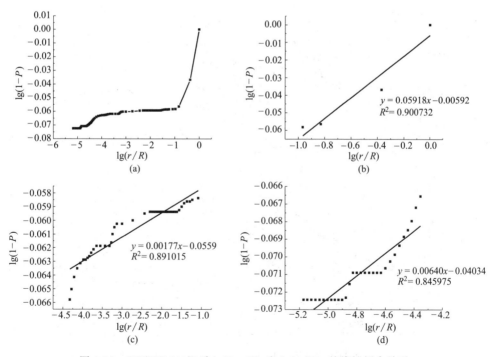

图 4-93 PPHPC 200℃后 $\lg(1-P)$ 和 $\lg(r/R)$ 的线性拟合关系

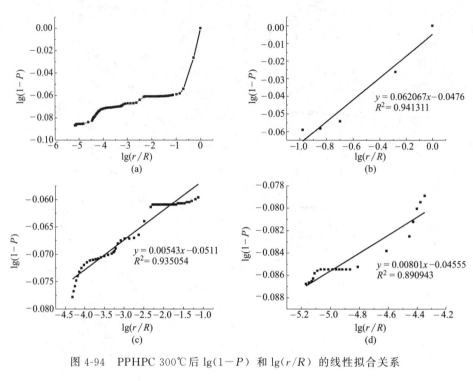

图 4-94　PPHPC 300℃后 lg(1−P) 和 lg(r/R) 的线性拟合关系

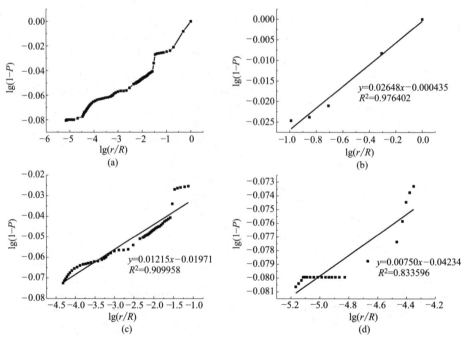

图 4-95　PPHPC 400℃后 lg(1−P) 和 lg(r/R) 的线性拟合关系

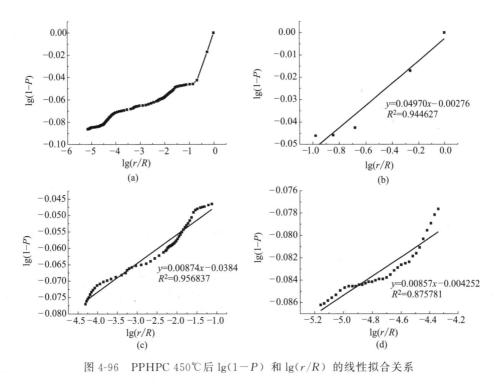

图 4-96 PPHPC 450℃后 lg(1-P) 和 lg(r/R) 的线性拟合关系

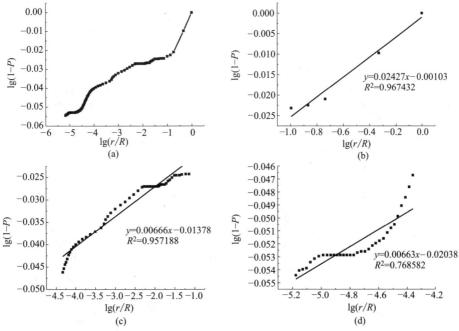

图 4-97 PPHPC 500℃后 lg(1-P) 和 lg(r/R) 的线性拟合关系

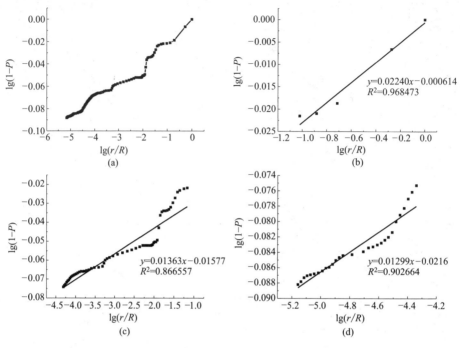

图 4-98 PPHPC 600℃后 $\lg(1-P)$ 和 $\lg(r/R)$ 的线性拟合关系

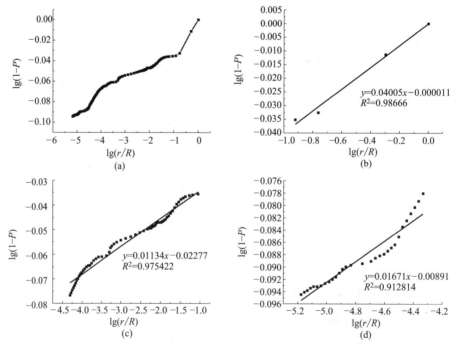

图 4-99 PPHPC 700℃后 $\lg(1-P)$ 和 $\lg(r/R)$ 的线性拟合关系

由韦江雄所建立的数学模型计算出的分形维数值在 $2.87 \sim 3.00$ 之间。不同温度作用后 HPC、PPHPC 孔隙分形维数折线图如图 4-100、图 4-101 所示。由图 4-100 可知，HPC 大孔阶段孔隙的分形维数随温度呈波动增大趋势，300℃前增大趋势明显，在 $400 \sim 450$℃时连续减小，500℃再次上升，并在 500℃后连续减小。中孔和微孔阶段的分形维数随温度升高呈减小趋势，但变化幅度很小。

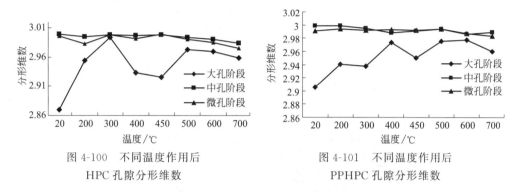

图 4-100　不同温度作用后　　　　　　图 4-101　不同温度作用后
HPC 孔隙分形维数　　　　　　　　　PPHPC 孔隙分形维数

由图 4-101 可知，PPHPC 大孔阶段分形维数随温度升高而波动增大，450℃之前分形维数呈现两次先增大再减小的变化，作用温度大于 450℃后，随温度升高，分形维数连续增大；700℃作用后，大孔阶段分形维数出现小幅减小。中孔和微孔阶段分形维数随温度升高而下降。300℃作用后，HPC 的分形维数大于 PPHPC，也表明PPHPC 中的纤维熔化释放蒸汽压，改善了高强、高性能混凝土的高温性能。

HPC、PPHPC 大孔阶段孔隙的分形维数随温度升高总体呈增大趋势，而中孔和微孔阶段的分形维数随温度升高呈减小趋势，表明随着温度的升高大孔阶段孔隙在劣化或微结构缺陷增多，微孔阶段和中孔阶段孔隙在劣化或融合。

4.3.5　高温对 HPC 微观形貌的影响

（1）高温对 HPC 非界面区水泥浆体的影响

在常温下 C-S-H 凝胶结构有成簇的趋势，其结合紧密，形成一种交错黏结的网状结构，常温下结晶非常整齐、完整，如图 4-102 所示。氢氧化钙晶体在常温下为六角棱状大晶体，但由于受可用空间、水化温度及体系中不纯物质的影响，其形貌各式各样，通常从难以区分到大片堆叠，因此氢氧化钙结晶有可能形状不规则，见图 4-103。

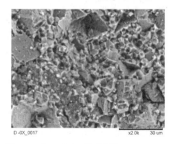

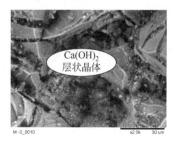

图 4-102　C-S-H 凝胶（×2000）　　　　图 4-103　Ca(OH)₂ 层状晶体（×2000）

与常温下相比，在 300℃时 C-S-H 凝胶受热，除了毛细水和凝胶水的蒸发外，一些化合水或结晶水也受热分解，水化产物不如常温下密实，出现了细微的裂缝，毛细水和凝胶水的脱水也造成内部很多孔隙，如图 4-104（b）所示，而氢氧化钙的形貌基本上没有变化。500℃时，C-S-H 凝胶变化则更大，整体结构疏松，出现大量孔洞，网状结构开始破碎，如图 4-104（c）所示，与常温的 C-S-H 凝胶结构相比变化很大，孔隙率也在增大，裂纹逐渐扩大、贯通，氢氧化钙晶体的变化也很大，大量的氢氧化钙晶体分解，在整块试样中几乎没有完整的氢氧化钙六角棱状大晶体。600℃时，C-S-H 凝胶网状结构已经极不完整，整个结构支离破碎。高温使 C-S-H 凝胶中的水分大量逃逸，凝胶收缩变形，产生大量应力，使 C-S-H 凝胶脱离分子间的范德华力，改变化学键的结合方式，使网状结构的连接结点大大减少，使整个结构失去支撑作用。600℃时，绝大部分 Ca(OH)$_2$ 晶体已经分解，裂缝贯通量增大，孔隙直径也变大。

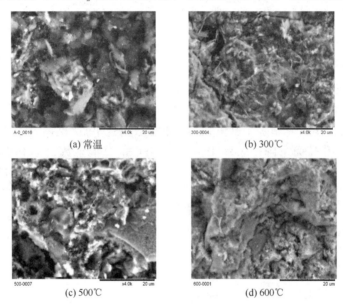

(a) 常温　　　　　　　　　　　　　　(b) 300℃

(c) 500℃　　　　　　　　　　　　　　(d) 600℃

图 4-104　不同温度下高强混凝土的水泥浆体

（2）高温对 HPC 骨料与水泥浆体界面的影响

常温时，在混凝土中添加了硅粉，硅粉的颗粒很细，并且活性二氧化硅的含量高达 95％以上，能够很快与混凝土中的水化产物氢氧化钙进行二次水化，生成 C-S-H 凝胶，提高了水化反应的程度和速度，同时使水泥浆体中的结晶体变得粗大，氢氧化钙相开始分散并减小，使氢氧化钙相在骨料表面的定向度降低，骨料与水泥浆体连接的接口处不像普通混凝土存在着显著的过渡区，水泥水化产物与骨料表面黏结较好。同时，硅粉填充在水泥颗粒之间的孔隙中，硅粉与氢氧化钙相反应时晶体体积增大，将孔隙体积填充得更加密实，大孔数量减少，小孔数量增多，水泥石中各水化产物互相胶结形成连续相，整体结构均匀密实，骨料结构均匀一致，如图 4-105 所示。因此，常温下在混凝土中掺入硅粉可显著提高混凝土的强度。从图 4-105（b）中可以看出，常温下骨料与水泥浆体界面处有很多水化反应生成的

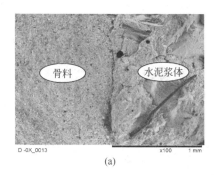
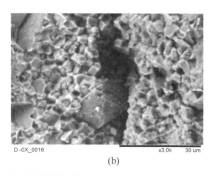

图 4-105 常温下骨料与水泥浆体界面

C-S-H 凝胶网状结构，这种结构非常密实，将骨料与水泥石紧密结合在一起，很大程度上加强了过渡区强度，从而加强了混凝土的强度。

在常温下，骨料与水泥浆体过渡区黏结较好，界面较密实，仅有少量的孔隙和细微裂缝，如图 4-106（a）所示。当温度达到 300℃后，骨料与水泥浆体过渡区结合得更加紧密，基本没有毛细裂缝，孔隙也减少了，见图 4-106（b）。500℃后，高温使水泥浆体中大量水化矿物脱水，致使水泥浆收缩，而骨料在高温下膨胀，在界面过渡区引起应力，骨料与水泥浆体界面过渡区产生裂缝，见图 4-106（c）。

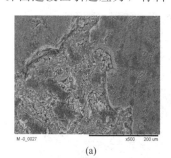
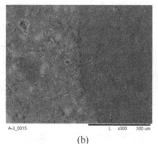
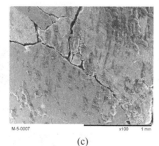

图 4-106 高温后的骨料与水泥浆体界面

（3）高温对 HPC 非界面区水泥浆体的影响

常温下，混凝土表面密实，孔隙和裂缝很少，孔隙周围的结构完整，没有破碎的现象，裂缝宽度也很小，见图 4-107。高温后，混凝土疏松，孔隙和裂缝增多，孔隙周围的结构破碎，不如常温时完整，贯通裂缝增多，宽度增大，见图 4-108。

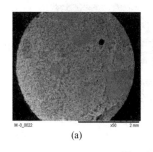
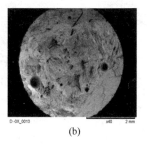
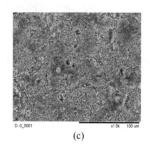

图 4-107 常温下混凝土的孔隙和裂缝情况

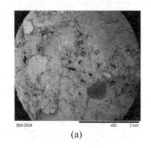
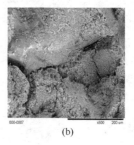

(a)   (b)

图 4-108　常温下混凝土的孔隙和裂缝

（4）PPHPC 高温损伤扫描电镜试验与分析

经过扫描电镜试验及分析发现，随着温度的升高，混凝土内部孔增多，裂隙逐渐发展。图 4-109 为 155℃下 C80PPHSC 扫描电镜图片，图片中能够清晰地看到纤维熔化后形成的孔道和孔隙。从图 4-109（a）中看到纤维熔化后孔道分布较多，纤维熔化形成的孔道壁较平滑，如图 4-109（d）所示；在图 4-109（f）所示的孔隙中能够清晰看到 Ca(OH)₂ 晶体。对不同温度下 C80PPHPC 扫描电镜图片分析后可以发现：常温下混凝土表面密实，孔隙少，无裂缝，混凝土较完整。随着温度的升高，混凝土结构逐渐被破坏，孔隙和裂缝增多。

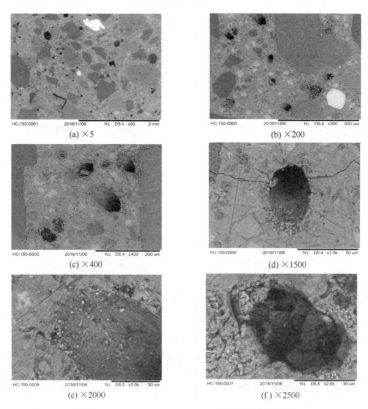

图 4-109　C80PPHPC 155℃扫描电镜图片

第5章
混凝土结构火灾损伤评估与检测技术的发展

　　火灾对建筑结构的破坏是极其严重的。现代建筑中大量采用的钢筋混凝土结构和钢结构，虽然材料本身不燃烧，但由于火灾的高温作用，如前所述，对结构将产生不利影响：混凝土的强度和弹性模量随温度升高而降低；由于构件内温度梯度作用，可能造成构件开裂，弯曲变形；钢筋混凝土结构中的钢筋虽有混凝土保护，但在高温作用下的强度仍然降低，以致在初应力下屈服而引起截面破坏；由于构件热膨胀，可能使相邻构件产生过大位移，钢材在高温下的强度和弹性模量降低，造成截面破坏或变形过大而失效、倒塌。

　　即使在火灾中建筑结构没有失效、倒塌，但肯定要受到损伤，承载力有不同程度的降低。如何准确而迅速地检测评估其损伤程度是灾后需要解决的首要实际问题，它关系到能否采取科学合理的加固补强措施，将火灾损失降低到最低程度，避免在修复过程中造成浪费。所以，对火灾混凝土建筑物损伤检测与评估的研究具有重大经济意义和积极的社会意义。

5.1　钢筋混凝土结构火灾损伤评估研究进展

　　火灾虽然会对混凝土结构造成不同程度的损伤，但结构经过修复加固通常还是可以继续使用的。因此正确评估火灾后混凝土结构的损伤程度，并据此制定科学合理的修复加固方案就显得十分重要。

　　火灾建筑物损伤评估研究始于20世纪50年代，随着现代建筑的发展，建筑物发生火灾后的损伤评估与修复显得越来越重要。英国、美国、日本等发达国家在近几十年中对此研究较多，并制定了为防火结构设计而进行火灾试验的 ISO 834 标准升温曲线（如图 5-1 所示）以及模拟实际火灾的 Metz 和 Leher 试验。我国虽然也有建筑防火设计规范和建筑构件耐火试验方法，但对火灾后结构损伤评估的研究并

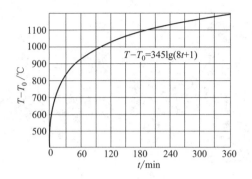

图 5-1　标准升温曲线

t—升温时间，min；T—t 时刻的炉温，℃；

T_0—炉内初始温度，℃，应在 5～40℃ 范围内

不多。

混凝土结构遭受火灾后，除查明起火原因外，必须对结构的受损情况进行详细检查、分析和研究，弄清火灾规模的大小和范围，结构受损部位和损伤程度，推定火灾温度和持续时间，根据火场各处温度，分析火灾时和火灾后结构的状况，对结构损伤程度提出正确评估，以便确定结构的修复加固方案，保证结构的安全和正常使用。

5.1.1　不同国家和地区对钢筋混凝土结构火灾损伤的评估程序及损伤分级

综观国内外关于钢筋混凝土结构火灾损伤的评估情况，不同的国家和地区有不同的评估程序和损伤分级标准。下面就不同国家和地区对钢筋混凝土结构火灾损伤程度的评估程序和损伤分级分述如下。

5.1.1.1　英国

英国对火灾后混凝土结构物的损伤评估研究较早，英国混凝土学会、结构工程研究会及建筑研究所等，也发表了相关研究成果。1978 年由混凝土学会提出的火灾后结构物评估程序及混凝土构件火灾损伤程度的目测分级表见图 5-2 和表 5-1；同时上述研究报告也建议几种"定量"的混凝土火灾程度非破损检测方法。这些方法包括混凝土颜色判定法、Schmide 锤击法、钻芯法、超声波法、Windsor Probe 法、BRE 内部破裂侦测法以及热发光法。图 5-2 和表 5-1 也被日本和美国所引用。表 5-1 后来被 H. W. Chung 简化成表 5-2。

1986 年 A. K. Tovey 针对 1978 年英国混凝土学会的火灾后结构物评估程序提出建议，其建议的修订内容主要分成定性评估、定量评估及补强设计等部分。在定性评估方面，使用一个简单的分级表以说明混凝土结构物火灾损伤程度，见表 5-1，利用此表可评判每一构件的损伤情况，使用这种定性的目测评估方法，能够

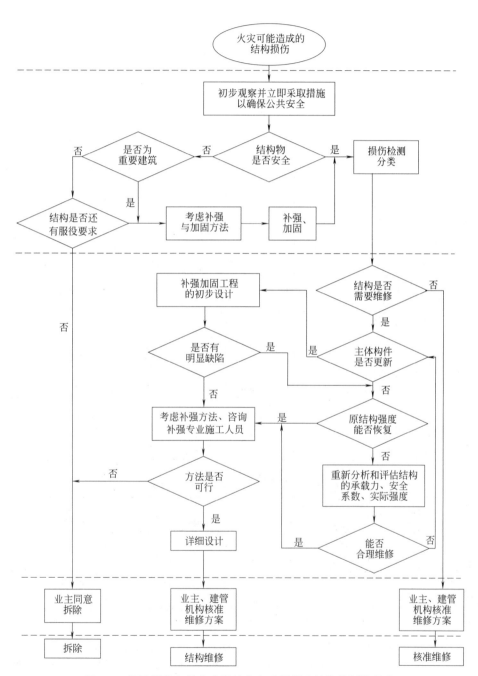

图 5-2　英国混凝土学会建议的火灾后混凝土结构物评估程序

表 5-1 英国钢筋混凝土构件火灾损伤程度的目测分级表

等级	构件	表面外观				结构外观		
		粉饰层	颜色	破裂	爆落	主筋情况	裂缝	挠度
0	任何构件	未受火灾影响或不在火场内的构件						
1	板	部分剥落	正常	轻微	不严重	未外露	无	无
	梁	部分剥落	正常	轻微	不严重	很少数外露	无	无
	柱	部分剥落	正常	轻微	不严重	未外露	无	无
2	板	大量剥落	粉红色	明显可见	表面局部	外露少于10%，均仍附着	无	无
	梁	大量剥落	粉红色	明显可见	角缘局部、少数底部	外露少于25%，无挫曲	无	无
	柱	大量剥落	粉红色	明显可见	角缘局部	外露少于25%，无挫曲	无	无
3	板	全部剥落	浅黄色	大量	多数底部	外露少于20%，均仍附着	小裂缝	不明显
	梁	全部剥落	浅黄色	大量	多数角缘、侧面底部	外露少于50%，不超过一根挫曲	小裂缝	不明显
	柱	全部剥落	浅黄色	大量	多数角缘	外露少于50%不超过一根挫曲	轻微	无

表 5-2 英国混凝土学会火灾损伤分级表

等级	程度	粉饰层	表面颜色	裂缝	剥落	钢筋暴露
1	轻微	有些脱落	正常色	轻微	轻微	无
2	中度	部分脱落	浅红色	局部	局部	10%～25%无挫曲
3	严重	全部脱落	浅黄色	扩大延伸	扩大延伸	25%～50%至少一根挫曲
4	非常严重	全部脱落	浅黄色	扩大延伸	扩大延伸	50%以上超过一根挫曲

大致评定整体结构的损伤情形，因此不失为一种简便方法。在定量评估方面，Tovey 提出以混凝土颜色判定、锤击试验及钻芯试验为主；超声波、温莎探测针（windsor probe）、内部破裂侦测（BRE）以及热发光试验为辅，来确定火灾后混凝土强度的损失。混凝土强度损失与温度的关系，经修正和简化后如图 5-3 所示。

图中混凝土温度达 300℃ 以上时，其颜色由正常色转变成粉红色，这可作为混凝土强度损失的重要标志之一。

5.1.1.2 美国

美国对混凝土结构物火灾后的现场勘查程序并无相关文献可供参考，主要以英国混凝土学会提出的评估表和评估程序为主，其相关研究内容主要是混凝土材料及结构遭受火灾损伤的性能或行为，因此研究成果可作为分析混凝土结构物火灾后力学性能损伤情况的参考。

5.1.1.3 日本

日本对混凝土结构物现场勘查程序方面，依

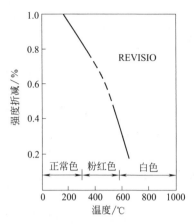

图 5-3 混凝土火灾后的颜色变化与强度折减

表 5-3 的步骤进行，未见其他相关资料。日本大部分是针对防火、救灾、避难及消防设备安装等方面做计划，而仍沿用英国混凝土学会所提供的混凝土火灾损伤程度的测试方法和目测分级表，作为混凝土结构物现场勘查的参考。

表 5-3 日本火灾勘查程序表

诊断次数	目的	内容	行为者	方法	调查结果表示
1 次诊断	概况诊断、安全诊断	总括内容的诊断	一般建筑技术者	目测、问诊	记述情况
2 次诊断	损伤诊断	中等程度的诊断	专门技术者	非破损试验	计量
3 次诊断	损伤诊断	高度专门技术者诊断	高度专门技术者	破坏试验	计量

5.1.1.4 中国

中国大陆至今还没有相关的国家标准或规范，可对各种结构和构件的火灾损伤程度加以区分和界定。近年来，多家研究机构和大批专家学者对钢筋混凝土结构火灾损伤的检测和评估进行了实验及研究，同时综合国内外有关资料，基本一致的观点是将火灾混凝土构件受损程度分为四个等级；上海市也于 1996 年颁布了《火灾后混凝土构件评定标准》(DBJ08-219—1996)，规定从承载力、裂缝、变形三方面对火灾后混凝土构件进行综合评定，并制定了相应的评定等级和标准。

(1) 专家学者的观点

多数专家学者将火灾混凝土构件受损程度分为四个等级。

a. Ⅰ级——轻度损伤　混凝土构件表面受火温度低于400℃，受火钢筋处混凝土温度低于100℃，构件表面颜色无明显变化，保护层基本完好，无露筋现象，除装修层有轻微损坏，其他状态与未受火结构无明显差别。

此类构件不需加固，只需修复处理，重新装修即可。

b. Ⅱ级——中度损伤　混凝土构件表面受火温度约400～500℃，混凝土强度损失20%～30%左右，受力钢筋处混凝土温度低于300℃，混凝土颜色由灰色变为粉红色，使中等力用锤击时，可打落钢筋保护层；混凝土表面有裂缝，纵向裂缝少，局部有爆裂，其深度不超过20mm，露筋面积少于25%。钢筋与混凝土之间的黏结力损伤轻微。构件残余挠度不超过规范规定值。

此类构件应将被灼烧松散的混凝土除掉，填补同等级混凝土，做成完好表面，保证钢筋不受锈蚀，然后验算剩余承载力，进行一般的补强加固。

c. Ⅲ级——较严重损伤　混凝土构件表面受火温度约600～700℃，混凝土强度损失50%左右，受力钢筋处混凝土温度达350～400℃，保护层剥落，混凝土爆裂严重，深度可达30mm，露筋面积低于40%。用锤击时声音发闷；混凝土裂缝多，纵横向裂缝均有、并有斜缝产生；钢筋和混凝土之间的黏结力局部严重破坏；混凝土表面颜色呈浅黄色；构件变形较大。

此类构件应根据剩余承载力计算结果，按等强原则进行重点补强加固。

d. Ⅳ级——严重损伤　混凝土构件表面受火温度达700℃以上，混凝土强度损失60%以上，受力钢筋处混凝土温度达400～500℃，构件受到实质性破坏，混凝土保护层严重剥落，表面混凝土爆裂深度30mm以上，构件混凝土纵、横向裂缝多且密；钢筋与混凝土黏结力破坏严重；受弯构件混凝土裂缝宽度可达1～5mm；受压区混凝土明显破坏；构件变形大。

此类构件已无修复价值，应予拆除，更换新的构件。

表5-4为钢筋混凝土构件火灾损伤外观检查评定分级表，给出了不同构件不同损伤等级的详细状况描述。

表5-4　钢筋混凝土构件火灾损伤外观检查评定分级表

构件名称	受损状态							受损等级
	表面颜色	爆裂	鼓起脱落	裂缝	露筋面积	变形	钢筋与混凝土黏结力	
柱	有黑烟	无	仅粉刷层脱落	有龟裂	无	无	完好	相当于Ⅰ级
板	有黑烟	无	仅粉刷层脱落	无	无	无	完好	
梁	有黑烟	无	仅粉刷层脱落	无	无	无	完好	

续表

构件名称	受损状态							受损等级
	表面颜色	爆裂	鼓起脱落	裂缝	露筋面积	变形	钢筋与混凝土黏结力	
柱	粉红色	龟裂多、爆裂少	少量鼓起	微小裂缝	局部露筋小于25%	无		相当于Ⅱ级
板	有黑烟	龟裂多	仅粉刷层脱落	无	无	无	完好	
梁	粉红色	龟裂较多	少量鼓起	少量裂缝	局部露筋小于10%	无	尚可尚可	
柱	浅黄色	爆裂面积小于40%	混凝土脱落面积小于25%	有	小于40%	较大,少量主筋变形	局部受损	相当于Ⅲ级
板	粉红色	爆裂面积大于10%	混凝土脱落面积小于25%	有	小于25%	不大,尚满足要求	局部破坏	
梁	浅黄色	下部爆裂	起鼓脱落面积小于25%	有	主筋暴露约40%	主筋挠曲多于一根,挠度稍大于规范值	破坏约50%	
柱	浅黄色	范围大	起鼓脱落面积大于40%	裂缝多而宽	主筋暴露大于40%	主筋鼓起,扭曲	完全破坏	相当于Ⅳ级
板	粉红色	爆裂多而严重	脱落面积大于50%	裂缝严重	主筋暴露大于40%	变形大,主筋弯曲	完全破坏	
梁	浅黄色	下部爆裂,能看见主筋,爆裂面积大	脱落面积大于40%	裂缝多而宽	主筋暴露80%	挠度大于规范规定值数倍	完全破坏	

（2）上海市标准

上海市建设委员会于1996年制定了由上海市建筑科学研究院编制的地方性标准——《火灾后混凝土构件评定标准》（DBJ08-219—1996）。该标准拟定火灾后混凝土构件评定程序如图5-4所示。

该标准拟定火灾后混凝土构件评定内容包括承载力、裂缝、变形三个方面；综合评定分为子项、项目两个层次、四个等级进行评定，见表5-5。根据项目对构件的影响程度不同，又将子项目分为主要子项目和次要子项目两类，其中构件的承载力为主要子项目，构件的裂缝和变形为次要子项目。表5-6～表5-8是各子项损伤评定等级标准。表5-9是火灾后混凝土构件损伤评定标准。

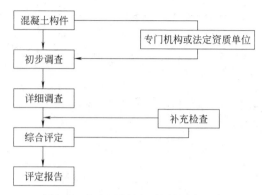

图 5-4　火灾后混凝土构件评定程序

表 5-5　火灾后混凝土构件综合评定表

内容＼层次＼等级	项目 A、B、C、D	子项 a、b、c、d
火灾后混凝土构件综合评定	火灾后混凝土梁、板、柱	承载力
		裂缝
		变形

表 5-6　混凝土构件承载能力评定等级

评定等级	梁、板	柱
a	$R/\gamma_0 S \geqslant 1$	$R/\gamma_0 S \geqslant 1$
b	$1 > R/\gamma_0 S \geqslant 0.75$	$1 > R/\gamma_0 S \geqslant 0.8$
c	$0.75 > R/\gamma_0 S \geqslant 0.6$	$0.8 > R/\gamma_0 S \geqslant 0.65$
d	$R/\gamma_0 S < 0.6$	$R/\gamma_0 S < 0.65$

注：R 为构件的承载力设计值；S 为构件的作用效应设计值；γ_0 为结构构件重要性系数，板、次梁 1.0，主梁、桁架梁 1.10，柱 1.15。

表 5-7　混凝土构件裂缝评定等级

评定等级	梁、板 裂缝宽度 W/mm	柱 裂缝宽度 W/mm
a	有少量温度收缩裂缝，但不形成裂缝网，$W \leqslant 0.3$	有少量细微裂缝，$W \leqslant 0.2$
b	$0.3 < W \leqslant 1.0$	$0.2 < W \leqslant 0.5$
c	形成剪切斜裂缝和受压区垂直裂缝，$1.0 < W \leqslant 1.5$	有贯通裂缝，$0.5 < W \leqslant 1.0$
d	受拉区贯通裂缝、受压区明显破坏特征，$W > 1.5$	破坏性贯通裂缝，$W > 1.0$

注：因火灾导致构件混凝土爆裂、剥落者属 d 级。

表 5-8　混凝土构件变形评定等级

评定等级	梁、板	柱
a	$\delta \leqslant [\delta]$	$\delta/H \leqslant 0.002$
b	$[\delta] < \delta \leqslant 2[\delta]$	$0.002 < \delta/H \leqslant 0.005$
c	$2[\delta] < \delta \leqslant 4[\delta]$	$0.005 < \delta/H \leqslant 0.01$
d	$\delta > 4[\delta]$	$\delta/H > 0.01$

注：$[\delta]$ 为现行混凝土结构设计规范规定的允许挠度；δ 为构件挠度；H 为楼层层高。

表 5-9　火灾后混凝土构件损伤评定标准

项目层次	等级	评定标准
项目	A	主要子项为 a 级，次要子项为 b 级，正常使用，属轻度受损构件，可不必采取措施
	B	主要子项为 b 级，次要子项为 c 级，且不超过一项，属中度受损构件，采取修补或补强措施后可继续使用
	C	B 级以下，且高于 D 级者，已影响正常使用，属较严重受损构件，应采取全面的补强加固措施后才能继续使用
	D	主要子项为 d 级，已不能正常使用，属危险构件，必须立即采取加固或拆除措施
子项	a	符合国家现行规范要求
	b	略低于国家现行规范，基本安全适用
	c	不符合国家现行规范或影响正常使用
	d	严重不符合国家现行规范要求，危及安全或不能正常使用

(3) 中国台湾标准

1995 年，沈得县等学者专家组成研究组探讨"混凝土结构物火灾后安全性能评估方法"；1996 年沈进发研究组进一步探讨如何通过火灾后混凝土材料性能的变化而分析结构性能的变化。台湾建筑研究所根据上述研究结果拟定了火灾后钢筋混凝土结构安全评估的程序与方法。

该安全评估的程序与方法除规定勘查的主要工作项目外，并建立了各项目的评定标准，如表 5-10 所示。

表 5-10　火灾后混凝土结构物初勘的评估项目及评定标准

1.初勘受损等级的评定标准
(1)混凝土表面颜色变化的观察
① 若混凝土表面颜色和外观表现与未受火时相近，则评为轻微损伤；
② 若混凝土表面颜色呈现肉眼可见的微红色，则评为严重损伤；
③ 介于上述两者之间者，则评为中度损伤。
(2)火灾现场残留物的勘察
① 若混凝土表面温度在 300℃ 以下，则评为轻微损伤；
② 若混凝土表面温度超过 600℃，则评为严重损伤；
③ 介于上述两者之间者，则评为中度损伤。
(3)混凝土表面裂缝与爆裂情况勘察
勘察时要详细检查构件受火表面。

① 对于梁板类受挠构件,若仅其表面在跨中和两端有稀疏细微裂纹,则评为轻微损伤;

② 若受挠构件的跨度内全部或局部显现较密集和较宽大的裂纹或裂缝,则评为严重损伤;

③ 介于上述两者之间者,则评为中度损伤。

(4)混凝土剥落及钢筋外露情况的勘察

混凝土剥落及钢筋外露情况的程度应依据混凝土剥落的部位、范围大小和钢筋外露情况评定,其评定标准建议如下:

① 若构件仅某些角隅部位有混凝土剥落,剥落宽度不超过 10cm,仅单一箍筋外露而主筋并未外露,且其他表面部位无鼓胀现象者,则评为轻微损伤;

② 若构件除角隅部位外其他表面也有混凝土剥落,而剥落的长度、宽度和总面积均很大,使两支以上箍筋外露,且其约束的主筋也已外露,则评为中度损伤;

③ 若构件混凝土剥落及钢筋外露的情况比中度损伤更为严重,则评为严重损伤。

(5)构件变形及挠度情况的勘察

① 若以肉眼观察无法觉察者,则评为轻微损伤;

② 若构件的挠度和变形可以用肉眼明显觉察到,则评为严重损伤;

③ 介于上述两者之间者,则评为中度损伤。

(6)构件受火面积

构件受损程度与其受火面积和受火温度密切相关。勘察时可用温度超过 600℃ 的面积的百分比决定其严重程度。各种构件损伤程度的评定标准如下。

① 墙板类构件:

a.若温度超过 600℃ 的面积低于 30%,则评为轻微损伤;

b.若温度超过 600℃ 的面积在 30%~50% 之间,则评为中度损伤;

c.若温度超过 600℃ 的面积超过 50%,则评为严重损伤。

② 矩形截面的梁或柱:

a.若矩形截面仅一面有部位受火温度超过 600℃,则评为轻微损伤;

b.若相邻两面有部位受火温度超过 600℃,则评为中度损伤;

c.若三面以上或相对两面有部位受火温度超过 600℃,则评为严重损伤。

2.构件初勘结果的分析评定

当构件按上述方法完成初勘工作获得各项目的评估等级后,构件是否需要复勘,应根据上述六项勘察项目的结果加以评定,其评定标准如下:

(1)上述用以评定初勘受损等级的项目共有六项,其中(1)、(2)两项无法单独作为评判的依据,仅能用以佐证其他四项的结果;

(2)若(3)~(5)项均显示轻微损伤,则无论(1)、(2)两项是否为严重损伤,该构件均不需复勘;

(3)若(3)~(5)项均显示中度损伤,则当(1)、(2)两项全为严重损伤时,该构件需进行复勘;否则不需复勘;

(4)若(3)~(5)项中有任何一项为严重损伤,则当(1)、(2)两项均为中度损伤以下时,该构件不需复勘;但当(1)、(2)两项均为严重损伤时,该构件需进行复勘;

(5)若上述(3)~(5)项中任意一项均为严重损伤,则应进一步详细评估其损伤程度,对于损伤极度严重者,建议进行拆除,不需继续进行评估工作;

(6)若构件的受火面积项目被评为严重损伤,则应进行复勘,复勘时需进行试验。

5.1.2 现有火灾损伤评估方法优劣势分析

上述国内外关于混凝土结构物火灾损伤评估的情况表明,在火灾混凝土结构的损伤评估过程中,国外一些国家如英国、美国、日本等所采用的方法多以英国混凝土协会提出的评估表和评估方法为主体，但该方法总体上偏于定性而定量不够。主要的评估过程是表观检测，根据混凝土结构表面损伤状况及颜色，通过直接观测混凝土表面受火后的颜色变化、表层脱落状况、大多数损伤裂缝分布部位及尺寸大小等因素，评估结构混凝土火灾损伤程度。该法需要相当丰富的经验，因而评估结果粗糙。

相对而言，中国提出的损伤评估方法则较为具体。但中国台湾地区的损伤评估方法总体上也存在偏向于表观检测，而材性劣化、构件力学性能变化及承载力降低的情况则存在定量不够的不足。中国大陆的损伤评估方法则对表观损伤、材性劣化、构件力学性能变化及承载力降低均作出定量评估的评定等级的标准，只是仍然沿用旧有的评定指标，定量标准也尚显粗糙，检测、分析方法显陈旧，精度较低，科学性差。

目前，中国大陆正式颁布的具有实用价值且定量化程度较高的规范和标准只有上海市地方标准《火灾后混凝土构件评定标准》（DBJ08-219—1996）。根据该标准，火灾后混凝土构件的损伤分级主要受主要子项目——承载能力的影响和控制，构件承载能力的降低程度则主要与结构材料力学性能的降低和构件有效受力面积的减少两个方面的情况有关，而这两方面的降低或减少都与构件表面遭受的高温温度和构件内部经历的温度分布状况直接相关。它们相互的关系见图5-5。

图 5-5 混凝土构件火灾损伤与承载能力的关系

因此，研究钢筋混凝土结构火灾损伤评估的关键是如何准确确定构件表面受火温度及构件内部的温度场，然后在此基础上确定结构材料力学性能的降低和构件有效受力面积的减少，进而评估构件承载能力的损伤情况，并最终评定火灾混凝土构件的损伤等级。

5.1.3 钢筋混凝土结构火灾损伤评估发展趋势

钢筋混凝土结构火灾损伤程度往往与其受火环境与过程相关，遭受火灾的构筑物，若混凝土受火温度小于400℃且灼烧时间较短，虽然水泥水化产物脱水会导致混凝土强度降低，但只要洒水养护，可使混凝土强度恢复到灾前水平；受火温度大于400℃，混凝土材料会发生一系列相变，材料结构受到破坏，强度明显降低且无法通过水养护恢复。若混凝土构件持续遭受高温作用，将可能导致内部钢筋屈服强度降低，变形大大增加。因此，火灾混凝土的损伤评估，应通过检测推定受火环境与过程，方能科学地鉴定其受损程度，并采取不同的加固补强措施，以减轻火灾的损失。但是，如前所述，目前国内外的损伤评估体系，存在偏于定性而定量不够，且评定指标陈旧，定量标准粗糙，检测、分析方法陈旧，精度较低，科学性差等不足。迄今为止，国际范围内关于钢筋混凝土结构火灾损伤的鉴定和评估尚缺乏科学的理论体系指导，混凝土结构物火灾损伤程度鉴定基本是依据工程技术人员现场考察，根据经验评判，这不仅缺乏严格的科学依据，而且可能由于经验的局限性导致在修复工程中造成浪费。

目前，钢筋混凝土结构火灾损伤评估的发展趋势主要有两个方面。

（1）探索新的非破损检测技术和方法

如前所述，由于工程上常用的非破损检测方法（如回弹法和超声波法）用于火灾混凝土损伤检测有局限性，尤其对受检构件的受火环境和过程的检测及推定更是束手无策。有时在实际工程检测中，很难找到结构的最薄弱环节，而且大部分结构不允许进行破坏性试验。此时，寻求和探索新的非破损检测技术和方法就显得非常必要。一些研究人员也正在为此而积极开展研究工作。

（2）火灾混凝土构件损伤评估指标的定量化，评估体系科学化、系统化

在混凝土构件火灾损伤程度的诊断和评定标准中，有些因素或指标可以用定量值表示，如构件表面受火温度、混凝土损伤深度、钢筋遭受的最高温度等，这些因素或指标是判定混凝土结构损伤程度的主要因素。目前，研究人员正在采用相关的和新型的检测技术，积极开展火灾混凝土损伤评估的多方面定量研究。

火灾混凝土结构的损伤是极为复杂的，准确迅速地检测评估结构损伤程度是目前急待解决的实际问题，开发和应用适合现场使用的快速而又准确的检测设备，探索和研究火灾混凝土结构无损检测的新方法，研究并建立科学系统的损伤评估理论和方法，使损伤诊断和评估逐渐从定性判别向定量分析发展，使损伤评估体系更完整、更科学，是火灾混凝土结构损伤检测与评估的重要发展趋势。

5.2　钢筋混凝土结构火灾损伤检测技术研究进展

对混凝土结构火灾损伤情况检测分析，探明其部位、范围、性质等，是综合评估混凝土结构火灾损伤程度，判定其失效行为、可修复水平的重要前提。随着钢筋混凝土材料科学的不断发展，各种适用于钢筋混凝土结构特点的检测技术和方法不断得以开发和应用。混凝土结构火灾损伤检测方法大体可分为传统检测方法和新兴检测新技术两类。

5.2.1　传统混凝土结构火灾损伤检测方法

如前所述，不同火灾温度导致混凝土产生不同程度的物理化学变化，从而使混凝土的部分成分、外观、孔隙结构及重量等性质有不同程度的变化。利用这些性质变化且进行量化后，前人探索出数种检测混凝土火灾温度、强度损失、损伤深度等

的方法，可有效用以推测混凝土遭受火灾后的损伤程度。

在为数众多的传统混凝土火灾损伤检测方法中，精度较高且又方便使用者包括表观检测、超声波法、射钉法、锤击法、钻芯法、拔出法、中性化深度检测、烧失量试验法、X 射线衍射分析法、压汞孔隙仪试验法等。

(1) 表观检测

表观检测主要根据火灾后混凝土的颜色、裂缝以及剥落来判定火灾后混凝土的受损等级。

火灾后的混凝土，表面颜色都会发生一定的变化，从颜色的变化情况可大致了解火灾温度以及混凝土损伤的程度。

混凝土表面有黑烟，混凝土表面温度小于 300℃；混凝土表面呈粉红色，其温度约在 300～600℃；混凝土表面呈灰白色，其温度为 600～900℃；混凝土呈淡黄色，其温度大于 950℃。

裂缝一般出现在 300℃（2h）和 400℃（1h）以后，但表面裂缝的出现与混凝土含水率有较大关联，因此不能作为主要判别依据。剥落一般出现于温度在 600℃以上时，可把剥落出现作为一个重要评估依据，但剥落的严重程度与混凝土的含水率有关，含水率越大，则遭受同样高温作用下的混凝土剥落越严重。

表观检测在火灾混凝土检测中简单易行，但只能粗略估计，不能定量化，所以在实地工程检测中只作为检测结果的参考。

(2) 超声波法

超声波是一种频率超过 20kHz 的机械波，它在介质中传播时，遇到不同情况，将产生反射、折射、绕射、衰减等现象，超声波传播时的振幅、波形、频率将发生相应变化。若超声波在一个有限的、均质的且各向同性的介质中传播时，则其传播速度 v 与介质某些性质关系式为式（5-1）：

$$v = \sqrt{\frac{E(1-\mu)}{\rho(1+\mu)(1-2\mu)}} \tag{5-1}$$

式中，E 为介质的弹性模量；ρ 为介质的密度；μ 为介质的泊松比。

根据上述公式，已经建立了不少表示超声波速度与混凝土强度关系的经验公式，并有很好的相关性，但该方法要求表面有较好的平整性，所以这种方法比较适合于未剥落的混凝土表面，尤其适合于探测格栅形或槽形构件的局部火损伤。超声波脉冲速度法还可测定混凝土变成粉红色区域的深度。

超声波发送和接收探头通常分别布置在构件的相对两侧，但这对实际使用的墙和楼板来说是相当困难的，因此现场探测中只能将探头放置在一侧，并尽量保持一定的距离，以减小由于实际路径长度变化带来的误差，并可为测定强度和损伤程度的比较提供方便。

超声-回弹综合法在无损检测中得到广泛应用，在火灾混凝土检测中也常常被采用。使用超声-回弹综合法可评估火灾混凝土的强度、损伤层深度及受火温度等，但由于火灾混凝土结构的特殊性和复杂性，这种方法在实际使用中还存在种种困难。混凝土经受高温之后表层成为疏松层并且有裂缝，这个状况使超声波衰减很大，常常因为两探头相距较远，使波形不稳、首波衰减过大或波形叠加而影响测试。回弹法是建立在表面硬度和强度之间关系的基础上，而火灾混凝土表面的疏松层使表面混凝土的强度不能与整个混凝土构件的强度画等号。因此，超声-回弹综合法在火灾混凝土检测中只能作为辅助评定手段，不能评估火灾混凝土的强度。

（3）射钉法

射钉法最早由美国提出，试验时将一枚钢钉射入到混凝土表面，然后测量钢钉未射入的长度，并找出与混凝土强度的关系。

这种方法快捷、方便而且离散性较小，对水平和竖向构件均适合，而且适合于出现剥落的构件，当然对比较粗糙的表面也要略作处理。这种试验也适合于平整表面和凿开的表面，且适合于探测不同深度混凝土的强度，只要将试验完的混凝土表面凿掉即可。射钉法测定的强度较其他方法要好一些，如果将试验结果与未损伤的混凝土相比较，则可靠性更高。

（4）锤击法

锤击火灾损伤混凝土，发出的声音较普通混凝土来说比较沙哑、沉闷，或是空响，但这种方法过于依靠经验，而且这与锤击的部位有关系，其结果只能作为参考。

（5）钻芯法

钻芯法是检测未受损混凝土强度较直接和较精确的方法，但对于火灾混凝土，有时因为构件太小或破坏严重（强度低于 10MPa），难于获得完整的芯样。再者，由于火灾混凝土损伤由表及里呈层状分布，所获得的芯样很难说具有代表性，还应与其他方法结合综合评估受损构件的混凝土质量。

（6）拔出法

拔出法是把一根螺栓或相类似的装置埋入混凝土试件中，然后从表面拔出，测定其拔出力的大小来评定混凝土的强度，一般分为预埋拔出法和后装拔出法。对火灾后的建筑主要采取后者，它又分为钻孔内裂法和扩孔拔出法。钻孔内裂法首先采用直径为 6mm 电钻，在混凝土表面上钻一个深度为 30～35mm 的孔，用吹风机清除孔内粉尘，把一个 6mm 的楔形胀管锚栓轻轻插入孔内，当胀管到达混凝土表面以下规定深度时停止。经过用开槽靠尺检查和调整锚栓与混凝土表面的垂直度后，再装上张拉千斤顶，进行拉拔试验；扩孔拔出法在丹麦称为 Capo 试验，意为"切割"和"拔出"试验，基本作法是采用一台便携式钻机，在混凝土表面钻一直径 18mm、深 45mm 的孔，再在孔内 25mm 深处扩一个 25mm 直径的环形槽，插入带有胀环的胀管螺栓，即可用张拉设备做拔出试验，直到混凝土出现裂缝时为止。BRE 的内裂法属于钻孔内裂法，该法试验结果变异性较大，通过与未损伤混凝土的试验结果相比较，可以改进试验结果的可靠性，但这种方法较射钉法要差。

(7) 中性化深度检测

水泥水化后的水泥石 pH 值一般为 12～13, 呈碱性, 当温度超过 500～600℃, 水泥石中的 $Ca(OH)_2$ 分解, 使混凝土呈中性, 故用酚酞试剂可检测混凝土的中性化深度及其经历的火灾温度。根据中性化深度和混凝土保护层厚度的比较, 可判断火灾是否对钢筋以及钢筋与混凝土之间的黏结力造成了损伤。但在实际应用中, 应注意区分混凝土一般正常碳化与火灾引起的中性化, 并予以修正。

(8) 烧失量试验法

混凝土烧失量试验是目前推估混凝土受火最高温度的较精确方法。该试验根据高温下水泥水化物及其衍生物分解失去结晶水, 同时混凝土中的 $CaCO_3$ 分解产生 CO_2, 从而减轻其重量的原理, 首先测定不同温度所对应的烧失量, 得到相应的回归关系, 然后由实际过火混凝土的烧失量大小推断该混凝土的最高受火温度。

(9) X 射线衍射分析法

水泥水化物受热时, C-S-H 在 300～400℃ 间分解, C-H 在 500～600℃ 间分解, 而 $CaCO_3$ 在 700～900℃ 间分解。C-S-H 是水泥水化的主要产物, 约占 55%, 但因其为胶体, 晶相不佳, 没有一定形式, 无法以 X 射线衍射分析法定量分析。而 CH 系 $Ca(OH)_2$ 是晶体构造, 组成固定, 在水泥水化物中含量仅次于 C-S-H, 约占 20%。由 X 射线定性分析的结果表明, 发生 CH 的凸峰与所受温度有某种关系, 遂针对温度对 CH 变化作进一步探讨。由于此法受限于检测 CH 的变化, 故精度较差。

X 射线衍射分析主要是依据布拉格定律及结晶体构造有固定的原子间距的特征, 同一化合物同一衍射角则有相同的原子间距, X 射线照射时, 在同相位, 产生的凸峰随该成分含量变化, 含量愈多时, 其凸峰愈高, 凸峰曲线下所涵盖面积愈大, 则其强度愈大。若取已知成分比例的标准试片, 则可作定量分析。

(10) 压汞孔隙仪试验法

如前所述, 混凝土在高温作用下及冷却过程中, 由于硬化水泥浆与骨料间胀缩不协调, 界面产生集中应力, 当集中应力超过界面张力极限时, 界面破裂或原有裂缝扩大延伸, 孔隙相互贯通, 使孔隙量增多, 孔径加大。不同温度和升降温条件, 必然有不同孔隙变化。而压汞孔隙仪 (mercury intrusion poresimeterm, MIP) 系借以量测定量试件内的孔隙含量及孔径分布。

5.2.2 钢筋混凝土结构火灾损伤检测新技术

近年来, 随着混凝土火灾损伤研究的不断深入, 钢筋混凝土火灾损伤检测出现了一些新技术, 主要有颜色分析、测磁法、刚度损伤检测、损伤深度检测、热发光法、红外热像法和电化学分析法。

(1) 颜色分析

英国阿斯顿大学工程与应用科学系的 N. R. Short 结合岩相学, 引入了一种分析颜色的色彩模型, 创立了火灾后混凝土结构的颜色分析法。此法采用反射光偏振显微镜和相应的颜色分析处理软件, 检测火灾后混凝土样品的反射光的色调、色饱和度和亮度，根据此三个参数的变化，从而判断火灾混凝土的损伤程度。N. R. Short 研究发现，受高温 350℃混凝土的色调值集中在 10～19，到 20～29 区间陡降，而未受损混凝土则相反，并得出了色调值比例和温度的关系。

颜色分析法在色调值和所遭受的温度以及受损深度之间建立关系，这样只需要检测构件样本的色调值即可推知混凝土经历的高温温度和受损深度。

检测中用的仪器是奥林帕斯的反射光偏振显微镜和相应的颜色分析处理软件。在实验中，需要将样品截成 50mm×80mm，再裹以无色树脂，并经过磨光处理，以利于样品在检测中反射光线；实际检测中，以取砂浆为宜。另外，颜色分析法所用到的仪器及相关配套的工具、软件共需要 50000 英镑，不菲的价格使之在我国的应用还有相当难度。

（2）测磁法

常用的不可燃建筑材料如混凝土、砂浆中，通常都含有矿物——黑云母，它是一种顺磁性矿物，其磁性主要来源于矿物内的 Fe^{2+} 和 Fe^{3+}，而不可燃建筑材料中所含其他矿物成分如白云母等皆是抗磁性矿物，在试件的磁性测量方面无任何影响。

莫斯科火灾工程高等技术学院的 N. N. Bruschlinsky 等专家，通过一系列实验发现，试件的磁性性质在 500℃以下不发生任何变化，在 500～1000℃之间，材料的磁化强度十分显著，有的甚至会超过初始值的 100 倍之多，这是因为在升温过程中始终伴随着 $Fe^{2+} \rightarrow Fe^{3+}$ 的转化，在所有未加热试件中的磁化强度平均值与每个试件磁化强度的差别均不超过 5%。而 400～500℃的温度范围正是混凝土在火灾中是否受损的温度分界，因此火灾后测量混凝土结构的磁性性质的变化，可以很好地反映混凝土结构的损伤程度。

试件经高温作用后，磁化强度值急剧升高，高温作用时间越长，磁化强度值也越高。

该测磁法适用于大面积检测，在实验中可以绘制出构件的温度分布图，对材料的反映也相当灵敏。但建筑中用的混凝土及砂浆的原材料，大都为就地取材，其矿物成分常常因地域不同而有所差别，故此方法也在一些方面受到局限。

（3）刚度损伤检测

英国伦敦大学的 A. Y. Nassif 首先将刚度损伤检测运用于火灾混凝土检测，它借鉴于英国布里斯托尔大学和伦敦大学曾研究的检测碱-骨料反应损伤的方法。

刚度损伤检测主要是对芯样在低应力下重复荷载，进行单轴应力-应变响应实验。实验先将试件在高温炉中灼烧，等试件中心与表面温度相同（中心温度由放置于试件中心的热电偶测出）时，再将高温试件常温下冷却，随后每个温度等级试件钻取三个芯样（直径 75mm，高度 75mm）。整个实验分六个温度等级灼烧试件：217℃、240℃、287℃、320℃、378℃、470℃。

为了能将损伤程度定量化，在实验中运用了以下参数：

① 弦向加载模量 E_c（加载响应斜率）；

② 卸载刚度 E_u（卸载响应斜率）；

③ 损伤指数 DI（磁滞回线与应力之比）；

④ 塑性应变 PS（重复荷载完毕后的形变）；

⑤ 非线性指数 NLI（加载响应中一半应力与 E_c 之比——该值可反映加载曲线的凹凸程度）。

图 5-6 所示是上面参数在一个经受过 570℃ 处理的试件在一个加载-卸载循环中的应力-应变图。

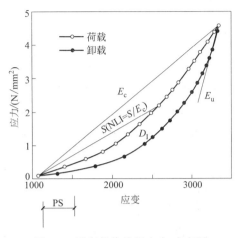

图 5-6　刚度损伤检测应力-应变图

以上参数对火灾混凝土的破裂程度反映十分灵敏，可为火灾混凝土的塑性性质的改变提供极有价值的信息，并可用于评估火灾混凝土构件的永久位移。弹性模量的减少和塑性应变 PS 的增加，在经受过火灾的预应力混凝土构件中，可反映其预应力损失。损伤指数 DI 表明在重复荷载中的能量损失，该参数与被测物的破碎程度有直接的联系。卸载刚度 E_u 可以很容易区别被测物的刚度损失是由高的水灰比还是其内部破裂造成的。非线性指数 NLI 即曲线的凹凸程度，与被测物所经历过的高温温度有关。

在 A. Y. Nassif 所进行的刚度损失检测中，所选的 5 个参数对火灾混凝土的损伤程度反映相当灵敏，而且资料离散性小。但在实验中最高温度只有 470℃，而所有的火灾最高温度都达到了 900℃ 以上，没有在更高温度进一步研究。另外，由于此法的试件是钻取的芯样，而正常情况下，由于温度呈梯度分布，试件的损伤程度也由表及里损伤不同，则芯样并非在实验中所取得的整体温度分布和损伤程度都较均匀的芯样。

（4）损伤深度检测

葡萄牙里斯本 Instituto Superior Tecnico 的 J. R. dos Santos 等在钻芯法的基础上提出了混凝土损伤深度检测法。众所周知，火灾混凝土芯样的损伤程度呈层状分布，根据这个情况，可把芯样切为厚度为 1.5cm 的切片，这样每个被切成扁圆柱体形的切片样本本身可近似认为其损伤程度是一样的。由于损伤程度越严重的混凝土，裂缝越多，也越疏松。孔隙率大，必然吸水率也随之增长，因此，分别称得切片干燥时和吸水饱和时的质量，可得到吸水率。同时做张拉应力实验。从而得到每个切片样本的吸水率和张拉应力损失，并与火灾混凝土损伤深度建立联系。

这种方法相比较钻芯法有很大进步，更合理、更精确地检测火灾混凝土的损伤深度和程度。但由于在检测中仍然需要取芯样，所以无法克服某些钻芯法本身的不足；另外，实际火灾情况错综复杂，在构件上某点所获得的芯样得到的结论也不能代表整个构件的其他部位损伤状况。因此，在工程检测中，只能在部分构件上选取点检测，而不能大面积全面检测。

（5）热发光法

英国苏格兰斯特拉思克莱德大学土木工程系的 Iain Alasdair MacLeod 教授根据岩石、矿物收热发光的现象提出了用热发光法检测火灾混凝土的温度上限的方法。我国中国科学院地质研究所的裴静娴曾将此方法应用于工程检测中，取得了良好的效果。

热发光是岩石、矿物受热而发光的现象。热发光有两个特点：①它不同于一般矿物的赤热发光（可见光），而是在赤热之前（一般指 0～400℃），由矿物晶格缺陷捕获电子而储存起来的电离辐射能，在受热过程中又以光的形式释放出来的现象；②发光的不可再现性，即一旦受热发光，冷却后重新加热也不重现发光现象。只有当样品接受一定剂量辐射之后，才会重现热发光。

石英本身放射性元素含量极微，其热发光灵敏度较强，易于在环境中累积热发光能量，因而，上述热发光特性在石英矿物上尤为明显和稳定。

混凝土中的天然石英颗粒，在未受火灾高温前，具有的热发光量是在不同环境中，经过较长地质时期接受辐射剂量所累积的能量。在实验室测定石英矿物都具有反映其辐射历史和环境背景的辉光曲线和由低温、中温到高温的峰形变化特征。当火灾高温后，石英集存的能量（热发光量）部分或全部损失掉，而且随着受热温度的逐渐升高，低温峰、中温峰至高温峰依次逐渐损失掉。当遭受的温度高于 400℃时，石英累积的热发光全部损失殆尽。当温度在 400℃以下时，就会残存和保留部分热发光量和峰形特征。而 400～500℃ 恰好是混凝土是否受损的温度分界。因此对火灾烧伤的混凝土构件，分别由其表面向内部不同深度来取样，选取混凝土中的石英颗粒来进行热发光量测量，其热发光辉光曲线和峰形变化特征可以作为判定其受热上限温度的重要依据。

热发光法的原理从岩相学借鉴而来，优点是检测中只需要在构件上钻一个小洞，温度很快就能确定。但若高于 400℃，由于石英累积的热发光全部损失殆尽，在确定受损后鉴定受损等级上，这种方法还存在局限性。所以，热发光法只能判断构件是否受损。热发光法也需要专门的设备和技术。

（6）红外热像法

红外辐射是一种波长介于 0.75～1000μm 之间的电磁波。自然界中，所有热力学零度（－273℃）以上的物体都连续不断地辐射红外能，其数量与该物体的温度密切相关。基于此规律，红外检测技术迅速发展起来，并得到广泛应用，尤其是对导热性差而表面发射率大的大多数建筑材料，采用红外热像检测灵敏度较高。

同济大学张雄教授及笔者，将红外热像技术应用于火灾混凝土检测，建立了红外热像平均温升与混凝土受火温度及强度损失的检测模型。

经受不同高温的混凝土的平均温升明显不同，而且在 500℃ 上下相差较大。这与采用其他方法检测火灾混凝土损伤状况所得结果不谋而合。将红外热像技术应用于检测混凝土结构火灾损伤，突破了传统的检测模式，可精确地得到混凝土的受火温度和残余强度。

（7）电化学分析法

钢筋混凝土结构受到高温灼烧时，水泥水化产物会脱水分解，尤其是 $Ca(OH)_2$ 在大于 400℃ 时，会脱水形成 CaO，导致混凝土中性化。当中性化深度达到或超过混凝土保护层厚度时，钢筋失去碱性环境的保护，钢筋表面钝化膜遭受破坏，锈蚀速度加快。钢筋混凝土在高温过程中的一系列物理化学变化，在电化学性能方面表现为混凝土表面电势降低、钢筋锈蚀电流密度增大以及混凝土电阻减小。电化学方法正是基于上述原理，通过现场检验火灾混凝土结构的表面电势、锈蚀电流密度以及混凝土电阻，来判定其损伤程度。

同济大学张雄教授及笔者，采用 GECOR6 钢筋锈蚀检测仪（恒流护环仪）分析钢筋混凝土结构火灾损伤，建立了钢筋混凝土表面电势与钢筋混凝土火灾损伤的检测模型，可判断混凝土结构中钢筋及混凝土保护层厚度处受火情况。

5.2.3 钢筋混凝土结构火灾损伤检测技术发展趋势

由于现代建筑具有结构复杂化、高层化、装饰多样化、火灾荷载大、通风量大等特点，发生火灾时火场温度高、持续时间长，加上消防灭火急速降温时可能产生的裂缝和爆裂，一般的混凝土结构在火灾中损伤都较严重。但这些结构的实际损伤程度和修复可能性需进行综合、科学的评估后才能确定，而科学、合理、准确的损伤检测是确保损伤评估科学、合理的前提。因此，钢筋混凝土结构火灾损伤检测技术理论的研究以及火灾损伤检测新技术、新方法的开发，对火灾混凝土结构物的损伤评估具有重大的理论意义和现实的社会意义。

由于火灾混凝土的特殊性，尽管火灾混凝土检测已经取得了相当大的进展，目前仍然没有一种可靠的方法被列入国际或国家火灾混凝土检测规程中。如前所述，传统的火灾损伤检测方法大多存在偏于定性而定量不够、数据离散性较大、检测参数精度较低、误差大或现场操作烦琐等缺点；本章列出的火灾混凝土损伤检测新技术、新方法，虽然还各有不足，但相比较传统的检测方法，已经有了很大进步。这些技术和方法大都借助先进的检测仪器，并且借鉴了其他学科的相关原理，具有检测理论科学、检测数据稳定、检测参数精度高、仪器自动化程度高等优点，这在火灾混凝土结构损伤检测的发展上是一个突破。

就目前而言，由于火灾损伤情况错综复杂和火灾混凝土结构与性能的特殊性，还未找到一种能够全面检测钢筋混凝土结构火灾损伤各个方面的技术和方法。因此，采用单一手段难以对火灾混凝土结构损伤程度进行系统全面的检测分析，在实际工程检测中大都采用两种或几种能够相互弥补的方法综合检测，这也是火灾混凝土检测技术发展的趋势之一。

综上所述，笔者认为钢筋混凝土结构火灾损伤检测技术的发展趋势有以下5点：

① 检测技术、理论科学合理；

② 检测方法快捷、无损或非接触；

③ 检测仪器易操作、自动化水平高；

④ 检测参数定量性好、精度高；

⑤ 检测技术优化配伍，多种检测方法优势组合，综合检测，准确评判。

第6章
混凝土火灾损伤红外热像诊断
理论与方法

运用红外热像仪探测物体各部分红外辐射能量，根据物体表面的温度场分布状况所形成的热像图，直观地显示材料、结构物及其结合面上存在损伤或缺陷的检测技术，称为红外热像检测技术。它是非接触的无损检测技术，特别是具有对不同温度场、广视域的快速扫描和遥感检测的功能，具有当今其他无损检测技术无法替代的技术特点，因而在建筑工程损伤和缺陷的诊断评估研究中得到了广泛的推广和应用。分析混凝土火灾损伤的红外热像特征信息，建立混凝土火灾损伤红外热像检测分析模型，以期为火灾混凝土结构的损伤评估提供有效检测手段和方法。

6.1 混凝土火灾损伤红外热像检测分析理论与实验依据

6.1.1 红外热像检测的基本原理

红外线是波长约为 $0.75\sim1000\mu m$，介于可见光红端与微波之间的一种肉眼不可见的电磁波。自然界中任何温度高于绝对零度的物体都是红外辐射源，物体的红外辐射特性——辐射能量的大小及其按波长的分布与物体的表面温度密切相关。

（1）红外辐射的特性

红外辐射的特性是红外热像的理论依据和检测技术的重要物理基础。

黑体（即能够在任何温度下，全部吸收任何波长辐射的物体）是在同温度下，热力学平衡中具有最大发射能力的物体。因此，绝对黑体被用作量度辐射能量的绝对标准，广泛应用于红外设备的热力学校准，各种材料辐射特性测量，红外探测器和红外温度计定标等方面。

普朗克从量子理论出发揭示了黑体辐射按波长的分布规律，给出了著名的普朗克辐射定律：一个热力学温度为 $T(K)$ 的黑体，在波长为 λ 的单位波长内所辐射的能量功率密度为：

$$M_\lambda = \frac{C_1}{\lambda^5}(e^{\frac{c_2}{\lambda T}} - 1)^{-1} \tag{6-1}$$

式中，M_λ 为黑体的光谱辐射能量功率密度，$W/(cm^2 \cdot \mu m)$；λ 为波长，μm；T 为黑体的热力学温度，K；C_1 为第一辐射常数，$C_1 = 3.7415 \times 10^{-12} \, W \cdot cm^2$；$C_2$ 为第二辐射常数，$C_2 = 1.4388 cm \cdot K$。

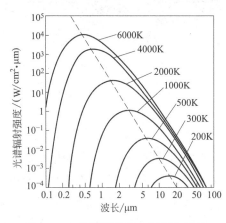

图 6-1 光谱辐射强度与温度的关系

根据普朗克定律可知，一个物体的热力学温度只要不为零，它就有能量辐射。图 6-1 为根据普朗克定律绘出的温度从 $500 \sim 900K$ 范围内绝对黑体的辐射强度与波长的关系曲线。从这些曲线可以看出黑体辐射的几个特性：

① 与曲线下的面积成正比的总辐射强度是随温度增加而迅速增加的；

② 光谱辐射强度的峰值波长 λ_m 随温度的增加向短波方向移动；

③ 每根曲线不相交，因此温度越高，所有波长上的光谱辐射强度也越大。

从上述分析看出，普朗克定律描述了黑体辐射的光谱分布规律，它揭示了辐射与物质相互作用过程中和辐射波长及黑体温度的依赖关系，因此它是黑体辐射的理论基础。

为了解释温度与辐射能量之间的关系，在全部波长范围内对普朗克公式积分，便可得到黑体单位面积辐射到半球空间的总辐射功率，即黑体在某一温度 T 时所辐射的总能量，表明图 6-1 中曲线包络下单位面积的红外辐射能量，这就是斯蒂芬-玻尔兹曼定律：

$$M_B = \int_0^\infty M_\lambda \, d\lambda = \int_0^\infty \frac{C_1}{\lambda^5}(e^{\frac{c_2}{\lambda T}} - 1)^{-1} \, d\lambda = \sigma T^4 \tag{6-2}$$

式中，M_B 为黑体的总辐射功率，W/cm；σ 为斯蒂芬-玻尔兹曼常数 $\sigma = 5.673 \times 10^{-12} \, W/(cm^2 \cdot K^4)$；$\lambda$、$T$、$C_1$、$C_2$ 同前。

式 (6-2) 表明红外辐射能量与黑体温度之间的关系，物体在单位面积上单位时间内辐射的总能量与黑体温度的四次方成正比。因此温度 T 的微小变化就会引起辐射强度的很大变化。

（2）辐射率

一般的物体不是绝对黑体，而且具有选择性吸收的特性。即对某些波长的电磁辐射吸收特别大。有一类物体，没有显著的选择性吸收，亦即吸收比虽然小于1，但近似为常数，称这类物体为灰体。灰体的光谱辐射强度分布曲线与同一温度下黑体的光谱辐射强度曲线形状相似，只是单位面积上辐射功率较少。

与黑体的辐射不同，一般物体的辐射不仅与物体的热力学温度及波长有关，还与构成该物体的材料性质有关。定义物体的光谱辐射强度与绝对黑体的光谱辐射强度之比为该物体的辐射率，记为 ε。对于实际物体的红外辐射通过发射率这个物理量来与黑体辐射建立联系，而使问题简化。选择性辐射体在有限的光谱区间可看作灰体，以简化计算，方便应用。

非黑体在温度 T 时的发射率 ε 与材料的性质、表面状态、温度、波长等因素有关，它直接影响物体辐射能量的大小。一些常用材料的辐射率的数值可查阅文献，如混凝土的辐射率为 0.92，毛面红砖的辐射率为 0.93。

（3）红外辐射的大气传输

处于大气中物体的红外辐射，从理论计算和大气吸收实验证明，红外辐射通过大气中的微粒、尘埃、雾、烟等，将发生散射，其能量受到衰减，衰减程度与粒子的浓度和大小有关，但在 $3\sim5\mu m$ 和 $8\sim14\mu m$ 波段，大气对红外辐射吸收比较小，可认为是透明的，称之为红外辐射的"大气窗口"，见图 6-2。本实验研究中采用的热像仪测量波长为 $8\sim13\mu m$。

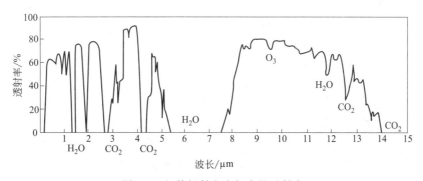

图 6-2　红外辐射在大气中的透射率

大气中水汽、CO_2、CO、O_3 是大气对红外辐射吸收的主要成分，因而，在使用热像仪时，应尽量避免受检物与热像仪之间水汽、烟、尘等的影响，即设法使这种气氛对测量所选的红外辐射波段没有吸收或吸收很小，使测量更为准确。

（4）红外检测技术的基本原理

一般的物体大多不是绝对黑体，其红外辐射与黑体的辐射不同，它不仅与物体的热力学温度和波长有关，还随构成该物体的材料性质、表面状态不同而异。因此一般物体的温度与其红外辐射功率的关系可表示为：

$$M = \varepsilon\sigma T^4 \qquad (0 < \varepsilon < 1) \qquad (6\text{-}3)$$

式中，M 为物体表面单位面积辐射的红外辐射功率，W/cm^2；T 为物体表面的热力学温度，K；σ 为斯蒂芬-波尔兹曼常数，$\sigma = 5.673 \times 10^{-12} W/(cm^2 \cdot K^4)$；$\varepsilon$ 为物体的辐射率（$0 < \varepsilon < 1$），它随物体的种类、性质和表面状态不同而异。

上式表明，物体所发射的红外辐射与其表面温度相关，而其表面温度场的分布直接反映传热时材料的热工性能、内部结构及表面状态对热分布的影响。因此，通过对物体的红外辐射的测量，便能准确地确定它的表面温度，利用红外辐射-表面温度-材料特性间的内在关系，进而推断材料的性质、内部结构和表面状态等。

6.1.2 混凝土火灾损伤红外热像检测原理及依据

（1）混凝土火灾损伤红外热像检测基本原理

根据传热学原理，当有热流注入物体时，由于热量的传播特性和物体的热工性能、组成结构密切相关，故其表面温度场的分布直接反映传热对物体的热工性能、内部结构及表面状态对热分布的影响。

对火灾混凝土采用主动式非稳态检测时，外加热源加热被测试件或构件，导入微元体的总热流量导数等于微元体内能的增量，即：

$$dQ = \rho c \frac{\partial t}{\partial \tau} dx \, dy \, dz \qquad (6-4)$$

其热传导的微分方程为：

$$\frac{\partial t}{\partial \tau} = \alpha \left(\frac{\partial^2 t}{\partial x^2} + \frac{\partial^2 t}{\partial y^2} + \frac{\partial^2 t}{\partial z^2} \right) \qquad \alpha = \frac{\lambda}{\rho c} \qquad (6-5)$$

式中，t 为温度，℃或 K；λ 为热导率，W/(m·K)；τ 为时间，s 或 h；ρ 为密度，kg/m³；α 为热扩散率（导温系数），m²/s；c 为比热容，J/(kg·K)。

上式表明，用外加热源进行红外检测时，混凝土试件的表面温度及其热像特征，主要与混凝土的热物理特征参数热扩散率 α、外加热流特征、温度与时间等因素有关。在其他条件相同的条件下，不同损伤程度的火灾混凝土试件的表面温度及其红外热像特征之间的差异，主要取决于混凝土的热扩散率 α，而 α 由 λ、ρ、c 三个均代表材料本身性质，并与材料内部状态（构造、缺陷等）有关的参数决定。因此，利用红外辐射-表面温度-材料特性间的内在关系，通过对物体的红外辐射的测量，便能准确地确定它的表面温度，进而可推定材料的性质、内部结构和表面状态。

（2）混凝土火灾损伤红外热像检测的实验依据

由于混凝土材料在火灾高温作用下将发生一系列的物理化学变化：诸如水泥石的相变、裂纹增多、结构疏松多孔，水泥石-骨料界面的开裂、脱粘等，使混凝土由表层向内部逐渐疏松、开裂。不同的受火温度、持续时间，将造成不同程度和深度的损伤状况，由于这些部位热传导性质不同于正常部位，进行非稳态检测时，外加热源加热被测试件，经过一定时间延续，"热波"在这些部位将被"反射"或"阻挡"，结果在这些部位发生热堆积（或热漏失），从而在表面形成过热（冷）斑，相对于正常部位出现表面温度异常区域。火灾混凝土构件损伤疏松层内，由于混凝土材料在高温作用下发生了一系列不同的物理化学变化，造成材料热导率、比热容等性能的变化，如 0℃时 $Ca(OH)_2$ 的比热容为 0.260cal/(g·℃)，碳酸钙的比热容为 0.203cal/(g·℃)，而分解后 CaO 在 0℃时的比热容为 0.177cal/(g·℃)。

根据国外试验资料，混凝土的热导率 λ 随温度升高而下降：

$$\lambda(T) = 1.16 \times (1.4 - 1.5 \times 10^{-3}T + 6 \times 10^{-7}T^2) \tag{6-6}$$

式中，T 为混凝土温度，℃。

混凝土的比热容 c 随温度升高（0~1000℃）有微小增大，并呈某种不规则性，一般取常数：

$$c(T) = 920\text{J}/(\text{kg} \cdot ℃) \tag{6-7}$$

混凝土的密度 ρ 随温度升高略为变小，可取：

$$\rho(T) = (2400 - 0.56T) \tag{6-8}$$

所以，混凝土的导温系数 α 也是温度的函数，表达为：

$$\alpha(T) = \frac{\lambda}{c\rho} = \frac{1.4 - 1.5 \times 10^{-3}T + 6 \times 10^{-7}T^2}{528 - 0.1232T} \times \frac{1}{3600} \tag{6-9}$$

导温系数较大的变化，将导致材料热传导性能的变化，而且火灾混凝土损伤疏松层内通常主要填充着空气，空气的热扩散率远小于混凝土、砖等建筑材料。因此，非稳态检测时，直观地导致表面温度发生变化，从而影响其红外辐射量。

火灾混凝土表面温度的变化随疏松层损伤程度的不同而各不相同，因而导致红外辐射分布不同，即形成不同特征的红外热像图。利用红外辐射与表面温度的内在关系，通过表面温度场的测量并分析热像图，根据表面异常出现"热斑"或"冷斑"的特征，即可定性定量地分析材料的结构或缺陷，进而推断或评定火灾混凝土的损伤情况。

6.2　普通混凝土火灾损伤的红外热像检测分析模型

通过实验建立混凝土火灾损伤的红外热像检测分析模型，主要分以下几个步骤：首先综合考虑建筑火灾实际温度范围，实际火灾发生、发展的过程以及混凝土达到热平衡状态所需持续的时间等因素，制定相应的实验方案和实验程序；然后对遭受高温作用后的试件，采用红外热像仪获取不同受火温度混凝土的红外热像特征信息并实测混凝土性能相关数据；最后采用数理统计的方法，并借助于计算机建立混凝土火灾损伤的红外热像检测分析模型。

6.2.1　建模实验

（1）试件制备

① 原材料　水泥 P. O 42.5、P. S. A 32.5；标准砂；粗集料：5~25mm 粒级的石灰石碎石；细集料：中砂。

② 混凝土配合比　为考察不同混凝土强度等级及老旧建筑混凝土强度对结果的影响，设计了 C20、C30 两种混凝土配合比，见表 6-1。

表 6-1　混凝土配合比设计

混凝土强度等级		混凝土配合比/(kg/m³)			
		C	S	G	W
P. O	C20	331	644	1145	195
	C30	406	604	1121	195
P. S. A	C20	382	593	1152	195
	C30	488	530	1126	195

③ 成型及养护　机械搅拌、振实。水泥胶砂试件：40mm×40mm×160mm。混凝土试件：100mm×100mm×100mm。其中 9 组供高温热处理，1 组供常温力学性能测试。养护：标准养护 28d，室内存放(48±1)h 以上备用。

（2）模拟火灾高温实验

① 受火温度等级　混凝土构筑物发生火灾时，火场中的最高温度取决于火场内可燃物的种类、数量，火场中的通风条件、环境温湿度等多种因素，一般大致在 800～1000℃ 之间。混凝土结构受火灾后强度严重受损、失去承载力的临界温度一般亦为 800～1000℃ 之间，实验制定混凝土受火温度等级为 100～900℃、间隔 100℃ 九个等级。

② 火灾持续时间　根据我国火灾统计资料，实际火灾持续时间在 1h 以下占 80.9%，在 2h 以下占 95.1%，在 3h 以下占 98.1%，我国一级耐火建筑中楼板的耐火极限为 1.5h，因此，实验确定模拟火灾高温持续时间为 1.5h。

③ 加热与冷却过程　根据 ISO-834 标准升温曲线：5min 净升温可达 556℃，10min 净升温达 659℃。受设备条件限制，并考虑实际火灾发生、发展、人工灭火的快速过程。实验采用快热快冷制度：当炉温升至要求的温度等级时，迅速放入试块使其受热，达到恒温时间后取出，使其在空气中迅速冷却。

④ 加温设备　SX$_2$-5-12 箱式电阻炉，最高温度 1200℃，可自动控温。炉膛尺寸 350mm×200mm×120mm。

（3）红外热像检测

实验用红外热像仪为日本产 TH1100 型，采用主动单面加热方式，分析经高温（火灾）热处理后冷却至室温的混凝土试件红外热像图特征。

① 红外热像仪特性　该红外热像仪测温范围为 −50～2000℃，探测距离 20cm～∞，由以下三个系统组成。

检测系统：探测被测物表面红外能量辐射，并通过内置的红外测试仪转变为电信号。

控制系统：形成并存储温度信号，产生彩色或单色温度显示，而且可以实现多图过程。

数据处理系统：内置 CPU（中央处理器），配有专用程序，可自动计算温度分布，并进行图像处理。

② 检测技术参数 检测过程为保证最佳检测效果，主要控制以下主要技术参数：

a. 测温范围选定为 $-50 \sim 200 ℃$。

b. 环境温度通过 CAL 校正，并尽量保持相对恒定。

c. 辐射率设置：水泥砂浆为 0.93；混凝土为 0.92。

d. 设定焦距、灵敏度、温度水平；启用控制系统（AUT）功能，自动选择设置。

e. 热源：4 只红外线灯照射，热源距离试件表面恒定为 100cm，照射时间恒定为 5min。

6.2.2 红外热像特征分析及建模

（1）高温损伤混凝土的红外热像特征

图 6-3 是遭受不同温度作用后的混凝土试件的红外热像图（见文后彩插）。分析红外热像图表明，当火烧温度低于 400℃时，热像图温度分布较均匀，无明显温差斑块；当火烧温度大于 400℃时，热像图温度明显升高，有明显的温差斑块出现在棱边处，并且经受较高温度作用后存在损伤较严重的部位，如有骨料显露或分解，则在热像图上以"热斑"形式显现出来。

（2）高温损伤试件的红外热像特征信息分析

为了定量描述受损试件的红外热像特征，本书定义被测物体表面在一定外加热源且作用一定时间后的红外热像图的平均温度（$\overline{T}_{加热后}$）与未加外加热源前的红外热像图的平均温度（$\overline{T}_{加热前}$）之差，为"温度因子"（即平均温升），用 $\overline{\Delta T}$ 表示。亦即：

$$\overline{\Delta T} = \overline{T}_{加热后} - \overline{T}_{加热前} \tag{6-10}$$

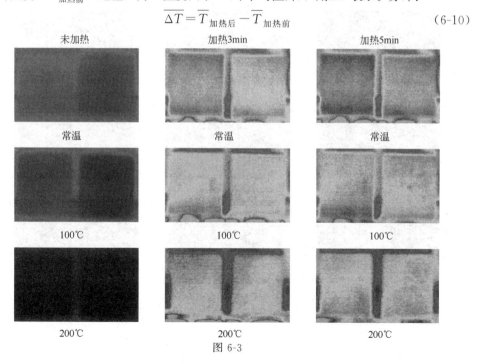

图 6-3

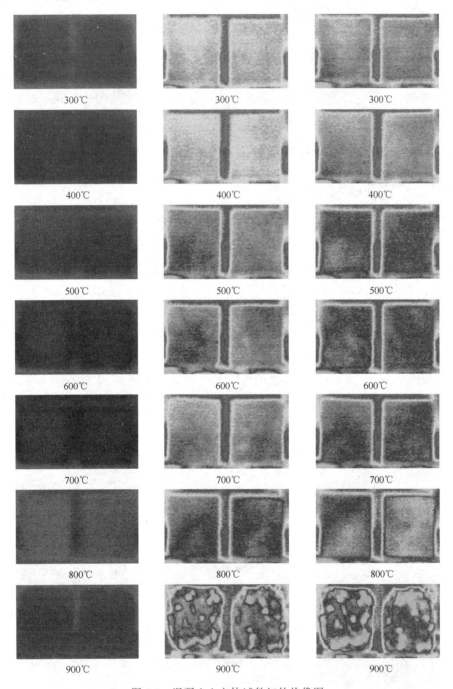

图 6-3 混凝土立方体试件红外热像图

　　通过热像仪内置的CPU对不同温度后试件的红外热像图的平均温度进行统计分析，计算出混凝土试件在加热红外热像的温度因子。

　　检测表明，高温作用后试件的红外热像温度因子随作用温度的升高，总体呈上升趋势，但在20～400℃之间，有反弹现象。这是因为温度低于300℃时，试件内部发生蒸压作用，游离水被蒸发排除，使水泥颗粒之间黏结紧密，故温度因子会降低，400℃以后水泥水化产物开始Ca(OH)₂脱水分解，生成游离CaO，晶型严重变形，结构变得疏松多孔，在混凝土中还开始形成大量界面裂缝；当温度高于573℃时，骨料中的石英组分体积发生突变。高温下水泥石收缩，而骨料体积膨胀，两者变形的不协调使试件内部严重损伤。故温度因子明显升高，这种变化随温度的升高而逐渐加剧。

　　不同水泥品种、不同强度等级的混凝土试件的红外热像图特征有所不同，但差别不大，实际工程检测中可不加区分。

　　高温损伤C30混凝土试件红外热像图温度因子和强度损伤见表6-2。从表中以看出，高温作用后混凝土的抗压强度随作用温度的升高，总体呈下降趋势。在20～400℃之间，变化不明显。而温度达到400℃以后，强度急剧下降。900℃后，混凝土破坏已相当严重，残余强度不足10%。

表6-2　C30混凝土试件检测结果

编　号	1	2	3	4	5	6	7	8	9	10
作用温度/℃	常温(20)	100	200	300	400	500	600	700	800	900
温度因子/℃	1.65	1.5	1.65	1.65	1.7	1.85	2.0	2.15	2.15	2.3
抗压强度/MPa	39.5	38.75	38.0	35.05	32.65	25.0	19.75	14.5	13.0	13.5
(R_t/R)/%	100	98.2	96	88.7	82.7	63.3	50.0	36.7	33	8.9
C30普通水泥混凝土试件受火后的外观检查	100℃、200℃无变化，同常温； 300℃、400℃混凝土略显黄色，未见裂缝； 500℃混凝土略显黄色，有2～3条细微裂纹； 600℃混凝土呈青砖色，有2～3条较大裂缝，4～5条裂纹； 700℃颜色比600℃略白，有2～3条宽大通缝，数条小裂缝； 800℃混凝土呈灰白色，有2～3条宽大贯通裂缝，数条小裂缝； 900℃混凝土灰白、略显红色，龟裂状多条通裂缝，表面起皮，有一触即碎的感觉，其中一块用手拿起时即溃散									

　　注：R和R₁分别为常温时和高温作用后混凝土的抗压强度。

　　火灾损伤混凝土试件加热和散热过程中红外热像温度因子的变化曲线见图6-4。利用上述曲线，便可识别和判定结构或构件表面的受火温度。

　　(3) 建立检测分析模型

　　火灾混凝土的损伤程度与其火灾过程密切相关，高温作用时间相同时，损伤程度则取决于作用温度。一般认为火烧温度小于400℃时，混凝土虽然强度有所降低，但冷却后经洒水养护后的强度恢复是可逆的；若火烧温度大于400℃，混凝土受高温损伤后，其强度恢复是不可逆的，火灾灼烧的温度愈高，试件损伤程度愈严重。因此，鉴定火灾损伤构件遭受的温度是十分重要的。

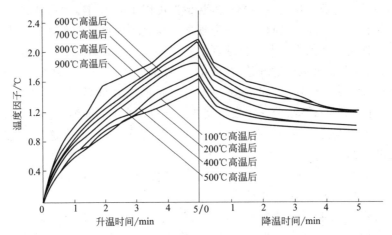

图 6-4　C30 混凝土试件加热和散热过程中红外热像温度因子的变化曲线

由前面分析可知，不同高温、不同损伤程度试件的红外热像图有显著的差别，在红外热像图中表现为红外热像温度因子的差异。本节根据建模试验数据，对混凝土遭受温度 T（℃）和红外热像温度因子 $\overline{\Delta T}$（℃）进行了回归建模分析。

① 红外热像温度因子 $\overline{\Delta T}$ 与混凝土遭受火灾温度 T 的分析模型　强度等级为 C30、C20 及其综合的火灾混凝土 $\overline{\Delta T}$-T 回归分析结果见图 6-5～图 6-7。结果表明：混凝土红外热像温度因子 $\overline{\Delta T}$ 与受火温度 T 存在较好的相关性，回归方程的相关系数均≥0.95。

利用上述红外热像温度因子与受火温度之间的回归模型，便可识别和推定火灾损伤混凝土表面受火温度。

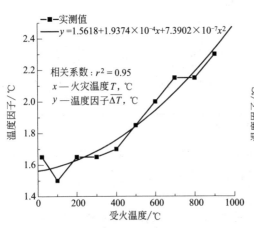

图 6-5　C30 混凝土 $\overline{\Delta T}$-T 回归曲线

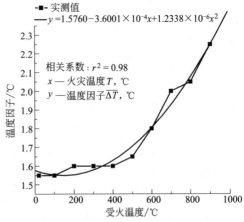

图 6-6　C20 混凝土 $\overline{\Delta T}$-T 回归曲线

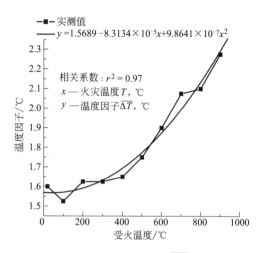

图 6-7　不区分强度等级混凝土 $\overline{\Delta T}\text{-}T$ 回归曲线

② 红外热像温度因子与试件强度损失的分析模型　火灾损伤混凝土红外热像温度因子 $\overline{\Delta T}$ 与试件强度损失 f_{cuT}/f_{cu} 之间的回归分析结果见图 6-8～图 6-10。结果表明：混凝土红外热像温度因子 $\overline{\Delta T}$ 与试件强度损失 f_{cuT}/f_{cu} 存在较好的相关性，回归方程的相关系数均 $\geqslant 0.98$。

由于实验研究中，采用的试件为边长为 100mm 的立方体试件，高温热处理过程中，同等条件下，小试件要比标准试件损伤严重些。故实际火灾中，当火灾持续时间约为 1.0（较大构件）～1.5h（较小构件）时，利用上述红外热像温度因子 $\overline{\Delta T}$ 与试件强度损失 f_{cuT}/f_{cu} 之间的回归模型，便可推定受损混凝土遭受火灾高温作用后强度的损失。

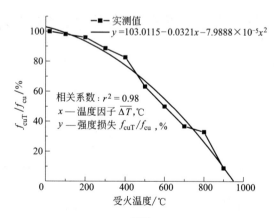

图 6-8　C30 混凝土 $\overline{\Delta T}\text{-}f_{cuT}/f_{cu}$ 回归曲线

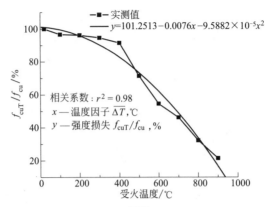

图 6-9　C20 混凝土 $\overline{\Delta T}$-f_{cuT}/f_{cu} 回归曲线

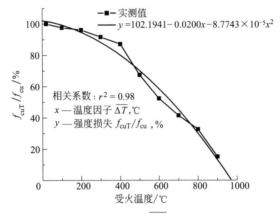

图 6-10　不区分强度等级 $\overline{\Delta T}$-f_{cuT}/f_{cu} 回归曲线

6.3　高强、高性能混凝土火灾损伤红外热像检测分析

6.3.1　建模实验

（1）试件制备

① 原材料　水泥 P.O 42.5；标准砂；粗集料：5~25mm 粒级的石灰石碎石；细集料：细度模数 2.93 且级配优良的河砂；硅灰：埃肯微硅粉；矿渣：S95 级矿渣微粉；减水剂：聚羧酸高性能减水剂；聚丙烯纤维：束状单丝，直径 48μm，长度 8mm。

② 混凝土配合比　设计了 C60 高强、高性能混凝土，基准配合比见表 6-3，掺聚丙烯纤维混凝土按纤维体积掺量调整配合比中各材料用量。

③ 成型及养护　机械搅拌、振实。试件尺寸分为立方体试块 150mm×150mm×

150mm 和棱柱体试块 150mm×150mm×300mm 两种；其中 8 组供高温热处理，1 组作为常温基准组。养护：标准养护 28d，室内存放(48±1)h 以上备用。

表 6-3　C60 高强、高性能混凝土的基准配合比　　　单位：kg/m³

材料名称	水泥	粉煤灰	矿粉	砂子	石子	水	减水剂	聚丙烯纤维
混凝土	412.0	55.2	83.2	711.2	1024	165.2	12.64	0

（2）高温处理

模拟火灾温度分别为 300℃、400℃、500℃、600 ℃、700℃、800℃和 900℃，常温作为基准组，共 8 个温度等级。采用 SRJX 型箱式电阻炉加热，在试件中心处预埋热电偶，热电偶达到预定温度等级后，恒温 0.5h，认为试件烧透，取出试件在空气中进行自然冷却至常温。

（3）红外检测方法

实验采用 TH9100WV 型红外热像仪拍摄不同火灾温度作用后混凝土试件的红外热成像图。实验过程中，红外热像仪辐射率设为 0.92，热激励源采用红外线灯泡，实验时混凝土外加热源与试件表面距离设置为立方体试件 1.5m，棱柱体试件 1m；照射方式为常温的照一张，以后每隔 30s 自动照一张，最长加热时间为 3min，散热时间为 3min。共照 13 张。实验采用主动式加热，单面法检测方式进行检测。采集并分析红外图像，得出混凝土试件红外平均温升值。

（4）高强、高性能混凝土力学性能试验

本试验按照普通混凝土力学性能测定方法测试。随着受火温度升高，总体混凝土抗压强度呈下降趋势。200～300℃后强度有小幅度回升，原因可能是在较高温度下混凝土内部的蒸养作用及游离水不断蒸发使水泥黏结更加紧密，另外凝胶体在低温度下的脱水使得其与骨料的结合程度加强，一定程度上抵消了水泥石-骨料界面的黏结损伤而导致的强度损失。掺纤维混凝土抗压强度比略高于素混凝土，原因可能是纤维熔化释放了混凝土内部升高的蒸汽压力，改善了高温后混凝土性能，混凝土的强度有所提高。

高温损伤 C60 混凝土试件红外热像图温度因子和强度损伤见表 6-4。从表中可以看出，混凝土的抗压强度随受火温度的升高，大致呈下降趋势。在 20～400℃之间，变化不明显；而温度达到 400℃以后，强度急剧下降；900℃后，混凝土破坏已相当严重，残余强度只有 15.2%。

6.3.2　红外热像特征分析及建模

（1）高温损伤 PHC 试件的红外热像特征信息分析

① 不掺纤维的 HPC 红外热像特征信息分析　图 6-11～图 6-14（见文后彩插）为不掺纤维的 HPC 在受火温度为 20℃、300℃、500℃、700℃时外源加热 0min、1.5min、3min 和散热 1.5min、3min 过程中表面红外图像特征图。

表 6-4 C60 高强、高性能混凝土试件检测结果

编 号	1	2	3	4	5	6	7	8
作用温度/℃	常温(20)	300	400	500	600	700	800	900
温度因子/℃	2.2	2.35	2.56	2.63	2.67	2.7	2.83	2.95
抗压强度/MPa	73.1	67.7	66.3	41.2	40.8	21.6	19.2	11.1
$(R_t/R)/\%$	100	92.6	90.7	56.4	55.8	29.5	26.3	15.2
C60 高强、高性能混凝土试件受火后的外观检查	① 20℃试件表面无裂纹,颜色呈青色 ② 300℃试件表面有很少微裂纹,裂纹宽度≤0.2mm,表面颜色为淡青色 ③ 400℃试件表面分布有少量网状系裂纹,颜色呈土黄带红色 ④ 500℃试件表面有 2~3 条裂缝出现,宽度≤0.3mm,表面颜色为土黄色 ⑤ 600℃试件表面有 3~4 条裂缝,一般裂缝宽度 0.4~0.5mm。表面有很多微裂纹。表面颜色为灰白色泛黄。有龟裂 ⑥ 700℃龟裂更严重,网状裂缝宽度继续扩大,少数 3~4 条宽度约为 0.5~0.6mm,小的为 0.3mm 左右,颜色为黄色泛白 ⑦ 800℃试件表面有 2~3 条贯通表面的裂缝,宽度约为 0.6mm,分布在试件表面的多数网状裂缝也增多增大,表面严重疏松,颜色泛白 ⑧ 900℃试件表面有许多网状裂纹,宽度 0.3~1mm,有 3~4 条 1mm 宽度的大裂缝分布于试件棱边并向中心延伸长约 20~40mm,局部爆裂,严重疏松。颜色为灰白色或白色							

注:R 和 R_t 分别为常温时和高温作用后混凝土的抗压强度。

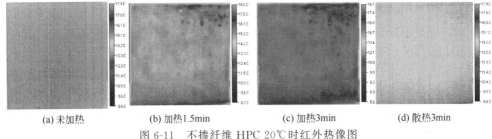

(a) 未加热　　(b) 加热1.5min　　(c) 加热3min　　(d) 散热3min
图 6-11　不掺纤维 HPC 20℃时红外热像图

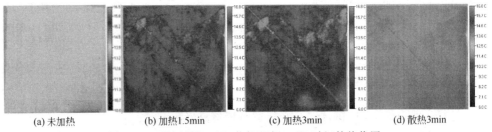

(a) 未加热　　(b) 加热1.5min　　(c) 加热3min　　(d) 散热3min
图 6-12　不掺纤维 HSC 火灾温度 300℃时红外热像图

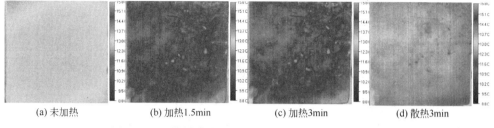

图 6-13 不掺纤维 HSC 火灾温度 500℃时红外热像图

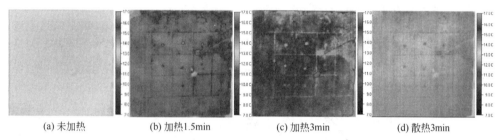

图 6-14 不掺纤维 HSC 火灾温度 700℃时红外热像图

由图 6-11～图 6-14 可看出：火灾温度在 300℃以下时，试件的红外热像图温度分布较均匀，没有明显的热斑。在 300℃以后，随着火灾温度的升高，在试件的边缘部位有热斑出现，火灾温度越高热斑越明显，热斑面积越大。表明随着火灾温度的升高试件损伤趋于严重。在同一火灾温度下用外源加热，随着加热时间的增长，热像图温度明显升高，颜色由绿色或浅红色逐渐变成红色甚至出现发白的热斑。加热停止后试件表面温度逐渐降低，颜色由红色逐渐褪变成浅绿色。

图 6-15 和图 6-16 分别为自然冷却和喷水冷却方式后不掺纤维 HPC 不同火灾温度红外温升随时间的曲线图，图中由下至上曲线分别为 20℃，受火 300℃、500℃、700℃曲线；v0p1、v0p2、v0p3、v0p4 表示不掺纤维 HPC 自然冷却方式相应各受火温度的曲线，v0p1′、v0p2′、v0p3′、v0p4′表示不掺纤维 HPC 喷水冷却方式相应各受火温度的曲线。

由图 6-15 和图 6-16 可知：不掺纤维的 C60HPC 经过不同的温度作用及两种不同冷却方式后，其平均温升均随作用温度升高而增大。图中前 3min 为加热阶段，升温比较快；在后 3min 为散热阶段，在 3.0～4.5min 段散热速度比较快，后 2min 散热较慢。相同作用温度后，经自然冷却的试件比喷水冷却的试件温升低，表明喷水冷却的试件比自然冷却的试件损伤严重，间接表明实际工程中消防灭火可能加剧混凝土结构的高温损伤。

② 掺 1kg/m³ 纤维的 HPC 红外热像特征信息分析　图 6-17～图 6-20（见文后彩插）为掺 1kg/m³ 的 HPC 在 20℃，受火温度为 300℃、500℃、700℃时外源加热 0min、1.5min、3min 和散热 1.5min、3min 过程中表面红外图像特征图。

由图 6-17～图 6-20 可知：常温时（20℃），试件的热像图温度分布较均匀。在

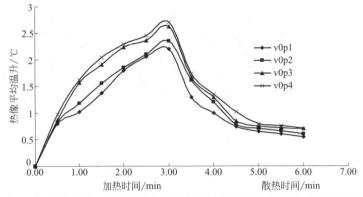

图 6-15　不掺纤维 HPC 不同火灾温度温升随时间的曲线图（自然冷却）

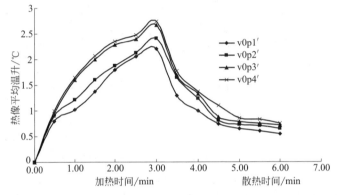

图 6-16　不掺纤维 HSC 不同火灾温度温升随时间的曲线图（喷水冷却）

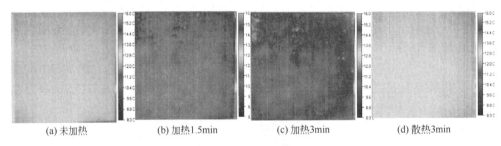

(a) 未加热　　　(b) 加热1.5min　　　(c) 加热3min　　　(d) 散热3min

图 6-17　掺 1kg/m³ 纤维 HSC 火灾温度 20℃时红外热像图

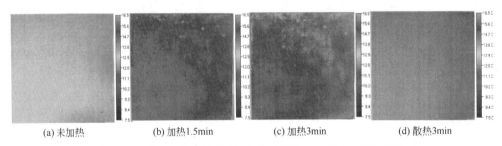

(a) 未加热　　　(b) 加热1.5min　　　(c) 加热3min　　　(d) 散热3min

图 6-18　掺 1kg/m³ 纤维 HSC 火灾温度 300℃时红外热像图

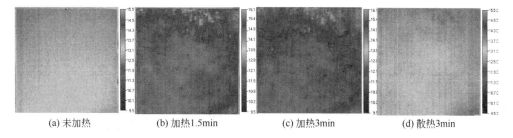

(a) 未加热　　(b) 加热1.5min　　(c) 加热3min　　(d) 散热3min

图 6-19　掺 1kg/m³ 纤维 HSC 火灾温度 500℃ 时红外热像图

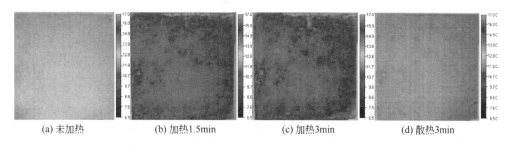

(a) 未加热　　(b) 加热1.5min　　(c) 加热3min　　(d) 散热3min

图 6-20　掺 1kg/m³ 纤维 HSC 火灾温度 700℃ 时红外热像图

300℃以后，加热 1.5min 后在试件的边缘就出现了热斑。随着受火温度的升高，边缘部位的热斑更加明显，受火温度越高热斑越明显，热斑面积越大。热斑部位表面出现空鼓或石子外露。表明随着火灾温度的升高，试件损伤越来越严重。在同一受火温度下，试件表面的温度变化和不掺纤维试件的变化基本相同。

图 6-21 和图 6-22 分别为自然冷却和喷水冷却方式后掺纤维 HPC 不同火灾温度红外温升随时间的曲线图，图中由下至上曲线分别为 20℃，受火 300℃、500℃、700℃曲线；v1p1、v1p2、v1p3、v1p4 表示掺 1kg/m³ 纤维 HPC 自然冷却方式相应各受火温度的曲线；v1p1′、v1p2′、v1p3′、v1p4′ 表示掺 1kg/m³ 纤维 HPC 喷水冷却方式相应各受火温度的曲线。

由图 6-21 和图 6-22 可知：掺 1.0kg/m³ 纤维的 HPC 经不同的方式冷却后，其热像平均温升随加热时间的变化规律和不掺纤维的 HPC 试件情况一致。

棱柱体试件的红外热像特征信息分析其热像平均温升随加热时间的变化规律和前述情况一致，这里不作累述。

（2）建立检测分析模型

① 红外热像温升与混凝土立方体试件受火温度及力学性能的关系　红外热像温升与混凝土立方体试件受火温度及力学性能的检测分析模型见表 6-4。

② 红外热像温升与混凝土棱柱体试件受火温度及力学性能的关系　红外热像温升与混凝土棱柱体试件受火温度及力学性能的关系如图 6-23、图 6-24、表 6-5 所示。

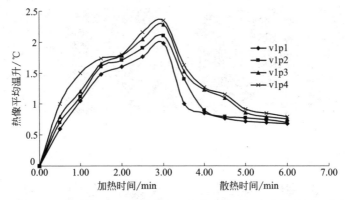

图 6-21　掺 1kg/m³ 纤维 HSC 不同火灾温度温升随时间变化曲线图（自然冷却）

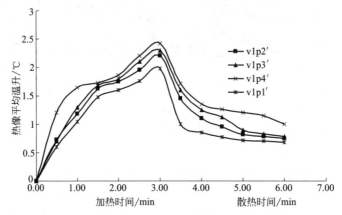

图 6-22　掺 1kg/m³ 纤维 HSC 不同火灾温度温升随时间变化曲线图（喷水冷却）

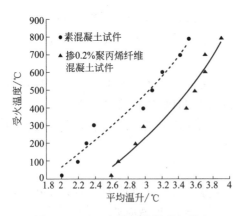

图 6-23　HPC 红外平均温升与受火
温度的关系

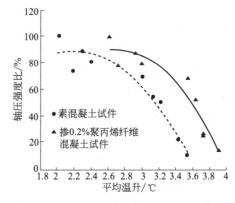

图 6-24　HPC 红外平均温升与轴心
抗压强度比的关系

表 6-5　C60 混凝土红外热像温升与混凝土受火温度及力学性能的检测分析模型

C60	温度区间/℃	x	y	回归方程	相关系数 r^2
立方体 HPC	20～900	红外平均温升	受火温度	$y=1131.6x-2411.8$	0.97
			抗压强度比	$y=-126.90x+388.49$	0.91
			劈拉强度比	$y=126.58x^2-775.12x+1193.88$	0.98
立方体 PPHPC	20～900	红外平均温升	受火温度	$y=1452.02x-2779.47$	0.97
			抗压强度比	$y=-166.34x+448.33$	0.90
			劈拉强度比	$y=91.19x^2-288.56x+914.82$	0.96
棱柱体 HPC	20～800	红外平均温升	受火温度	$y=104.55x^2-107.49x-140.79$	0.96
			轴压强度比	$y=-42.885x^2+187.85x-117.61$	0.91
棱柱体 HPC	20～800	红外平均温升	受火温度	$y=178.59x^2-617.7x+464.15$	0.95
			轴压强度比	$y=-56.126x^2+304.69x-323.92$	0.91

6.4　混凝土火灾损伤的红外热像诊断与评估

（1）根据混凝土表面受火温度评估损伤等级

通过对受火混凝土结构构件进行红外热像检测，求得红外热像温度因子，然后根据红外热像温度因子在加热和散热过程中的变化曲线，或者根据建立的红外热像温度因子与受火温度之间的检测分析模型，识别和推定混凝土结构构件表面受火温度。

综合国内外相关资料，针对混凝土结构构件高温损伤温度拟定损伤等级为四级，分级标准为：

Ⅰ级——轻微损伤或无损伤。混凝土表面受火温度低于 400℃。

Ⅱ级——中度损伤。混凝土表面受火温度约为 400～500℃。

Ⅲ级——较严重损伤。混凝土表面受火温度约为 600～700℃。

Ⅳ级——严重损伤。混凝土表面受火温度大于 700℃。

（2）根据混凝土受火面积评估损伤等级

构件损伤程度不仅与受火温度密切相关，还与受火面积有直接的关系。勘察时可用温度超过 500℃的面积比作为初步勘察步骤中判定损伤严重程度的依据之一。

利用红外热像温度因子、温度与强度损失之间的回归模型，便可推定火灾混凝土的强度损失。

定义结构构件受火温度超过 500℃的面积 $S_{500℃}$ 与构件总表面积 $S_总$ 的比值，为高温损伤的"面积因子"：

$$P=\frac{S_{500℃}}{S_总}$$

针对混凝土结构构件高温损伤面积拟定损伤等级为三级，分级标准如下：

① 墙板类构件：

a 级——轻微损伤。面积因子 $P<0.3$。

b 级——中度损伤。面积因子 P 在 $0.3\sim0.5$ 之间。

c 级——严重损伤。面积因子 $P>0.5$。

② 矩形截面的梁或柱：

a 级——轻微损伤。矩形截面仅有一面有部位温度超过 500℃，且面积因子 $P<0.3$。

b 级——中度损伤。相邻两面有部位温度超过 500℃，面积因子 P 在 $0.3\sim0.5$ 之间。

c 级——严重损伤。三面以上或相对两面有部位温度超过 500℃，面积因子 $P>0.5$。

（3）根据火灾混凝土残余强度评估损伤等级

火灾混凝土损伤红外热像检测分析主要用以识别和推定混凝土结构构件表面受火温度，推定混凝土强度损失为辅。若受火时间约为 1.0（较大构件）～1.5h（较小构件）时，利用表 6-5 中红外热像温度因子与强度损失之间的回归模型，便可推定火灾混凝土的强度损失。

综合国内外相关资料，针对火灾混凝土强度损失拟定损伤等级为四级，分级标准为：

Ⅰ级——轻微损伤。混凝土强度损失小于 20%。

Ⅱ级——中度损伤。混凝土强度损失约为 20%～30%。

Ⅲ级——较严重损伤。混凝土强度损失约 50%。

Ⅳ级——严重损伤。混凝土强度损失大于 60%。

6.5 混凝土火灾损伤红外热像检测技术规程

（1）受检结构或构件

① 火灾混凝土结构或构件应冷却至常温；

② 去除受检混凝土结构或构件表面火灾残留装饰层的熔融物或黑烟灰；

③ 混凝土表面应该是干燥的。

（2）外加热源

① 外加热源同时使用四只红外线灯泡（220V，275W）；

② 外加热源与试件表面的距离为 1m，加热时间为 5min。

（3）环境要求

通过热像仪 CAL 键校正环境温度。

环境中应没有烟雾和过多的水蒸气。因为水蒸气、二氧化碳、尘埃等对红外线有较大的吸收和散射作用，影响红外热像检测的准确性。

（4）检测参数设置

① 选定正确的温度范围，在火灾后冷却状态下对火灾混凝土构件进行检测，温度范围：$-50 \sim 200℃$。

② 根据被检测材料的特性，设置相应的辐射率，混凝土的辐射率为 0.92，水泥砂浆的辐射率为 0.93。

③ 根据检测设计方案及内容，设置合适的帧像时间。

④ 设置适当的信噪比，以提高温度分辨率和检测精度。

⑤ 自动或手动聚焦，设置灵敏度、温度水平，以满足检测要求。

第7章
钢筋混凝土火灾损伤电化学诊断理论与方法

　　钢筋作为钢筋混凝土结构的主要建材之一，在钢筋混凝土结构中具有至关重要的作用。当钢筋混凝土遭受火灾损伤时，准确地推定钢筋部位的温度场，进而判定钢筋的力学性能是否已发生变化，是钢筋混凝土构件火灾损伤评估的重要内容之一。

　　前述红外热像法是根据混凝土表层的红外辐射状况，推定混凝土结构构件表面受火温度，其直接检测对象是混凝土表面，而对混凝土结构物内部的钢筋损伤情况则无法判断。因此，本章以火灾损伤混凝土结构中的钢筋为直接检测和分析对象，探索采用电化学方法分析判定火灾混凝土构件中钢筋受火温度和力学性能损伤情况以及混凝土保护层处的温度状况。

7.1　钢筋混凝土火灾损伤电化学分析理论依据

7.1.1　钢筋混凝土火灾损伤电化学检测分析理论依据

　　混凝土经受高温灼烧时，水泥水化产物会产生一系列脱水相变，尤其是 $Ca(OH)_2$ 在 $450\sim500℃$ 会失去结合水形成 CaO，导致混凝土中性化，以致使钢筋锈蚀，这是一个电化学过程。

　　通常状态下钢筋在混凝土中不会锈蚀，这是因为水泥水化形成大量的 $Ca(OH)_2$，使混凝土内部 pH 值高达 $12.5\sim13.5$，钢筋在这种高碱度环境中，由于初始的电化学腐蚀作用，会迅速形成一层非常致密的、厚度约 $2m\times10^{-8}m$ 的 Fe_3O_4-Fe_2O_3（尖晶石固溶体）的保护膜，称为钝化膜，它牢牢吸附于钢筋表面，使钢筋难以继续进行阳极反应，从而阻止了钢筋锈蚀。但当混凝土中 $Ca(OH)_2$ 分解产生中性化，将会导致钢筋钝化膜破坏，使钢筋发生锈蚀反应，因此可以借鉴钢筋锈蚀的电化学分析方法，通过检测钢筋锈蚀的电化学参数，分析火灾混凝土中性化程度和钢筋钝化膜状态；从而推定混凝土保护层处和钢筋遭受的温度情况，并进而判定和评估混凝土损伤深度是否到达保护层和钢筋损伤情况。

7.1.2 钢筋混凝土火灾损伤的电化学检测基本原理

（1）线性极化法基本原理

常用的电化学方法是线性极化法，基本原理如下：

极化测量是指在测量时，有电流从腐蚀金属电极流向外电路，并有电流从外电路流向腐蚀金属电极。有外电流通过的电极称为极化电极。

对于极化电极，电化学测量时可以测出两个变量：一个是外电流，称为极化电流；单位腐蚀金属电极面积表面上流过的极化电流，称为极化电流密度（ΔI）。另一个是极化电极的电位，称为极化电位（E）。极化电位与腐蚀金属的自腐蚀电位（E_{corr}）的差值称为极化值，即：

$$\Delta E = E - E_{corr} \tag{7-1}$$

式中，E 为极化电位；E_{corr} 为自腐蚀电位；ΔE 为极化值。

根据电化学动力学理论和混合电位理论可以推出，在 ΔE、ΔI 与自腐蚀电流密度（I_{corr}）间存在下面的速度方程式：

$$\Delta I = I_{corr} \left(\exp \frac{2.303 \Delta E}{b_a} - \exp \frac{-2.303 \Delta E}{b_c} \right) \tag{7-2}$$

式中，b_a、b_c 称为阳极和阴极过程的 Tafel 常数，它们是与电极反应机理有关的常数。

当 ΔE 很小时，将速度方程式（7-2）化简得到：

$$\frac{\Delta E}{\Delta I} = \frac{b_a b_c}{2.303(b_a + b_c)} \times \frac{1}{I_{corr}} \tag{7-3}$$

式中，$\frac{\Delta E}{\Delta I}$ 为极化电阻，以 R_p 表示，$R_p = \frac{\Delta E}{\Delta I}$。 \tag{7-4}

将 R_p 代入（7-3）式即得到 Stern-Geary 方程式：

$$I_{corr} = \frac{b_a b_c}{2.303(b_a + b_c)} \times \frac{1}{R_p} = \frac{B}{R_p} \tag{7-5}$$

由于电化学腐蚀是金属与电解质溶液作用进行电化学过程的结果。腐蚀的过程中，作为阳极的金属不断地失去电子，结果金属被溶解而遭受腐蚀。因此，金属的腐蚀量与电量之间有一定的关系，即服从法拉第定律：

$$K = \frac{QA}{Fn} = \frac{I_{corr} StA}{Fn} \tag{7-6}$$

式中，K 为金属腐蚀量；Q 为流过的电量（t 秒内）；I_{corr} 为腐蚀电流密度；n 为金属的价数；A 为金属的原子量；F 为法拉第常数；S 为电极表面积。

所以在应用线性极化方法测量钢筋锈蚀速度时，只需测出锈蚀电流密度，即可通过法拉第定律计算得出钢筋的瞬间锈蚀速度。

当钢筋表面有水分存在时，就发生铁电离的阳极反应和溶解态氧还原的阴极反应，相互以等速进行，此即呈活化态钢筋表面所进行的锈蚀反应的电化学机理，其反应式为：

阳极区：$\qquad 2Fe \longrightarrow 2Fe^{2+} + 4e$

阴极区：$\qquad 4e + 2H_2O + O_2 \longrightarrow 4OH^-$

总反应：$\qquad 2Fe + O_2 + 2H_2O \longrightarrow 2Fe^{2+} + 4OH^- \longrightarrow 2Fe(OH)_2$

处于不同电化学状态的钢筋，其腐蚀电位是不同的。钢筋在钝化时，其腐蚀电位升高，而由钝化态转为活化态时，其腐蚀电位降低。同时，在腐蚀过程中，在钝化区和活化区之间可形成宏观腐蚀电池，根据钢筋混凝土电位和腐蚀电流的变化可以判断钢筋的腐蚀状态。

（2）火灾钢筋混凝土电化学参数

① 混凝土表面电势 E_s（锈蚀电势 E_{corr}） 当钢筋混凝土受高温灼烧至混凝土产生中性化时，钢筋表面将发生电化学反应，该电化学反应是基于正在锈蚀的阳极区与不进行锈蚀的阴极区之间有电势差，使混凝土中有离子移动，由于混凝土具有较大的电阻，这种离子移动会使混凝土表面具有电势差。因此，当钢筋混凝土中性化、内部钢筋钝化膜被破坏时，会使钢筋表面形成腐蚀原电池，并且表现为钢筋混凝土表面电势发生较大幅度负位移。该表面电势 E_s 起因于钢筋表面的锈蚀电势 E_{corr}，因而 $E_s = E_{corr}$。

② 电流密度 对于不可逆电极反应，阳极反应和阴极反应的电流密度可表为下列两式：

$$I_a = I_{0,a} \exp\left(\frac{E - E_{e,a}}{\beta_a}\right) \qquad (7-7)$$

$$I_c = -I_{0,c} \exp\left(\frac{E - E_{e,c} - E}{\beta_c}\right) \qquad (7-8)$$

式中，$E_{e,a}$ 为阳极反应平衡电位；$E_{e,c}$ 为阴极反应平衡电位；β_a 为阳极反应自然对数 Taffel 斜率；β_c 为阴极反应自然对数 Taffel 斜率；$I_{0,a}$ 为阳极反应交换电流密度；$I_{0,c}$ 为阴极反应交换电流密度。

$E_{e,a}$ 和 $E_{e,c}$ 是阳极反应和阴极反应的平衡电位，主要取决于反应本身的性质以及反应时各反应物在溶液中的活度；β_a 和 β_c 是阳极反应和阴极反应的自然对数 Taffel 斜率，它们分别同阳极反应和阴极反应中带电荷的粒子穿越金属/溶液界面的双电层的过程有关；交换电流 $I_{0,a}$ 和 $I_{0,c}$ 分别同阳极溶解反应和氧化剂阴极还原反应的活化能位垒高度有关。

混凝土中的钢筋锈蚀时发生的氧化反应是不可逆的，所以阳极反应和阴极反应的电流密度遵循上述两式。

假设钢筋表面发生的电化学反应是均匀的，则火灾混凝土钢筋电极表面各部分阳极反应电流密度与阴极反应电流密度的绝对值相等，且都等于锈蚀电流密度 I_{corr}。

所以，在等于锈蚀电势 E_{corr} 时有：

$$I_a = |I_c| = I_{corr} \tag{7-9}$$

将式（7-7）和式（7-8）代入式（7-9）：

$$I_{0,a} \exp\left(\frac{E_{corr} - E_{e,a}}{\beta_a}\right) = I_{0,c} \exp\left(\frac{E_{e,c} - E_{corr}}{\beta_c}\right) \tag{7-10}$$

两边取对数并化简：

$$E_{corr} = \frac{\beta_a \beta_c}{\beta_a + \beta_c}(\ln I_{0,c} - \ln I_{0,a}) + \frac{1}{\beta_a + \beta_c}(\beta_a E_{e,c} + \beta_c E_{e,a}) \tag{7-11}$$

又由式（7-9）可推出：

$$I_{corr} = I_a \frac{\beta_a}{\beta_a + \beta_c} |I_c| \frac{\beta_c}{\beta_a + \beta_c} \tag{7-12}$$

将式（7-9）和式（7-10）代入式（7-12）：

$$I_{corr} = I_{0,a} \frac{\beta_a}{\beta_a + \beta_c} I_{0,c} \frac{\beta_c}{\beta_a + \beta_c} \exp\left(\frac{E_{e,c} - E_{e,a}}{\beta_a + \beta_c}\right) \tag{7-13}$$

分析式（7-11）和式（7-13）可知，锈蚀电势 E_{corr} 和锈蚀电流密度 I_{corr} 随 $E_{e,a}$ 和 $E_{e,c}$、β_a 和 β_c 以及 $I_{0,a}$ 和 $I_{0,c}$ 变化的规律互不相同。未受火灾损伤的钢筋混凝土，其表面电势在一定的范围值内即处于钝化电位区域。当火灾导致混凝土中性化，使混凝土中的钢筋由钝化状态转变为活化状态时，钢筋的锈蚀电势从钝化电位区转变到活化电位区，发生较大的负位移，此负位移表现为混凝土表面电势发生较大的负位移。与此同时，钢筋由于表面钝化层遭破坏而开始锈蚀，其锈蚀电流密度剧烈变大几个数量级。因此，可以根据钢筋混凝土表面电势的负位移变化和锈蚀电流密度的变化判定混凝土中性化程度是否达到钢筋表层，导致钢筋钝化膜破坏，据此判定钢筋在火灾过程中的温度场。

前面分析过，火灾过程中钢筋部位温度场若大于 500℃，冷却后钢筋的屈服强度及钢筋与混凝土的黏结强度都会显著降低，因此鉴别钢筋火灾过程其所处温度场是否大于 500℃，是鉴定其损伤状态的关键参数。根据 $Ca(OH)_2$ 热分析谱可知，其脱水分解温度为 450～500℃，而 $Ca(OH)_2$ 相变正是混凝土中性化导致钢筋钝化膜破坏的直接原因，因此可通过鉴定检测钢筋钝化膜是否破坏，来确定钢筋在火灾过程中是否受到大于 500℃ 温度的灼烧，从而判定钢筋混凝土的损伤状况。由此可见，电化学方法用于火灾钢筋混凝土的钢筋损伤鉴定是有充分理论依据的。

7.2 钢筋混凝土火灾损伤电化学分析模型

7.2.1 建模实验

（1）混凝土原材料及试件制备

① 原材料 P.O 水泥 42.5；石子：碎石 5～25cm；砂：中砂；钢筋：Φ10 圆钢。

② 混凝土配合比 水泥：砂：石：水＝385：610：1220：220（质量比）。

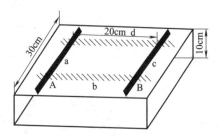

图 7-1　钢筋混凝土板尺寸及配筋图

③ 试件制备　浇筑钢筋混凝土板 9 块，如图 7-1 所示。混凝土保护层厚度为 2.5mm，钢筋网均预先引出导线供检测用，将试件标准养护至 28d 后备用。试件尺寸：30mm×30mm×10mm，钢筋的摆放有井字形和十字交叉形两种。

④ 养护　标准养护 28d 后取出置于室内自然环境中备用。

（2）模拟火灾损伤试验

① 高温试验设备　本高温试验使用上海科成工业炉设备厂生产的 DRX-36 型混凝土高温试验炉。该设备采用螺旋状电加热元件作为加热源在炉内辐射加热，能耗低，加热速率高，温度均匀性好。炉膛尺寸为 500mm×600mm×700mm；功率为 36kW；允许最高工作温度为 1000℃。

②受火温度设定　由于水泥水化产物 $Ca(OH)_2$ 脱水分解温度为 450~500℃，而 $Ca(OH)_2$ 相变正是混凝土中性化导致钢筋钝化膜破坏的直接原因，因此本试验设定受火温度从 500℃ 起，间隔 100℃，分 500℃、600℃、700℃、800℃、900℃ 五个温度等级。

③ 恒温时间设定　试件在炉膛内升温至预定温度等级后，恒温保持 1.5h，然后炉内降温冷却。

④ 试验仪器　试验仪器主要为测量钢筋锈蚀速率的 GECOR6 钢筋锈蚀仪，属恒流护环仪，如图 7-2 所示。GECOR6 主要由三个部件构成，测量仪本身和两个独立的测量探头 A 和 B。探头 A 用于测量锈蚀速率 I_{corr}（$\mu A/cm^2$），腐蚀电势 E_{corr}（mV，相对于 $Cu/CuSO_4$ 参比电极）；探头 B 用于测量混凝土电阻、环境相对湿度和环境温度。

(a) GECOR6测量仪　　　　(b) 探头A　　　　(c) 探头B

图 7-2　CECOR6 混凝土中钢筋锈蚀速率测量仪

（3）电化学检测方法

① 测点布置　选择测点时应注意让钢筋或钢筋的交叉部位经过 GECOR6 钢筋锈蚀仪探头 A 的中心，以便于计算受电化学扰动的钢筋表面积。

本试验井字形试件在边框中部取 a、b、c、d 四个测点，十字交叉形试件除取四点单根钢筋处外，中心对角线钢筋交叉位置再取一个测点，且此处钢筋表面积为单根钢筋测点的两倍。

② 检测混凝土电阻率。

③ 检测混凝土表面电势。

④ 检测混凝土内钢筋锈蚀电流密度。

⑤ 检测中性化深度　中性化深度采用自配的新鲜酚酞试剂滴在凿开的混凝土新鲜断面上，然后量测其深度。

7.2.2　建立检测分析模型

表 7-1 列出了各试件电化学参数检测结果。

表 7-1　钢筋混凝土板试件电化学参数检测结果

编号	温度 /℃	电化学参数			钢筋面积 /cm²	平均中性化深度 /mm
		锈蚀电势 E_{corr}/mV	锈蚀电流密度 $I_{corr}/(\mu A/cm^2)$	电阻率 $R_p/(k\Omega \cdot cm)$		
a	500	−269.1	0.109	0.96	33	10
b		−281.0	0.372	0.89	33	
c		−269.6	0.271	0.74	33	
d		−281.4	0.048	1.06	66	
e		−275.8	0.113	0.69	66	
a	600	−323.5	1.45	0.40	33	16
b		−304.8	0.746	0.45	33	
c		−308.7	0.703	0.42	33	
d		−302.4	0.768	0.49	66	
e		−310.8	0.785	0.55	66	
a	700	−315.4	0.389	0.42	33	23
b		−315.8	1.136	0.29	33	
c		−318.6	0.149	0.31	33	
d		−312.5	0.602	0.31	66	
e		−355.1	0.522	0.30	66	
a	800	−397.9	1.277	0.20	33	28
b		−415.5	0.61	0.021	33	
c		−382.6	0.324	0.16	33	
d		−378.5	0.723	0.31	66	
e		−394.7	0.602	0.13	66	
a	900	−495.6	1.277	0.36	33	40
b		−491.0	1.748	0.35	33	
c		−482.4	1.594	0.34	33	
d		−490.2	0.345	0.33	66	
e		−480.5	0.782	0.35	66	
文献数据	明火	−454.9	0.212	12.21	46	45
		−463.8	0.265	12.45	46	47
		−448.3	0.198	13.03	46	50

（1）钢筋损伤状况与锈蚀电势 E_s（E_{corr}）的相关性

有关资料通过大量的混凝土中钢筋锈蚀试验，表明火灾混凝土中钢筋损伤状况与钢筋锈蚀电势 E_s（E_{corr}）有较好的相关性，提出了根据混凝土表面电势判定钢筋钝化膜破坏与否的准则：当表面电势 $E_s > -100mV$ 时，表明钢筋钝化膜未破坏；当 $E_s < -300mV$ 时，表明钢筋钝化膜已破坏开始锈蚀；如果 $-300mV < E_s < -100mV$，需结合 I_{corr} 进一步分析。同时研究证实该准则同样适用于火灾混凝土中钢筋钝化膜是否破坏的判定。

（2）E_s 和 I_{corr} 影响因素分析

为建立钢筋混凝土火灾损伤电化学分析模型，首先需对影响电化学参数 E_s 和 I_{corr} 的因素进行分析，以便在检测过程中尽量克服其他因素的影响，确保分析结果的可靠性。

① 混凝土相对湿度　混凝土内钢筋钝化膜破坏导致钢筋锈蚀的电化学过程，水作为环境介质，因为当混凝土极其干燥时，在钢筋钝化膜-混凝土界面上的阴极区和阳极区之间电阻过大，而使钢筋表面的电化学反应难以进行。因此，采用 GECOR6 钢筋锈蚀率测定仪检测混凝土电化学参数时，根据其工作原理，混凝土的适宜湿度范围应为 RH 50%～85%，在此相对湿度范围以外测得的数据无效。

② 混凝土温度　GECOR6 钢筋锈蚀率测定仪的适宜检测温度范围为 0～50℃，因此，对经受火灾损伤钢筋混凝土的电化学参数检测时，应待其本体温度恢复至常温状态后进行。

实际检测时，在检测电化学参数之前，应先用探头 B 检测混凝土温度和相对湿度，以确认该两项环境参数是否在仪器的有效使用范围内。

③ 混凝土电阻率　在电化学测试实验过程中，发现钢筋锈蚀电流密度测量值与混凝土电阻率测量值之间存在一定的关系。当混凝土电阻率 R_p 升高到 15～20kΩ·cm 时，I_{corr} 有较明显的下降，当 R_p 升高到 25～30kΩ·cm 以上时，钢筋基本上停止锈蚀。因此 I_{corr} 可作为判定钢筋钝化膜是否破坏的辅助判据，尤其是当混凝土表面电势 E_s 处于 -300～$-100mV$ 时更需要根据 I_{corr} 大小进行分析。所以获得相对比较可靠的 I_{corr} 值至关重要。本研究采用固定混凝土电阻率范围原则：只在各测点混凝土电阻率普遍小于 15kΩ·cm 时才实施电化学参数检测。采用该原则可排除混凝土内钢筋钝化膜已破坏，但由于混凝土过于干燥而导致电阻率偏高，出现锈蚀电流密度很小的假象。在实际检测时，可通过向混凝土表面喷水，并待 1～2h 后再进行检测的方式，获取基本上达到测试要求的 R_p 值。

（3）钢筋混凝土火灾损伤电化学分析判据

混凝土中性化深度与钢筋锈蚀电势 E_s（E_{corr}）相关关系的分析判据见表 7-2。

表7-2　钢筋混凝土火灾损伤电化学分析判据

电化学参数判据		钢筋部位温度场判定	钢筋火灾损伤判定
$E_s < -300\text{mV}$		$\geq 500℃$	性能受损
$E_s > -100\text{mV}$		$< 500℃$	性能无损
$-300\text{mV} \leq E_s \leq -100\text{mV}$	$I_{corr} \geq 5I_{corr,正常}$	局部$\geq 500℃$	性能受损
	$I_{corr} < 5I_{corr,正常}$	$< 500℃$	性能无损

注：按表7-2分析判定钢筋火灾损伤状况时，应当满足下列条件：① 混凝土温度 T：$0 \sim 50℃$；② 混凝土相对湿度 RH $50\% \sim 85\%$；③ 混凝土电阻率 $R_p < 15\text{k}\Omega \cdot \text{cm}$。

　　根据上述钢筋锈蚀电势判据，可以准确地判定混凝土中钢筋遭受的温度是否已达到 $500℃$，但实验中也发现存在钢筋锈蚀电势 $E_s < -300\text{mV}$，而实测混凝土中性化深度小于保护层厚度的情况（见表7-1），也可能由于检测中诸多因素的影响所致。对于 E_s 在 -300mV 左右的情况，尚需进一步实验论证。而且钢筋具体遭受的高温温度判据也无法确定，仍需结合其他检测或分析手段（如构件截面温度场分析）来进行综合分析。

　　（4）混凝土中性化深度与钢筋锈蚀电势（E_{corr}）的检测模型

　　混凝土的中性化深度用酚酞酒精法检测，各试件实测的中性化深度见表7-3。

表7-3　各试件中性化深度实测结果

试件编号	1	2	3	4	5	6	7	8	9
中性化深度/mm	0	0	0	10	13	12	45	47	50
备　注	未灼烧			灼烧1h			灼烧2h		

　　混凝土中性化深度与钢筋锈蚀电势 E_s（E_{corr}）的回归方程，如图7-3所示，用以辅助判定混凝土中性化深度。

$$y = 0.1242x - 21.4911 \qquad 相关系数：r^2 = 0.97 \qquad (7\text{-}14)$$

　　式中，x 为钢筋锈蚀电势（E_{corr}），以绝对值代入；y 为混凝土中性化深度，mm。

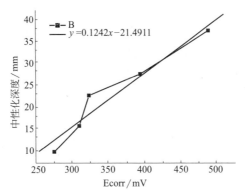

图7-3　锈蚀电势与混凝土中性化深度关系

（5）钢筋锈蚀电势与受火温度的分析模型

钢筋混凝土板，升温到预定温度后恒温 1h，炉冷至 300℃取出置空气中冷却至室温，然后检测电化学参数。

钢筋锈蚀电势与受火温度曲线的回归方程如下，如图 7-4 所示。

$$y = -603.62857 + 1.2716x - 0.00127x^2 \qquad 相关系数 \ r^2 = 0.96 \qquad (7\text{-}15)$$

式中，x 为受火温度，℃；y 为锈蚀电势（E_{corr}）。

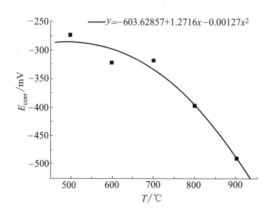

图 7-4　锈蚀电势与受火温度的关系曲线

（6）混凝土中性化深度与受火温度的分析模型

试件升温到预定温度后恒温 1h，炉冷至 300℃取出置空气中冷却至室温，然后检测混凝土中性化深度。

混凝土中性化深度与受火温度的回归方程如下，如图 7-5 所示。

$$y = 0.27699 e^{\frac{x}{0.0344}} \qquad 相关系数 \ r^2 = 0.97 \qquad (7\text{-}16)$$

式中，x 为受火温度，℃；y 为中性化深度，mm。

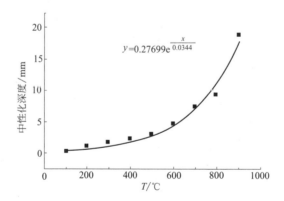

图 7-5　中性化深度与受火温度关系曲线

对于式（7-16）所示的钢筋锈蚀电势与受火温度的分析模型，若已知钢筋混凝土构件表面的受火温度（如通过红外热像检测分析得知），且推定受火持续时间（推定受火持续时间方法见后面章节）约为1h时，则利用该分析模型，可以推定出钢筋混凝土构件中钢筋的电化学参数值——锈蚀电势的大小。该推定值可与实测的锈蚀电势值相互印证；另外，当因某些原因没有锈蚀电势实测值时，该推定值可代替实测锈蚀电势值对钢筋受火温度和受损情况以及混凝土损伤深度是否达到保护层进行评判。式（7-16）推定值也可与实测的锈蚀电势值评判准则相互验证。

7.3　钢筋混凝土火灾损伤的电化学诊断与评估

（1）钢筋损伤情况的诊断与评估

① 首先评判钢筋受火温度　根据上节建立的"钢筋火灾损伤电化学分析判据"进行判定，式（7-15）所示的钢筋锈蚀电势与受火温度的分析模型辅助评判。

② 其次是钢筋损伤情况推定　经上述评定，若诊断评估为钢筋受火温度大于500℃，则意味着钢筋力学性能受到了损伤。钢筋力学性能的损伤可通过后面章节中温度场分析后，利用温度场中钢筋部位遭受的作用温度作为钢筋的受火温度代入相关方程或计算模型推定钢筋力学性能如 σ_s、σ_b、E 的损伤情况。

（2）混凝土中性化深度的诊断与评估

① 首先判断混凝土中性化深度是否达到保护层　根据上节建立的"钢筋火灾损伤电化学分析判据"进行判定，式（7-16）所示的混凝土中性化深度与受火温度的分析模型辅助评判。

② 其次确定混凝土中性化深度值　混凝土中性化深度值的诊断与评估同上节所述，或者采用酚酞试剂实测。

7.4　钢筋混凝土火灾损伤电化学检测技术规程

（1）混凝土表面处理

在实施检测前应对测点处混凝土进行表面处理，先除去砂浆、石灰等粉刷层，如混凝土表面有剥落也应除去。

（2）确定混凝土内钢筋位置和直径

钢筋位置和直径的准确性决定所计算受电化学扰动的钢筋表面积，因而决定了检测混凝土内钢筋锈蚀电流密度的准确性。

一般可通过查阅工程资料来确定混凝土内钢筋位置和直径，如无法查阅也可应用磁感仪检测混凝土内钢筋位置和直径。

（3）确定混凝土内钢筋网的连续性

在钢筋网上相距较远的两处，使钢筋露出，连接导线并测量它们之间的电阻，除去测量导线的电阻后，若小于 1Ω，方可认为导线间的钢筋网具有电连续性。不连续的钢筋网将导致错误的检测结果。

（4）选择测点

测点排布可根据钢筋网的排布而定，选择测点时应注意让钢筋或钢筋的交叉部位经过 GECOR6 钢筋锈蚀仪探头 A 的中心，以便于计算受电化学扰动的钢筋表面积。

（5）检测混凝土表面电势 E_s

检测混凝土表面测点电势前，应先将混凝土表面润湿，或在混凝土表面测点与探头 A 之间垫上湿海绵以改善探头与混凝土表面之间的电接触。

检测结束后，按表 7-2 判据分析检测结果。

如果判断混凝土内钢筋钝化膜未遭破坏，则检测结束。如果 $-300\mathrm{mV} < E_s < -100\mathrm{mV}$，应进行进一步监测，继续下述步骤。

（6）检测测点处混凝土电阻率 R_p

先应用探头 B 检测温度和相对湿度，然后检测点处混凝土电阻率，如混凝土明显十分干燥，应先向混凝土表面喷水，待 0.5h 后再检测。当各测点混凝土电阻率普遍小于 15 $\mathrm{k\Omega \cdot cm}$ 时才进行检测。

（7）检测混凝土内钢筋锈蚀电流密度 I_{corr}

应用探头 A 检测测点下混凝土内钢筋锈蚀电流密度。

检测结束后，对于致锈原因为混凝土保护层碳化的情况，可先求出同一钢筋网上检测结果的均值，再将此均值代入法拉第公式求出钢筋网瞬时锈蚀速度。据此，可判断各不同部位钢筋受损的严重程度。

第8章
钢筋混凝土火灾损伤超声波诊断理论与方法

　　超声波检测技术首先被用于金属材料及其零件的探伤。用于混凝土探伤直到20世纪50年代才逐步开始。在我国，直到20世纪60年代才受到工程界的重视。在随后30多年中，这方面的研究不断深入，工程应用也逐渐普遍。超声波检测技术已成为检测工程结构物质量和材料损伤缺陷的重要手段之一。1990年我国制定了《超声法检测混凝土缺陷技术规程》（CECS 21：90），后来经对该规程进行修订和补充，2000年发布了新修订的《超声法检测混凝土缺陷技术规程》（CECS 21：2000）。近年来，国内外一些学者利用超声波对火灾混凝土结构的损伤进行了检测，主要以推定混凝土强度为主，用于火灾混凝土损伤疏松缺陷的检测评估则少有报道。

8.1　火灾混凝土损伤超声波检测分析理论依据

8.1.1　超声波在混凝土中的传播机理

　　超声波实质上是超声频率（>2000Hz）的机械振动在弹性介质中的传播过程。当它穿过混凝土时，混凝土的每一个微区都产生拉伸压缩（纵波）或剪切（横波）等应力应变过程。由于纵波的产生和接收比较容易，所以混凝土的超声检测一般采用纵波。

　　混凝土是一种多相复合材料，在其内部有着许多界面，因而超声波在界面上的行为是混凝土性能超声测试的重要依据。

　　当超声波从一种介质传播到另一种介质时，在界面处将发生波的折射、反射或散射现象。

　　以二层介质为例，其声压反射系数 R 和声压透射系数 D 可表示为：

$$R = \frac{Z_2 - Z_1}{Z_2 + Z_1} \tag{8-1}$$

$$D = \frac{2Z_2}{Z_2 + Z_1} \tag{8-2}$$

式中，Z_1、Z_2 为介质1、介质2的声阻抗。

$$Z = \rho c \tag{8-3}$$

式中，ρ 为介质密度；c 为超声声速。

由上二式可见，当二介质的声阻抗相等时（即 $Z_1 = Z_2$ 时），则 $R = 0$，$D = 1$，此时入射波全部透射，没有反射波，相当于界面不存在；而当 Z_2/Z_1 趋于无穷或0时，$R = 1$，$D = 0$，即波几乎全部发射而无透射。更多的情况是 Z_1、Z_2 介于相等和相差悬殊之间，此时入射波部分折射，部分反射或散射。

此外，超声波在界面处可能发生波形的转换或叠加。

对于固体与气体的交界面，波形转换只发生于发射过程中；固体与液体的界面，折射波只有纵波；液体与固体的界面，折射过程中有波形转换；固体与固体的界面，在反射、折射过程中都会发生波形转换。

波的叠加主要表现在各周期波的振幅发生了叠加。若有相位叠加，还会产生波形畸变。

当超声波在混凝土介质中传播时，上述现象均会发生。

由于混凝土本身是由水泥，砂石及水等组成的颗粒型多相凝聚体。质量正常时就包含至少七个相：即粗集料、砂未水化的水泥颗粒、水泥凝胶、毛细管空腔、胶凝孔以及引进的小气孔等。若含缺陷又会有充水或空气的各种大孔、裂隙及密集小孔（疏松）或其他杂质。这些相与相之间存在着大量声阻抗不同的界面，将使超声波的大部分发生绕射、反射或散射现象；同时，混凝土作为弹黏塑性体，又会对超声波产生黏滞性吸收等。因而使表征超声波的诸参量呈现如下变化：

① 声波在界面处的绕射或折射，造成声程的变化，从而导致超声声时或声速参量的不同。

声速计算式为：

$$c = \frac{L}{t} \tag{8-4}$$

式中，L 为声程；t 为声时。

② 声波在界面处的反射、散射以及在混凝土介质中的黏滞性吸收等，造成声能量的衰减，反映在超声波波幅上，则呈现出高低不同的变化，使衰减值产生差异。

③ 界面处的波形转换以及不同相位波的叠加（指作为一次声波的入射声波和作为二次声波的发射声波，折射声波和波形转换后的横波之间的叠加），使得接收信号变大，并会产生波形畸变，造成超声脉冲的频谱发生相应的变化。

因此，虽然频率一定的探头所发射的是一定周期的重复脉冲，但是接受到的波形则是声时、频率、振幅均发生了变化的脉冲，并且随混凝土结构的不同，上述变化的程度也各异，因此，分析相同条件下各种混凝土结构中诸超声参量的不同变化程度，即可对混凝土的质量状况、损伤缺陷进行检测与评价。

8.1.2 超声场的基本物理量

（1）频率、波长及声速

介质中超声波的频率 f 和周期 T 一般取决于超声声源的振动频率和振动周期，而超声波在介质中的传播速度主要取决于介质的性质（这里要注意质点的振动和波的传播。波的传播是指振动的传播，传播出去的是物体的振动而不是物体本身。振动和波动是互相密切联系的运动形式，振动是波动产生的根源，而波动是振动的传播过程）。

介质中声波传播的速度 c、波长 λ、频率 f 及周期 T 之间的关系为：

$$c = \frac{\lambda}{T} = \lambda f \tag{8-5}$$

（2）波型

超声波在介质中的传播有不同的形式，它取决于介质可以承受何种作用力以及如何对介质激发超声波。超声波的波型主要依据超声场中质点的振动与声能量传播方向之间的关系来区分，一般有纵波、横波、表面波和板波。

纵波又称疏密波和压缩波，是指质点振动方向与超声波传播方向一致的波，在液体、气体中传播。

横波是指质点振动方向与超声波传播方向垂直的波，只能在固体中传播。

表面波又称瑞利波，是指当质点受到交变的表面张力作用时，使表面的质点绕其平衡位置作椭圆振动，以这种方式传播的波称为表面波。它沿着固体表面传播，具有纵波和横波的双重性，在距表面 1/4 波长深处的振幅最大，随着深度的增加很快衰减。

在厚度为波长级的薄板中传播的由纵波成分和横波成分所组合而成的波称为板波，亦称兰姆波。它可分为对称型和非对称型两种。它的特点是在波动过程中整个板都参与传声。

在同一介质中，纵波的声速大于横波声速，横波声速又大于表面波声速。

（3）超声场的特征量

① 声压　当介质传播声波时，质点受到交变的附加压力，这种瞬变的压力就叫声压。

② 声强　单位时间通过垂直于超声波传播方向单位截面积上的声能量称为声强度，简称声强。

③ 声阻抗　超声波在介质中传播时，任何一点的声压和该点的振动速度之比称为声阻抗，它常以声速和介质密度的乘积来表示，即 $Z = P/u = \rho c$，显然，它仅是材料的一个属性，对于一定的材料，Z 是一个常数。从 $P = \rho c u = Zu$ 可知，在同一声压 P 的情况下，Z 越大，质点振动速度 u 越小；反之，Z 越小，质点振动速

度 u 越大。

（4）超声波的衰减

超声波在介质中传播时，其能量随传播距离的增加而逐渐减弱，这种现象称为衰减。引起超声波衰减的原因有：

① 由于试件探测面不平整光洁，使声耦合不良，因反射而使透入试件中的声能大量损失；

② 由于超声波束扩散，随着传播距离的增加，波束截面越来越大，使单位面积上能量降低；

③ 对尺寸有限的传播介质，子波相遇干涉而产生抵消作用，使某些点上声能下降，甚至消失；

④ 由于介质黏滞性引起的吸收和介质界面杂乱反射引起的散射作用而使声能损耗。

在上述四种衰减中，①、②、③是需要注意的，只有④与介质有关，表征介质的特性。其中，吸收衰减的大小与介质黏滞系数、热导率有关；散射衰减与介质的颗粒特征有关。

8.1.3 超声波无损检测特征参量的变化

超声检测是无损检测技术的一个重要方面，声时、振幅、主频和波形等声参量的变化与材料的密实度、强度、均匀性和局部缺陷的状况有着密切的关系。

（1）声速

当材料结构疏松或内部存在缺陷时，在超声波发射-接收的声通路上形成了不连续的介质，因此，在探测距离内，其绕射到达所需要的声时比在致密的材料中传播所需的声时长，因此声速差异是判断材料密实状况的参量之一。

（2）首波幅度

首波幅度的高低与被测材料的性能、密实度有密切的关系。当被测材料中存在缺陷时，超声波在材料中传播，垂直射到充气缺陷的界面上，其能量近乎 100% 反射，即绕射信号微弱，能量衰减大，接收信号的波形平缓甚至发生畸变，首波幅度降低，因此首波幅度是判断材料密实状况的参量之二。

（3）主频

材料的组织结构的不均匀性，加上内存缺陷，使探测脉冲在传播过程中发生反射、折射，接收波形将产生叠加，波形紊乱，导致真实信号难以分辨。高频成分比低频成分消失快，接收频率较低。因此，对接收信号的频率进行分析，以判断整个材料的性能。

8.1.4 超声波检测混凝土缺陷的理论基础

（1）超声波检测混凝土缺陷的基本依据

利用超声波检测混凝土缺陷主要是指检测混凝土存在孔洞、疏松、裂缝以及低强度区等，而不包括符合质量保证率条件下混凝土强度的波动以及混凝土组织中不可避免的小气孔和细微缺陷的存在。

混凝土缺陷的存在，不同程度地削弱了结构的整体性、力学性能的耐久性。对超声波而言，则在发射-接收波的通路上形成了不连续的介质。

缺陷的孔、缝疏松的空间往往充有气体或水，已知空气的声阻抗为 $Z_a = 0.004 \times 10^4 \ g / cm^2 \cdot s$，水的声阻抗比空气高，为 $Z_w = 14.8 \times 10^4 \ g / cm^2 \cdot s$，而混凝土本身的声阻抗一般比水要高，为 $Z_c = 96.6 \times 10^4 \ g / cm^2 \cdot s$，因而在这些固-气、固-液的界面上，声波透过率极低，更易发生波的绕射、反射及散射现象，使得接收到的波形更有代表性。与密实混凝土相比，含缺陷的混凝土的接收波形畸变严重，首波幅度下降，实测的声时值延长，频谱组成将发生明显的变化，主频值降低。

对于各类缺陷进行分析比较，可知不同缺陷亦有其自身的结构特征，产生声时、振幅、波形及频谱组成等方面变化的程度各异，由此断定，超声参量的变化是直接与混凝土的内部结构质量状况密切相关的。尽管从某一种参量看，各类缺陷之间的界限不是一目了然的，但若综合多种参量的变化规律加以研究分析，则可能在判断出缺陷的有无及其大概部位的同时，对缺陷的性质也可作出无损评价，此即超声波检测混凝土缺陷的基本依据。

（2）判断混凝土缺陷的基本依据

鉴于混凝土的非均质性，采用以下四点作为判断缺陷的基本依据。

① 根据低频超声在混凝土中遇到缺陷时的绕射现象，按声时和声程的变化，判断和计算缺陷的大小；

② 根据超声波在缺陷界面上产生散射，抵达接受探头时能量显著衰减的现象判断缺陷的存在和大小；

③ 根据超声脉冲各频率成分在遇到缺陷时衰减的程度不同，接收频率显著降低，或接收波频谱与反射波频谱产生的差异，也可判别内部缺陷；

④ 根据超声波在缺陷处的波形转换和叠加，造成接收波形畸变的现象判别缺陷。

以上四点可以单独运用，也可综合运用。

超声波探伤已用于混凝土因施工原因、受力或非受力产生的裂缝、腐蚀或冻融产生的层状疏松等的检测，但用于检测火灾混凝土的损伤疏松缺陷报道较少。

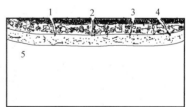

图 8-1 火灾混凝土损伤缺陷示意图

1, 2, 3, 4—裂缝；

5—层状疏松破坏

火灾混凝土的损伤缺陷一般如图 8-1 所示。

超声接收波波形图如图 8-2 所示。

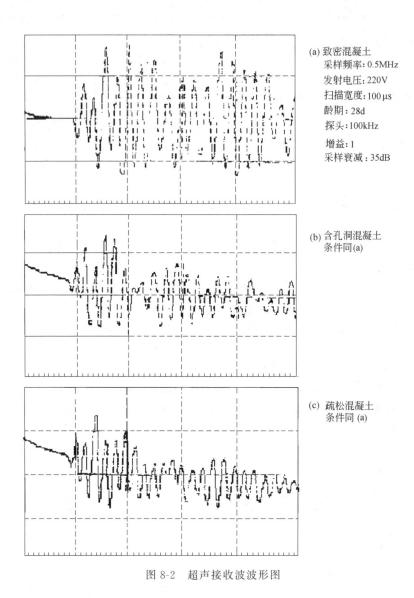

(a) 致密混凝土
采样频率：0.5MHz
发射电压：220V
扫描宽度：100μs
龄期：28d
探头：100kHz

增益：1
采样衰减：35dB

(b) 含孔洞混凝土
条件同(a)

(c) 疏松混凝土
条件同 (a)

图 8-2　超声接收波波形图

8.2　火灾混凝土损伤超声波检测分析模型

8.2.1　建模实验

混凝土强度的高低是决定混凝土火灾损伤的主要因素之一，考虑到实际工程中应用的适合性和代表性以及实验的可行性和经济性，选用工程中常用的普通水泥以及常用的 C30 强度等级进行混凝土配合比设计。

（1）混凝土试件制备

① 原材料　水泥：42.5 P. O 水泥；细集料：中砂；粗集料：石灰石碎石，粒级 5～31.5mm；水：自来水；外加剂：木质素磺酸钙减水剂。

② 混凝土配合比设计　设计强度等级 C30；配合比（kg/m³）：水泥 370，砂 680，石子 1150，水 173，减水剂 0.74；拌合物坍落度控制在 30～50mm。

③ 试件规格及数量　制作 10 组 150mm×150mm×150mm 立方试件，其中 9 组供高温热处理，1 组供常温性能测试。

④ 试件制作　机械搅拌，人工捣实；试件标准养护 28d，并在室内存放（48±1）h 后备用。实验前将试件置于烘箱内，温度保持 60℃，时间为 10h，进行烘干。

（2）模拟火灾高温实验

① 受火温度及持续时间拟定　本实验制定混凝土受火温度等级最高为 900℃，以常温（20℃）为最低温度，升温为 100℃、200℃、300℃、400℃、500℃、600℃、700℃、800℃、900℃九个等级。

根据我国火灾统计资料，实际火灾持续时间在 1h 以下占 80.9%，在 2h 以下占 95.1%，在 3h 以下占 98.1%，我国一级耐火建筑中楼板的耐火极限为 1.5h，因此，本实验确定模拟火灾高温持续时间为 1h 和 0.5h。

② DRX-36 型混凝土燃烧实验设备　电加热：加热功率 36kW（箱式炉）；电压：380V，3N，50Hz；额定温度：1200℃；工作温度：1000℃；炉室有效尺寸：700mm×600mm×530mm（深×宽×高）；温度控制：一区控温，Y 形接法，设计有 PID 温度自动控制功能。

③ 高温热处理制度　拟定了受火温度后，实验采用的热处理制度包括受热速度、恒温时间、冷却制度三个方面。试件受热速度应根据 ISO 834 标准温时曲线进行，但本实验设备的温时曲线与标准温时曲线有一定误差，如图 8-3 所示，这是为

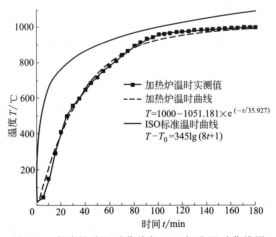

图 8-3　实验炉膛温时曲线与 ISO 标准温时曲线图

了尽可能接近标准温时曲线的情况，并考虑实际火灾发生、发展、人工灭火的快速过程。本实验采用快热快冷制度：当炉温升至要求的温度等级时，迅速放入试件使其受热，达到恒温时间后取出（其中对于500℃以上的情况，考虑到实验人员的安全和设备的使用要求，试件炉冷至500℃以下时再取出），使其在空气中迅速冷却。以此条件评价混凝土的损伤性能也是偏向安全的。

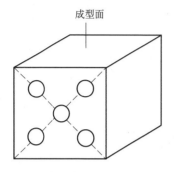

图8-4 超声波检测测量点布置示意图

（3）超声波检测

① 超声波检测装置 采用cts-25型非金属超声波检测仪及所附50kHz、100kHz探头。该仪器具有超声波声时、衰减读数的定量测读装置，示波器可以显示整个接收信号波形，所以它可以提供所需的全部超声信号。

② 超声波检测 超声波检测采用对测法，每个测区内测量点的布置如图8-4所示。测量并记录每一测点的超声波声时值和衰减值。测量时，固定发射电压220V，增益2，波形等幅4cm。

8.2.2 建模分析

（1）超声波检测参数分析

对每一个试件各检测参数进行处理，声时、衰减读数分别取5个测点的平均值。

① 声时随损伤程度的变化 声时值与混凝土的损伤疏松程度有密切的关系。受火温度越高，混凝土材料损伤疏松程度越严重，测得的声时值越长。受火温度为100℃和200℃的试件，损伤前后声时值基本无变化；受火温度为300℃、400℃、500℃的试件，与原声时值相比，损伤前后声时值延长分别为15%、30%、73%；受火温度为600℃以上的试件，由于损伤严重，基本无法测量。由此可见，超声波声时值可以明显地反映火灾混凝土的损伤情况。

② 衰减读数随损伤程度的变化 超声波衰减读数与混凝土的损伤疏松程度的关系，理论上与声时随损伤程度的变化类似。受火温度越高，混凝土材料损伤疏松程度越严重，衰减值越大。本试验中受火温度为100℃、200℃和300℃的试件，损伤前后超声波衰减读数比较有规律，而400℃和500℃的试件，超声波衰减读数差异比较大，由于影响超声测量参数的因素较多，有待进一步研究和验证。

（2）超声波参数与混凝土受火温度分析模型

对强度等级C30的火灾混凝土超声波声时值与混凝土受火温度进行了回归分析，结果见图8-5和图8-6。

超声波声时延长值和受火温度（1h）曲线的回归方程为：

$$y = 7.57 - 0.08897x + 2.49464 \times 10^{-4} x^2 \tag{8-6}$$

式中，x为超声波声时延长值；y为混凝土受火温度；相关系数$r^2 = 0.992$。

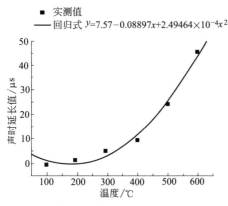

图 8-5　超声波声时延长值和
受火温度关系曲线（1h）

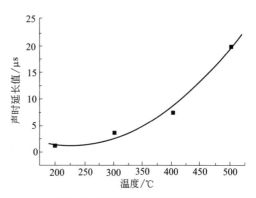

图 8-6　超声波声时延长值和
受火温度关系曲线（0.5h）

$$y = 14.552 - 0.11462x + 2.46 \times 10^{-4} x^2 \qquad (8-7)$$

式中，x 为超声波声时延长值；y 为混凝土受火温度；相关系数 $r^2 = 0.98752$。

（3）单面超声平测检测混凝土损伤疏松层

通常，混凝土火灾损伤疏松层由表及里，最外层损伤严重，越向里深入，损伤程度越轻微，其强度和声速的分布曲线是连续圆滑的。但为了检测计算方便，一般假定损伤层与未损伤部分有一个明显的分界线，把损伤层与未损伤部分分成两部分来考虑。

① 超声平测基本原理　单面超声平测混凝土损伤疏松层的基本原理如图 8-7 所示。

假定超声波在损伤层传播的声速为 v_f，在未损伤层传播的声速为 v_a，损伤层厚度为 h_f。当发射换能器（T）、接受换能器（R）的间距较近时，超声波沿表面损伤层传播的时间最短，首先到达 R 换能器，此时读取的声时值反映了损伤层混

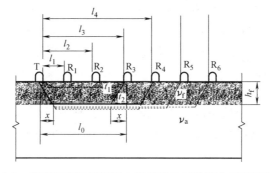

图 8-7　单面超声平测混凝土损伤疏松层的基本原理示意图

凝土的传播速度 v_f。随着 T、R 换能器的间距增大，部分声波穿过损伤层，沿未损伤混凝土传播一定间距后，再穿过损伤层到达 R 换能器。当 T、R 换能器的间距增大到某一距离（l_0），穿过损伤层经未损伤混凝土传播一定间距再穿过损伤层到达 R 换能器的声波，比沿损伤层直接传播的声波早到达或同时到达 R 换能器，即 $t_2 \leqslant t_1$。

由图 8-7 看出，$t_1 = l_0/v_f$

$$t_2 = 2 \times (\sqrt{h_f^2 + x^2})/v_f + (l_0 - 2x)/v_a$$

则：

$$l_0/v_f = 2/v_f \times \sqrt{h_f^2 + x^2} + (l_0 - 2x)/v_a \tag{8-8}$$

因为：$l_0 = t_1 v_f$

所以：$t_1 = 2/v_f \sqrt{h_f^2 + x^2} - (l_0 - 2x)/v_a$

为使 x 值最小，可取 t_1 对 x 的导数等于 0。

则：$\mathrm{d}t_1/\mathrm{d}x = 2/v_f \times 2x/(2\sqrt{h_f^2 + x^2}) - 2/v_a = 2x/(v_f\sqrt{h_f^2 + x^2}) - 2v_a = 0$

$$x/(v_f\sqrt{h_f^2 + x^2}) = 1/v_a \tag{8-9}$$

将式（8-9）整理后得：$x = h_f v_f/\sqrt{v_a^2 - v_f^2}$

将 x 代入式（8-8）并整理后得：

$$h_f = l_0/2 \times \sqrt{(v_a - v_f)/(v_a + v_f)} \tag{8-10}$$

式（8-10）是当前用于检测混凝土损伤层厚度的通用计算式。

② 检测步骤　选取有代表性的部位，被测表面应处于自然干燥状态，且无接缝和饰面层。宜选用较低频率换能器，以使接受信号具有一定首波幅度，便于测读。测点布置应使换能器的连线离开钢筋一定距离或与附近钢筋轴线形成一定夹角，以避开钢筋的影响。

如图 8-7 所示，先将 T 换能器与被测混凝土表面耦合好，且固定不动，然后将 R 换能器耦合在 T 换能器旁边，并依此以一定间距移动 R 换能器，逐点读取响应的声时值 t_1、t_2、t_3、…，并测量每次 T、R 换能器内边缘之间的距离 l_1、l_2、l_3、…为便于检测较薄的损伤层，R 换能器每次移动的距离不宜太大，以 30～50mm 为宜。为便于绘制"时-距"坐标图，每一测试部位的测点数应不少于 6 点，当损伤层较厚时，应适当增加测点数。

③ 建模分析　以测试距离 l 为纵坐标、声时 t 为横坐标，根据各测点的测距 l_i 和对应的声时值 t_i 绘制"时-距"坐标图，如图 8-8 所示。其中前三点反映了损伤混凝土声速 v_f，$v_f = (l_3 - l_1)/(t_3 - t_1)$；后三点反映了未损伤混凝土声速 v_a，$v_a = (l_6 - l_4)/(t_6 - t_4)$。

由图 8-8 看出，在斜线中间形成一拐点，拐点前、后分别表示损伤和未损伤混凝土的 l 与 t 的相关直线，利用回归分析方法分别求出其线性回归方程。

损伤混凝土：$l_f = a_1 + b_1 t_f$ \hfill (8-11)

未损伤混凝土：$l_a = a_2 + b_2 t_a$ \hfill (8-12)

式中，l_f、l_a 为拐点前、后各测点的测距，mm；t_f、t_a 为拐点前、后各测点的声时，μs；a_1、b_1、a_2、b_2 为回归系数。

损伤层厚度计算：

两条直线的交点对应的测距：

$$l_0=(a_1b_2-a_2b_1)/(b_2-b_1)$$

$$(8\text{-}13)$$

损伤层厚度：

$$h_f=l_0/2\times\sqrt{(b_2-b_1)/(b_2+b_1)}$$

$$(8\text{-}14)$$

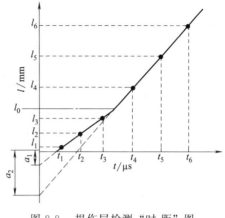

图 8-8　损伤层检测"时-距"图

由于实验条件、时间等因素的影响，上述方法未能进行实验研究，需在适当的时候进行实验研究并验证。

8.2.3　高强、高性能混凝土超声无损检测及建模

（1）建模实验

高强、高性能混凝土超声无损检测及建模实验同第 6 章。

（2）高温对高强、高性能混凝土超声波速的影响

采用超声波对测法测定混凝土的超声特征值：即发射探头和接收探头分别置于混凝土的两平行侧面。测试时，要求测区内混凝土表面平整、清洁，测量被测试件上的上、中、下 3 个测点，将所测到的三个声速值结果取平均值作为平均声速。

基于本实验的混凝土配比和强度，当火灾温度达到 900℃时已检测不到超声波信息，所以本实验设置的受火温度为 20℃、300℃、400℃、500℃、600℃、700℃、800℃。利用 ZBL-52 型超声检测仪，对不同纤维掺量、不同受火温度下的 HPC 检测超声波速，受火温度对超声波速的影响如图 8-9 所示，图中 V0P、V1.0P、V1.5P、V2.0P、V2.5P、VP 分别表示聚丙烯纤维掺量为 0%、1.0%、1.5%、2%、2.5%、均值相应的超声波速。由图可知，随作用温度升高，混凝土超声波速基本呈线性降低趋势。不掺纤维的混凝土超声波速小于掺纤维的混凝土超声波速值，超声波速随火灾温度的提高下降最快；不同纤维掺量的混凝土超声波速基本相同，均较不掺纤维的下降慢，掺量为 1.5kg/m³ 的 HSC 超声波速下降最慢，其在相同的受火温度下超声波速最大，表明在火灾高温过程中其损伤程度最轻，抗火性能最好。

（3）高强、高性能混凝土超声无损检测分析建模

① 超声波速与 HPC 的受火温度的关系　超声波速与 HPC 的受火温度的关系如图 8-9 及表 8-1 所示。

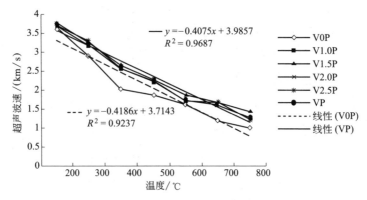

图 8-9 不同纤维掺量的 HPC 超声波速随受火温度的变化曲线

② 超声波速与 HPC 力学性能的关系 超声波速与 HPC 力学性能的关系见表 8-1。

表 8-1 HPC 混凝土超声波速与混凝土受火温度及力学性能的检测分析模型

C60	温度区间/℃	x	y	回归方程	相关系数 R^2
HPC	20~800	超声波速	受火温度	$y=-275.59x+1036.5$	0.97
			剩余抗压强度	$y=-9.94x^2+67.64x-41.95$	0.92
			剩余劈拉强度	$y=-0.29x^2+2.54x-2.2$	0.99
PPHPC	20~800	超声波速	受火温度	$y=-289.26x+1155.7$	0.96
			剩余抗压强度	$y=-10.17x^2+75.82x-63.64$	0.94
			剩余劈拉强度	$y=-0.32x^2-0.02x+0.15$	0.97

8.3 混凝土火灾损伤超声波检测技术规程

(1) 检测仪器特性及技术要求

① 非金属超声波检测仪;

② 具有超声波声时、衰减读数的定量测读装置;

③ 示波器可以显示整个接收信号波形。

(2) 检测技术参数及设置

① 使用所附 50kHz 探头;

② 测量时,固定发射电压 220V,增益 2,波形等幅 4cm;

③ 检测采用对测法或平测法,测量并记录每一测点的超声波声时值和衰减值。

(3) 检测

① 检测准备

a. 火灾混凝土结构或构件应冷却至常温；

b. 去除受检混凝土结构或构件表面火灾残留装饰层的熔融物或黑烟灰；

c. 混凝土表面应该是干燥的，并较平整，必要时用砂纸打磨平整。

② 超声波检测参数　超声波检测参数主要为超声接收波延时值、超声波衰减值等参数。

③ 检测步骤　选取有代表性的部位，被测表面应处于自然干燥状态，且无接缝和饰面层。宜选用较低频率换能器，以使接受信号具有一定首波幅度，便于测读。测点布置应使换能器的连线离开钢筋一定距离或与附近钢筋轴线形成一定夹角，以避开钢筋的影响，然后测读声时、衰减读数。

平测时，先将 T 换能器与被测混凝土表面耦合好，且固定不动，然后将 R 换能器耦合在 T 换能器旁边，并依此以一定间距移动 R 换能器，逐点读取响应的声时值 t_1、t_2、t_3、…并测量每次 T、R 换能器内边缘之间的距离 l_1、l_2、l_3、…为便于检测较薄的损伤层，R 换能器每次移动的距离不宜太大，以 30～50mm 为宜。为便于绘制"时-距"坐标图，每一测试部位的测点数应不少于 6，当损伤层较厚时，应适当增加测点数。

（4）数据处理与分析

通过检测超声穿过混凝土的接收波的延时，首先判定混凝土表面受火温度是否大于 600℃，然后再判定混凝土损伤疏松层厚度，并据此对构件截面温度场推定结果进行验证与修正。

超声波声时延长值推定受火温度可作为红外热像、电化学检测校核和验证的辅助手段。

超声平测检测推定混凝土损伤疏松层厚度可作为火灾混凝土损伤疏松层厚度的首要判据。

第9章
混凝土构件截面温度场数值模拟

构件内部温度场的评估一般有两种途径。一种是火灾后利用现场残留物检查、钻芯取样、岩相鉴定等方法或综合运用上述措施，获得火灾过程中构件内部各点曾经经历的最高温度在空间上的分布规律。但在现有的检测方法中，如烧失量法、X射线衍射法、损伤深度法、扫描电镜等，它们只能在一定深度上凿取一定厚度的混凝土样品或切取一定厚度的切片样品来检测，并把样品看作是均匀的，这样做不仅显得粗糙，而且只能在构件上选取有限点来检测，不能大面积检测，加之检测时间长、费用昂贵，一般只在重要结构构件需要特别验证时酌情采用。另一种是根据建筑物内可燃物的数量和分布、通风条件、材料热效应及室内尺寸等指标，通过理论计算再现室内火灾的温度发展过程及构件内的温度历程，不仅参数复杂，而且不易得到确切值，故应用困难。

因此，如何确定火灾混凝土构件内部温度场是火灾损伤评估中面临的重要课题。研究表明，借助于数学方法和计算机，在给出受火温度、受火时间以及材料热工参数的基础上，可以模拟火灾过程中构件内部的温度分布，它也是火灾混凝土结构损伤评估发展的趋势之一。

9.1 混凝土构件截面温度场数值计算

建筑物遭受火灾后，一方面，结构受热而升温，由于混凝土材料的热惰性，构件内部形成不均匀的瞬态温度场；与之相应，混凝土和钢筋的材性劣化，使结构性能下降，产生不同程度的损伤。另一方面，结构的高温力学反应在通常情况下不会改变其既有的温度分布。因此，在进行结构的高温力学分析和火灾损伤评估时，可首先独立地进行结构的温度场分析，获得温度场后再进行结构的力学分析和损伤评估。

　　结构的温度场分析，显然是一个固体物质的热传导问题，可采用数值分析的方法：建立热传导微分方程；引入混凝土的热工参数值；确定初始条件和边界条件后求解。

9.1.1　热传导微分方程

　　（1）基本概念

　　① 温度场　温度场是指某一时刻空间所有各点温度分布的总称。一般它是时间和空间的函数，即：

$$t = f(x, y, z, \tau) \tag{9-1}$$

　　式中，t 为温度；x、y、z 为空间坐标；τ 为时间。

　　② 温度梯度　温度场内某一地点等温面法线方向的温度变化率，称为温度梯度。其方向与给定地点等温面的法线方向一致（朝着温度增加的方向），其模等于等温面法线方向的温度变化率：

$$\text{grad } t = \frac{\partial t}{\partial n} n \tag{9-2}$$

　　③ 傅里叶定律　温度梯度的存在是导热的必要条件。单位时间内通过单位等温面积的导热量，称为热流密度，记作 q，单位为 W/m^2。在任何时刻，均匀连续介质内各地点所传递的热流密度正比于此地的温度梯度，即：

$$q = -\lambda \text{ grad } t = -\lambda \frac{\partial t}{\partial n} n \tag{9-3}$$

它确定了热流密度与温度梯度之间的关系。式中，比例系数 λ 称为热导率。

　　（2）热传导微分方程

　　根据能量守恒定律有：$\rho c \dfrac{\partial t}{\partial \tau} dV d\tau = \lambda \left(\dfrac{\partial^2 t}{\partial x^2} + \dfrac{\partial^2 t}{\partial y^2} + \dfrac{\partial^2 t}{\partial z^2} \right) dV d\tau + q_V dV d\tau$

　　即：
$$\frac{\partial t}{\partial \tau} = \frac{\lambda}{\rho c} \left(\frac{\partial^2 t}{\partial x^2} + \frac{\partial^2 t}{\partial y^2} + \frac{\partial^2 t}{\partial z^2} \right) + \frac{q_V}{\rho c}$$

　　或
$$\frac{\partial t}{\partial \tau} = \alpha \left(\frac{\partial^2 t}{\partial x^2} + \frac{\partial^2 t}{\partial y^2} + \frac{\partial^2 t}{\partial z^2} \right) + \frac{q_V}{\rho c} \tag{9-4}$$

上式称为热传导微分方程，它表达了物体内部的温度随空间和时间变化的关系。

　　$\alpha = \dfrac{\lambda}{\rho c}$ 称为导温系数或热扩散系数，m^2/s。导温系数 α 表征物体被加热或冷却时，物体内各部分趋向于均匀一致的能力。

　　导温系数对非稳态导热过程是很重要的。导温系数 α 越大，物体内任一点温度变化的速度也越快。因此，在同样的加热条件下，物体的 α 值越大，物体内部各处的温度差别越小。

　　对于无内热源的稳态温度场，$\dfrac{\partial t}{\partial \tau} = 0$，则其热传导微分方程为：

$$\frac{\partial^2 t}{\partial x^2}+\frac{\partial^2 t}{\partial y^2}+\frac{\partial^2 t}{\partial z^2}=0 \tag{9-5}$$

对于无内热源的非稳态温度场，其热传导微分方程为：

$$\frac{\partial t}{\partial \tau}=\frac{\lambda}{\rho c}\left(\frac{\partial^2 t}{\partial x^2}+\frac{\partial^2 t}{\partial y^2}+\frac{\partial^2 t}{\partial z^2}\right) \quad 或 \quad \frac{\partial t}{\partial \tau}=\alpha\left(\frac{\partial^2 t}{\partial x^2}+\frac{\partial^2 t}{\partial y^2}+\frac{\partial^2 t}{\partial z^2}\right) \tag{9-6}$$

（3）热传导过程的单值性条件

对于一个具体的导热过程，完整的数学描写包括两部分：热传导微分方程和单值性条件。一般来说，单值性条件包括几何条件、物理条件、时间条件和边界条件四项。

几何条件：说明参与导热过程的物体的几何形状和大小。

物理条件：说明参与导热过程的物体的物理特征。如物体的 λ、c、ρ 等的值，它们是否随温度变化；物体内是否有内热源，它的大小和分布情况。

时间条件：给出过程开始时刻物体内温度分布规律，可以表示为 $\tau=0$，$t=f$ $(x，y，z)$。因此，时间条件又称初时条件。稳态导热时，初时条件无意义，只有非稳态导热才有初时条件。

边界条件：给出导热物体边界上的温度或换热情况，体现着"外因"对物体温度场的内在规律性的影响。

9.1.2 温度场的有限差分解法

借助于数值分析的方法，利用计算机进行运算和求解。本章采用有限差分法来分析和确定建筑结构构件火灾中的温度历史或温度场。

（1）有限差分法的基本原理

有限差分法把物体分割为有限数目的网格单元，将微分方程变换为差分方程，通过数值计算直接求取各网格节点的温度。例如对于二维导热问题，沿 x 和 y 方向分别按间距 Δx 和 Δy 把物体分割成许多矩形网格，如图 9-1（a）所示。网格线的交点称为节点，节点的位置用 $p(i,j)$ 表示，i 表示沿 x 方向节点的顺序号，j 表示沿 y 方向节点的顺序号。网格与物体边界的交点称为边界节点。有限差分法的基本原理就是用有限差商代替微商，即导数，从而将微分方程转化为差分方程。

用有限差商代替导数近似表达时，即 $\dfrac{\partial t}{\partial x}\approx\dfrac{t_{i+1,j}-t_{i,j}}{\Delta x}$，这种替代的实质就是把相邻节点间的温度分布看作是线性的，而每一个节点的温度就代表了它所在的网格单元的温度，如图 9-1（b）中斜线所示的网格。

显然，网格分割得越细，节点越多，由有限差分法得到的结果就越逼近分析解。为了计算方便，采用均匀的网格，$\Delta x=\Delta y$。

对于非稳态导热问题，除了在空间上把物体分割成网格单元外，还要把时间分割成许多间隔 $\Delta \tau$，时间间隔的顺序号用 k 表示。非稳态导热问题的求解过程就是

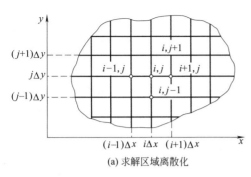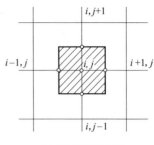

(a) 求解区域离散化　　　　　　　　(b) 控制容积及边界

图 9-1　二维物体中的网格

从初始时间 $\tau = 0$ 开始，依次求得 $\Delta\tau$，$2\Delta\tau$，$\cdots$，$k\Delta\tau$ 时刻物体中各节点的温度值。若将时间间隔 $\Delta\tau$ 分割得越小，所得结果就越准确。

① 导热微分方程的离散化　在求解区域离散化的基础上，对导热微分方程离散化，即可得到相应的节点温度方程式，亦即有限差分方程。建立有限差分方程的常用方法之一是用差商代替微商（导数）。将导热微分方程式中各导数项用相应的差商近似代替，则原来的微分方程就转化为差分方程。

② 导数的有限差分表达式　代替导数的有限差商可以有不同的表达式，其差别在于泰勒级数展开式和舍去级数尾项时引起的误差大小不同。

通常，节点 (i,j) 一阶导数以中心差分表达式的截断误差最小。所以，一般都尽可能采用中心差分表达式。

节点 (i,j) 二阶导数的中心差分表达式为：

$$\left(\frac{\partial^2 t}{\partial x^2}\right)_{i,j} = \frac{t_{i+1,j} - 2t_{i,j} + t_{i-1,j}}{\Delta x^2} + O(\Delta x^2) \qquad (9\text{-}7a)$$

同样地，可以写出节点 (i,j) 处温度对 y 的二阶导数的中心差分表达式：

$$\left(\frac{\partial^2 t}{\partial y^2}\right)_{i,j} = \frac{t_{i+1,j} - 2t_{i,j} + t_{i-1,j}}{\Delta y^2} + O(\Delta y^2) \qquad (9\text{-}7b)$$

尽管中心差分表达式的截差较小，但是在表示温度对时间的一阶导数时，仍然只采用向前差分或向后差分表达式，因为应用温度对时间一阶导数的中心差分表达式求解非稳态导热问题将导致数值解的不稳定。

（2）非稳态导热问题的数值计算

非稳态导热问题的数值计算在原理上不同于稳态导热问题的数值计算方法，其数值求解过程有如下特点：

① 区域离散化除了在空间上要把导热物体分割成网格单元外，还应将时间分割成许多间隔 $\Delta\tau$，如图 9-2 所示，以

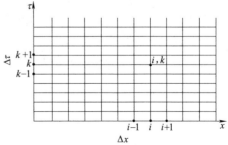

图 9-2　一维非稳态导热问题空间和时间划分

表达物体各点温度在不同时刻的变化关系；

② 从能量平衡关系来看，每个网格单元不仅仅与相邻的网格单元之间有热量导入和导出，而且网格单元本身的内能将随着时间发生变化。

本节以一维非稳态导热问题为例，以显式差分格式建立节点温度方程，在建立内节点方程式时应用有限差分法，而建立边界节点方程式时应用热平衡方法。

① 内节点温度方程的建立　常物性、无内热源的一维非稳态导热微分方程式为：

$$\frac{\partial t}{\partial \tau} = \alpha \frac{\partial^2 t}{\partial x^2} \qquad (9\text{-}8)$$

上式对物体中任意位置都是正确的。若将物体沿 x 方向按间距 Δx 分割为 n 段；时间从 $\tau = 0$ 开始，按 $\Delta \tau$ 分割为 k 段，见图 9-2。若 i 表示内节点位置，k 表示 $k\Delta \tau$ 时刻，针对内节点 (i, k) 写出它的节点方程式。这时，温度对 x 的二阶导数，采用中心差分表达式应为：

$$\left(\frac{\partial^2 t}{\partial x^2}\right)_{i,k} = \frac{t_{i-1}^k - 2t_i^k + t_{i+1}^k}{\Delta x^2} \qquad (9\text{-}9)$$

温度对时间的一阶导数，若采用向前差分，则：

$$\left(\frac{\partial t}{\partial \tau}\right)_{i,k} = \frac{t_i^{k+1} - t_i^k}{\Delta \tau} \qquad (9\text{-}10)$$

将式（9-9）和式（9-10）代入式（9-8），就得到一维非稳态导热的内节点 (i, k) 的节点方程式：

$$\frac{t_i^{k+1} - t_i^k}{\Delta \tau} = \alpha \frac{t_{i-1}^k - 2t_i^k + t_{i+1}^k}{\Delta x^2}$$

整理上式得：
$$t_i^{k+1} = \frac{\alpha \Delta \tau}{\Delta x^2}(t_{i-1}^k + t_{i+1}^k) + \left(1 - 2\frac{\alpha \Delta \tau}{\Delta x^2}\right)t_i^k$$

或：
$$t_i^{k+1} = F_0(t_{i-1}^k + t_{i+1}^k) + (1 - 2F_0)t_i^k \qquad (9\text{-}11)$$

式中，$F_0 = \frac{\alpha \Delta \tau}{\Delta x^2}$，为网格傅里叶准则或傅里叶数。

上式就是一维非稳态导热内节点温度方程式，可以看出，只要知道 $k\Delta \tau$ 时刻各节点的温度，就可以利用式（9-8）计算 $(k+1)\Delta \tau$ 时刻各节点的温度。这样，便可以从已知的初始温度出发，逐个算出 $\Delta \tau$、$2\Delta \tau$ 等不同时刻物体中的温度分布。因为节点 t_i^{k+1} 可以直接利用先前的温度 t_i^k、t_{i-1}^k 和 t_{i+1}^k 以显函数的形式表示，所以式（9-11）称为显式差分格式。

显然，若 Δx 和 $\Delta \tau$ 都选择很小，则计算结果可能会精确些，为了保证解的稳定性，必须使式（9-8）中的 t_i^k 的系数 $\left(1 - 2\frac{\alpha \Delta \tau}{\Delta x^2}\right)$ 大于或至少等于零，即：

$$\frac{\alpha \Delta \tau}{\Delta x^2} \leqslant \frac{1}{2} \qquad \text{或满足} \quad F_0 \leqslant \frac{1}{2} \qquad (9\text{-}12)$$

同理可以证明，对于二维和三维非稳态导热内节点温度的显式差分格式，稳定性条件为：

二维： $1-4\dfrac{\alpha\Delta\tau}{\Delta x^2}\geqslant0$ 或 $F_0\leqslant\dfrac{1}{4}$ (9-13)

三维： $1-6\dfrac{\alpha\Delta\tau}{\Delta x^2}\geqslant0$ 或 $F_0\leqslant\dfrac{1}{6}$ (9-14)

② 边界节点方程式的建立 对于第一类边界条件，边界节点温度是已知的。对于第二类或第三边界条件，则应根据边界上的具体条件写出热平衡关系，以建立边界节点方程式。

如图 9-3 所示的第三类边界条件，针对边界节点 1，应用热平衡法写出显式差分格式：

$$-\lambda\frac{t_1^k-t_2^k}{\Delta x}+\alpha(t_f^k-t_1^k)=\rho c\frac{\Delta x}{2}\times\frac{t_1^{k+1}-t_1^k}{\Delta\tau}$$

整理上式可得：

$$t_2^k-t_1^k+\frac{\alpha\Delta x}{\lambda}(t_f^k-t_1^k)=\frac{\rho c\Delta x}{2\lambda\Delta\tau}(t_1^{k+1}-t_1^k)$$

上式中 $\dfrac{\alpha\Delta x}{\lambda}=B_i$，$\dfrac{\rho c\Delta x^2}{\lambda\Delta\tau}=\dfrac{1}{F_0}$，$B_i$ 称为

网格毕渥数。于是：

$$t_2^k-t_1^k+B_i(t_f^k-t_1^k)=\frac{1}{2F_0}(t_1^{k+1}-t_1^k)$$

整理上式，得到 t_1^{k+1} 的显式表达式：

$$t_1^{k+1}=2F_0(t_2^k+B_it_f^k)+(1-2B_iF_0-2F_0)t_1^k$$
(9-15)

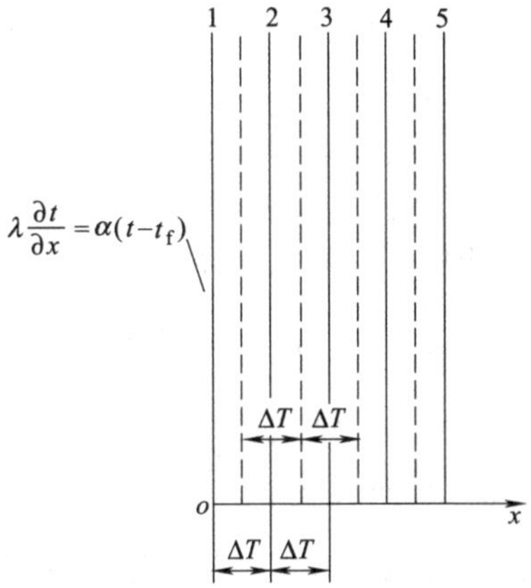

图 9-3 非稳态导热第三类边界

类似于内节点，为了保证解的稳定性，式（9-15）中 t_1^k 的系数也必须大于或至少等于零，即：

$$1-2B_iF_0-2F_0\geqslant0$$

亦即： $$F_0\leqslant\frac{1}{2B_i+2}$$ (9-16)

当选择了 Δx 以后，分别计算稳定性条件所允许选择的 $\Delta\tau$，显然式（9-16）给出的 $\Delta\tau$ 较小。由于边界节点与内节点方程必须选择相同的 $\Delta\tau$，所以对于第三类边界条件，应用显式差分格式求数值解时，它的稳定性条件是式（9-16）。对于第一类边界条件，显式差分格式的稳定性条件是式（9-12）。

③ 节点方程组的求解 在应用显式格式时，数值计算的过程比较简单。只需将所有节点按顺序编号，按节点所在位置和具体的边界条件写出所有的节点方程式，根据初始条件逐个节点计算 $\Delta\tau$ 时刻的节点温度。然后按 $\Delta\tau$ 时刻的节点温度依次计算 $2\Delta\tau$、$3\Delta\tau$ 等各时刻的节点温度。应该注意，在应用显式差分时，当选定 Δx 后，$\Delta\tau$ 的选择受到稳定性条件的限制，所以一定要先对所选定的 Δx 和 $\Delta\tau$ 用

稳定性条件校核，确保满足了稳定性条件，然后再开始计算。

9.1.3 混凝土构件截面温度场计算

为了计算火灾时钢筋混凝土构件的承载力，必须了解构件内的温度分布。现在钢筋混凝土构件的温度场以标准温-时曲线为条件。假定介质燃烧热烟气层的温度是均匀的，并等于构件受火面的温度。下面是常见结构构件温度场的差分解法。

（1）混凝土的导温系数

混凝土的热导率 λ 随温度升高而下降，计算中，热导率 λ 取下式：

$$\lambda(T) = 1.16 \times (1.4 - 1.5 \times 10^{-3}T + 6 \times 10^{-7}T^2)$$

混凝土的比热容 c 随温度升高（$0 \sim 1000$℃）有微小增大，并呈某种不规则性，一般取常数：

$$c(T) = 920 \, J/(kg \cdot ℃)$$

混凝土的表观密度（容重）ρ 随温度升高略为变小，可取：

$$\rho(T) = 2400 - 0.56T$$

所以，混凝土的导温系数 α 也是温度的函数，表达为：

$$\alpha(T) = \frac{\lambda}{c\rho} = \frac{1.4 - 1.5 \times 10^{-3}T + 6 \times 10^{-7}T^2}{528 - 0.1232T} \times \frac{1}{3600}$$

（2）常见结构构件温度场的差分解法

① 平面构件（如实心板）温度场的差分解法　实心板如楼板，属一维导热，将板厚按 Δx 等分，变微分方程 $\dfrac{\partial t}{\partial \tau} = \alpha \dfrac{\partial^2 t}{\partial x^2}$ 为差分方程：

$$t(x, \tau + \Delta\tau) = \frac{\alpha \Delta\tau}{(\Delta x)^2}\left[t(x + \Delta x, \tau) + t(x - \Delta x, \tau)\right] + \left[1 - 2\frac{\alpha \Delta\tau}{(\Delta x)^2}\right]t(x, \tau)$$

$$(9\text{-}17)$$

上式表明，在时刻 $\tau + \Delta\tau$，将板厚划分为厚为 Δx 的区间后，每一节点的温度由 t 时刻该点温度和前后两点的温度所决定，如图 9-4 所示。

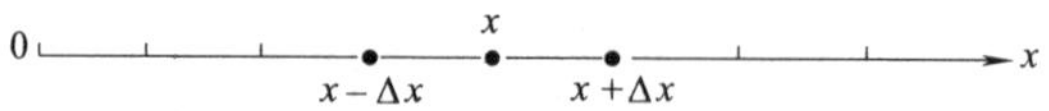

图 9-4　板内某点温度关系示意图

为保证解的稳定性，必须满足 $\dfrac{\alpha \Delta\tau}{(\Delta x)^2} \leqslant \dfrac{1}{2}$ 　　　　　　　　(9-18)

如果取 $\Delta x = 1\text{cm} = 0.01\text{m}$，$\alpha = 7.365 \times 10^{-7} \, m^2/s$，则：

$$\Delta\tau \leqslant \frac{(0.01)^2}{2 \times 7.365 \times 10^{-7}} = 68s$$

可取 $\Delta\tau = 60s$，然后按初始条件及边界条件，每隔 $\Delta\tau$ 时间间隔，逐一计算各节点温度，直到 t 增至所要求的时间，即得温度场。

平面构件的一维温度场是最基本的温度分布，沿着受火面法线方向往里，截面上的温度值单调降低，且梯度减小。外表面上有最高温度，外表层约 $20\sim40\mathrm{mm}$ 内的温度梯度大，往里温度近似直线下降，至较远处温度基本保持常值，即梯度为零。

② 矩形截面温度场的差分解法　矩形截面构件导热属二维非稳态传热，同前述方法，将微分方程 $\dfrac{\partial t}{\partial \tau}=\alpha\left(\dfrac{\partial^2 t}{\partial x^2}+\dfrac{\partial^2 t}{\partial y^2}\right)$ 化为差分方程：

$$\frac{t(x,y,\tau+\Delta\tau)-t(x,y,\tau)}{\Delta\tau}=\alpha\left[\frac{t(x+\Delta x,y,\tau)-2t(x,y,\tau)+t(x-\Delta x,y,\tau)}{(\Delta x)^2}\right.$$
$$\left.+\frac{t(x,y+\Delta y,\tau)-2t(z,y,\tau)+t(x,y-\Delta y,\tau)}{(\Delta y)^2}\right]$$

当取 $\Delta x=\Delta y=\Delta$ 时，整理上式得：

$$t(x,y,\tau+\Delta\tau)=\frac{\alpha\Delta\tau}{\Delta^2}\left[t(x+\Delta x,y,\tau)+t(x-\Delta x,y,\tau)+t(x,y+\Delta y,\tau)\right.$$
$$\left.+t(x,y-\Delta y,\tau)\right]+\left(1-4\frac{\alpha\Delta\tau}{\Delta^2}\right)t(x,y,\tau) \tag{9-19}$$

为保证差分方程的稳定性，必须满足

$$\frac{\alpha\Delta\tau}{(\Delta)^2}\leqslant\frac{1}{4} \tag{9-20}$$

把矩形截面划分成 $\Delta\times\Delta$ 方格，每一点在时刻 $\tau+\Delta\tau$ 时的温度取决于时刻 τ 时该点和前后左右四点的温度，如图 9-5 所示。

当取 $\Delta=2\mathrm{cm}=0.02\mathrm{m}$，$\alpha=7.365\times10^{-7}\mathrm{m}^2/\mathrm{s}$ 时，则由式（9-20）有：

$$\Delta\tau\leqslant\frac{\Delta^2}{4\alpha}=\frac{4\times10^{-4}}{4\times7.365\times10^{-7}}=136\mathrm{s}$$

可取 $\Delta\tau=120\mathrm{s}$。由初始条件，当 $\tau=0$ 时，所有各节点温度均为 $20^{\circ}\mathrm{C}$，时间每增加 $\Delta\tau$，先求得相应的导温系数（求导温系数时温度用 τ 时刻值），再根据边界条件（边界差分方程），按式（9-19）逐行逐列计算出各节点温度，直到时间 τ 增至所要求的爆火时间，即得矩形截面温度场。

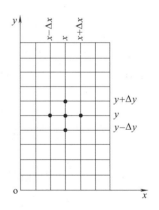

图 9-5　矩形截面某点温度
关系示意图

对于四面受火的柱，如前所述，由于双轴对称，温度场只计算 1/4 角区范围即可。对于三面受火的矩形截面——梁或边柱，由于截面高度 h 较大，在有限的时间内，短边所受热量很少影响到 $h/2$ 以外部分，所以也可近似按四面受火时 1/4 角区内温度场计算；当需求 $h/2$ 以外部分的温度时，直接利用 $h/2$ 处最上两行值，进行线性插值依次计算其温度值即可。

构件截面的周边有多面受火时，如平面结构的对侧，梁和柱的相邻两面、三面或四面受火等，截面内部的温度场近似于各方向一维温度场的叠加。

③ 圆柱温度场的差分解法　当圆柱周边受火时也是一维传热问题，只是微分方程不同于板。同样，用 Δr 把半径等分，然后把微分方程 $\frac{\partial t}{\partial \tau} = \alpha \left(\frac{\partial^2 t}{\partial r^2} + \frac{1}{r} \times \frac{\partial t}{\partial r} \right)$ 变为差分方程：

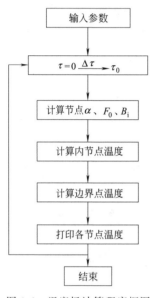

图 9-6　温度场计算程序框图

$$t(r, \tau + \Delta \tau) = \left[\frac{\alpha \Delta \tau}{(\Delta r)^2} + \frac{\alpha \Delta \tau}{2r \Delta r} \right] t(r + \Delta r, \tau)$$
$$+ \left(\frac{\alpha \Delta \tau}{(\Delta r)^2} - \frac{\alpha \Delta \tau}{2r \Delta \tau} \right) t(r - \Delta r, \tau) + \left[1 - 2 \frac{\alpha \Delta \tau}{(\Delta r)^2} \right] t(r, \tau)$$

$$(9\text{-}21)$$

稳定性条件为：　$\frac{\alpha \Delta \tau}{(\Delta r)^2} \leqslant \frac{1}{2}$　　　　(9-22)

如果取 $\Delta x = 1.5 \text{cm} = 0.015 \text{m}$，$\alpha = 7.365 \times 10^{-7} \text{m}^2/\text{s}$，则：

$$\Delta \tau \leqslant \frac{(0.015)^2}{2 \times 7.365 \times 10^{-7}} = 153 \text{s}$$

可取 $\Delta \tau = 150 \text{s}$ 或较小的 $\Delta \tau$ 时间间隔。

值得注意的是，当尺寸步长 Δ 给定后，时间步长 $\Delta \tau$ 的选择则受稳定性制约，即必须满足稳定性条件的要求。如果尺寸步长 Δ 变小，则相应的时间步长 $\Delta \tau$ 也会变小。如果步长划分不能满足稳定性条件，计算结果将是错误的。

计算温度场的计算机程序框图如图 9-6 所示。

9.2　构件截面温度场计算程序及其验证

9.2.1　计算程序的编制

根据上述有限差分法求解热传导问题的理论分析和混凝土构件截面温度场数值计算推导的公式，编制成混凝土构件截面温度场计算程序。程序用 C 和 C++ 语言编写，结合 VB 语言，编制了简洁明了、直观形象且操作方便的可视化输入、输出界面。程序命名为 TFACM（temperate field analysis of concrete member）。

（1）网格单元划分

混凝土构件的截面形状大多规整，为便于计算，网格划分为矩形单元，沿截面的宽度和高度方向均等间距划分网格，取 $\Delta x = \Delta y = \Delta$，即 $\Delta \times \Delta$ 方格单元。为避免时间步长 $\Delta \tau$ 缩得过小，程序拟定网格单元边长为 0.01m 和 0.02m 两种，可供选择。

（2）时间步长确定

确定了网格单元的边长后，相应的最大时间步长由前述的稳定性条件控制和确定。根据上述拟定的两种网格单元边长，计算相应的最大时间步长，并同时编入程序和界面。

（3）边界条件

程序中包括三类边界条件。火灾或高温作用下，混凝土构件的边界条件一般为第三类边界条件；远离受火面的边界，可近似看作第一类边界条件；对称截面的对称轴处或对称面上为第二类边界条件。

（4）升温方式

本程序拟定并适用于两种升温制度，即 ISO 834 标准温-时曲线的升温方式和恒温升温方式。标准温-时曲线的升温方式，需输入受火时间，如前所述，受火时间则通过红外热像检测推定的表面受火温度，由 $\tau = \exp\left(\dfrac{T}{204}\right)$ 来推算而得；恒温升温方式，则需同时输入表面受火温度和受火时间，表面受火温度由红外热像检测推定，受火时间的推定与标准升温方式相同。恒温升温方式，可以模拟火灾混凝土试验研究中试件的快热快冷热处理制度，也可以模拟实际火灾中，构件装饰层烧损或脱落后混凝土遭受高温作用的情形。

实际工程分析和评估时，两种升温制度可根据具体情况酌情选择，并在输入界面上选定两者之一。

（5）混凝土热工参数

如前所述，混凝土构件截面非稳态温度场的计算，主要与混凝土的热导率 λ、比热容 c 和表观密度 ρ 有较大的关系。在热传导微分方程中，混凝土的热工性能对构件温度场的影响，以混凝土的热扩散率或称导温系数 α 的形式集中体现出来。本程序拟定混凝土热工参数——导温系数 α，采用法国规范推荐式计算确定。

$$\alpha(T) = \frac{\lambda}{c\rho} = \frac{1.4 - 1.5 \times 10^{-3}T + 6 \times 10^{-7}T^2}{528 - 0.1232T} \times \frac{1}{3600}$$

（6）程序计算流程图

TFACM 程序计算流程图见图 9-6。

9.2.2　温度场差分分析可视化软件介绍

（1）一维温度场差分分析 VB+C 整合软件介绍

① 输入界面　输入界面 1、2 如图 9-7、图 9-8 所示。

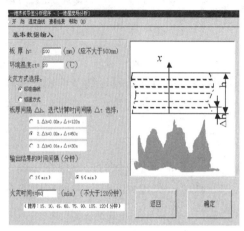
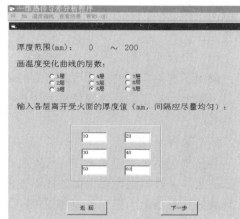

图 9-7 输入界面 1   图 9-8 输入界面 2

② 输出文档 根据实际火灾情况，模拟计算时，可以选择火灾为标准温-时曲线升温方式或恒温升温方式，输出文档对应所选升温方式的温度场数值文档，如图 9-9、图 9-10 所示。

③ 输出曲线 如图 9-11 所示为不同厚度层温度随时间变化曲线。

[h-data_h-data_t : 200(mm)__0.020(m)__60(s)]

| 时间 | | | | | 间隔层温度/℃ | | | | | |
/min	0	1	2	3	4	5	6	7	8	9	10
0	20	20	20	20	20	20	20	20	20	20	20
5	493	139	37	21	20	20	20	20	20	20	20
10	580	243	88	35	23	20	20	20	20	20	20
15	631	315	139	59	31	22	20	20	20	20	20
20	667	368	184	86	43	27	22	20	20	20	20
25	695	410	223	114	58	34	24	21	20	20	20
30	719	445	257	140	75	43	28	23	21	20	20
35	738	475	287	165	92	53	33	25	22	21	20
40	755	501	314	188	109	64	40	28	23	21	20
45	770	524	339	210	126	75	46	32	25	22	21
50	783	544	361	230	142	87	54	36	27	23	21
55	795	563	381	249	158	98	62	41	30	24	22
60	807	580	400	267	173	110	70	46	33	26	22
65	817	595	418	284	187	122	79	52	37	28	23
70	826	609	434	300	201	133	87	58	40	30	24
75	835	622	449	315	215	144	96	64	44	32	25
80	843	635	463	329	228	155	104	70	49	35	26
85	851	646	477	342	240	166	113	77	53	38	28
90	858	657	489	355	252	176	121	83	57	41	29

图 9-9 火灾为标准温-时曲线升温方式时温度场的输出文档

时间	间隔层温度/℃										
/min	0	1	2	3	4	5	6	7	8	9	10
0	310	20	20	20	20	20	20	20	20	20	20
5	600	374	202	96	44	24	20	20	20	20	20
10	600	434	292	184	110	64	39	27	22	20	20
15	600	463	340	239	161	105	68	45	32	25	22
20	600	481	371	276	199	140	97	67	47	35	27
25	600	493	392	304	229	169	122	88	63	46	34
30	600	502	409	326	253	193	145	107	79	58	42
35	600	509	422	343	273	214	165	125	94	69	50
40	600	515	433	358	290	232	182	141	107	80	57
45	600	519	442	370	304	247	197	155	119	89	64
50	600	523	449	380	317	260	210	167	130	98	70
55	600	527	456	389	327	272	222	178	139	105	75
60	600	530	462	397	337	282	232	188	148	112	80
65	600	532	466	404	345	291	241	196	155	118	84
70	600	535	471	410	352	298	249	204	162	124	88
75	600	537	474	415	358	305	256	210	168	128	91
80	600	538	478	419	364	311	262	216	173	132	94
85	600	540	481	423	369	316	267	221	177	136	96
90	600	541	483	427	373	321	272	226	182	139	99

图 9-10　火灾为恒温升温方式时温度场的输出文档

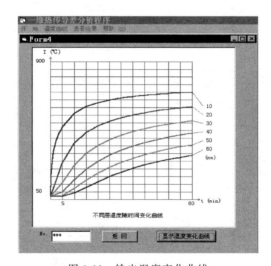

图 9-11　输出温度变化曲线

④ 用差分法求解一维温度场的 C++程序

```
* 用差分法求解温度场的程序*/             {float data_t= 60.0,data_x= 0.01;
# include"math.h"                          /* data_t-时间间隔(s);
# include"stdio.h"                     data_x-间隔厚度(m)*/
# include"stdlib.h"                   static float arfa,f[91][12],
# include"fcntl.h"                                 arfa1,t[91][12];
main()                                int i,j;
```

```
FILE * fp;
char * filename= "aaaaa. dat";
char * item1= "时间  间隔层温度(℃)";
char * item2= "(min)0 1 2 3 \
                   4 5 6 7 8 9 10";
fp= fopen(filename,"w");
for(i= 1;i< 12;i+ + )
    t[0][i]= 20.0;
    t[0][0]= 310.0;
for(i= 1;i< 91;i+ + )
    t[i][0]= 600.0;
fprintf(fp,"% s\n",item1);
printf(fp,"% s\n0 ",item2);
for(j= 0;j< 11;j+ + )
    fprintf(fp,"% -4.0f ",t[0][j]);
for(i= 1;i< 91;i+ + )
{ if(i% 5= = 0) fprintf(fp,"\n% -4d",i);
for(j= 1;j< 12;j+ + )
```

```
{arfa1= 1.4-(1.5e-3)* t[i-1][j]\
+ (6.0e-7)* t[i-1][j]* t[i-1][j];
arfa= arfa1/((528.0-0.1232\
            * t[i-1][j])* 3600.0);
f[i][j]= arfa* data_t/(data_x* data_x);
if(j= = 11)
    t[i][j]= f[i][j]* 20.0+ \
        (1-2* f[i][j])* t[i-1][j]+ \
        f[i][j]* t[i-1][j-1];
else t[i][j]= f[i][j]* t[i-1][j+ 1]+ \
    (1-2* f[i][j])* t[i-1][j]\
    + f[i][j]* t[i-1][j-1];
    if((i% 5= = 0)&&(j< 12))
fprintf(fp,"% -4.0f ",t[i][j-1]);
    }
}
}
```

（2）二维温度场差分分析 VB+C++整合软件介绍

① 输入界面　输入界面 1、2 如图 9-12、图 9-13 所示。

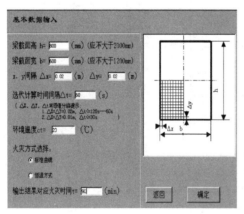

图 9-12　输入界面 1

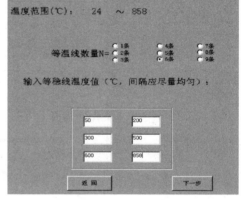

图 9-13　输入界面 2

② 输出文档　根据实际火灾情况，模拟计算时，可以选择火灾为标准温-时曲线升温方式或恒温升温方式，输出文档对应所选升温方式的温度场数值文档，如图 9-14、图 9-15 所示。

③ 输出曲线　如图 9-16 所示为混凝土梁构件内部的等温线。

```
#####Tempertures of intervals centers#####
 b= 600mm， h= 800mm， t=90.0min
766  596  456  343  255  187  137  100   73   55   42   34   29   26   24
766  596  456  343  255  187  137  100   73   55   42   34   29   26   24
766  596  456  343  255  187  137  100   73   55   42   34   29   26   25
766  596  456  343  255  187  137  100   74   55   43   35   29   26   25
766  596  456  343  255  188  137  100   74   56   43   35   30   27   26
766  597  456  344  256  188  138  101   75   57   44   36   31   28   27
766  597  457  344  256  189  139  103   77   58   46   38   33   30   29
766  597  457  345  258  191  141  105   79   61   49   41   36   33   32
766  598  459  347  260  194  145  109   84   66   54   46   41   39   37
767  599  461  350  264  199  150  115   90   73   62   54   49   47   46
768  601  464  355  271  207  159  125  101   84   73   66   62   59   58
769  604  470  363  280  218  173  140  117  101   90   84   79   77   76
770  610  478  375  295  236  192  161  140  125  115  109  105  103  102
773  618  492  393  318  262  221  192  173  159  150  145  142  140  139
777  630  511  419  350  298  262  236  218  207  199  194  191  190  189
783  648  540  457  395  350  318  295  280  271  264  260  258  257  256
792  673  580  509  457  419  393  375  363  355  350  347  345  344  344
804  708  635  580  540  511  492  478  470  464  461  459  457  457  456
821  757  708  673  648  630  618  610  604  601  599  598  597  597  597
845  821  804  792  783  777  773  770  769  768  767  766  766  766  766
```

图 9-14　火灾为标准温-时曲线升温方式时温度场的输出文档

```
#####Tempertures of intervals points#####
 b= 600mm， h= 800mm， t=90.0min
858  674  519  393  293  216  158  115   84   62   47   37   31   27   25   24
858  674  519  393  293  216  158  115   84   62   47   37   31   27   25   24
858  674  519  393  293  216  158  115   84   62   47   37   31   27   25   24
858  674  519  393  293  216  158  115   84   62   48   38   31   27   25   24
858  674  519  393  293  217  159  116   85   63   48   38   32   28   26   25
858  674  519  393  294  217  159  116   85   64   49   39   32   29   26   26
858  674  519  394  294  218  160  117   86   65   50   40   34   30   28   27
858  674  520  394  295  219  161  119   88   67   52   42   36   32   30   30
858  675  520  395  297  221  164  122   91   70   56   46   40   36   34   34
858  675  521  397  299  224  168  126   97   76   62   52   46   43   41   40
858  676  524  400  304  230  174  134  105   84   71   62   56   53   51   50
858  678  527  406  311  238  184  145  117   98   84   76   70   67   66   65
858  680  532  414  321  251  199  162  135  117  105   97   92   89   87   87
858  685  541  426  338  271  222  187  162  145  134  126  122  119  118  117
858  691  554  445  362  300  254  222  199  184  174  168  164  162  160  160
858  701  573  473  397  340  300  271  251  238  230  224  221  219  218  218
858  716  601  512  445  397  362  338  321  311  304  299  297  295  295  294
858  736  640  566  512  473  445  426  414  406  400  397  395  394  394  394
858  765  693  640  601  573  554  541  532  527  524  521  520  520  519  519
858  804  765  736  716  701  691  685  680  678  676  675  675  674  674  674
858  858  858  858  858  858  858  858  858  858  858  858  858  858  858  858
```

图 9-15　火灾为恒温升温方式时温度场的输出文档

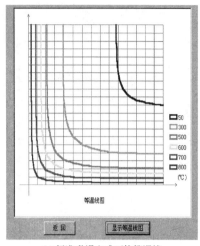
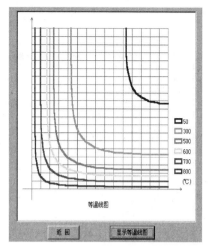

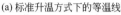

(a) 标准升温方式下的等温线　　(b) 恒温方式下的等温线

图 9-16　输出曲线

④ 用差分法求解二维温度场的 C++ 程序

```
/* 用差分法求解温度场的程序* /
# include"math. h"
# include"stdio. h"
# include"stdlib. h"
# include"fcntl. h"
# include< graphics. h>
# include< conio. h>

main()
{char sc[20];
static float arfa,f[62][102],arfa1,t
[62][102];
    int   i,j,k,ii,jj,kk,ddd,dt;
    FILE   * fp,* fi,* fo;
    char   * filename1= "CF2WOUT. txt";
    char   * filename2= "cfin. txt";
    char   * filename3= "CF2W. txt";
    fi= fopen(filename2,"r");
    if(fi= = NULL)
    {printf("cannot open this file\n");
    exit(0);}
    fp= fopen(filename1,"w");
    if(fp= = NULL)
    {printf("cannot open this file\n");
    exit(0);}
    fo= fopen(filename3,"w");
    if(fo= = NULL)
    {printf("cannot open this file\n");
    exit(0);}

    float   hw,hw0,cw,fb;
    int bj,hk;
    float   data_t,data_x,data_y,it;

    /* data_t-时间间隔(s); data_x-间隔厚度
(m) data_y-间隔厚度(m)* /

    float   tout,thw;
    fgets(sc,9,fi);
    dt= atoi(sc);
    fgets(sc,9,fi);
    bj= atoi(sc);
    fgets(sc,9,fi);
    hk= atoi(sc);
    fgets(sc,9,fi);
    data_x= atoi(sc);
    fgets(sc,9,fi);
    data_y= atoi(sc);

    fgets(sc,9,fi);
    data_t= atoi(sc);
    if(dt= = 2)
    {fgets(sc,9,fi);
    hw0= atoi(sc);
```

```
        }
    fgets(sc,9,fi);
    tout= atoi(sc);
    fgets(sc,9,fi);
    cw= atoi(sc);

    data_x= data_x/1000;
    data_y= data_y/1000;
    it= tout;
    ii= it* 60/data_t+ 1;
    jj= bj/2/data_x/1000+ 1;
    kk= hk/2/data_y/1000+ 1;

    for(j= 0;j< jj;j+ + )
    for(k= 0;k< kk;k+ + )
    t[j][k]= 0. 0;
    i= 0;
    if(dt= = 1)
    hw= 345 * log10 (8 * i * data_t/60+ 1)
+ cw;
    if(dt= = 2) hw= cw;
    for(j= 0;j< = jj;j+ + ) t[j][0]= hw;
    for(k= 0;k< = kk;k+ + ) t[0][k]= hw;
    for(j= 1;j< = jj;j+ + )
    for(k= 1;k< = kk;k+ + )
    t[j][k]= cw;
    for(j= 0;j< = jj;j+ + )
    for(k= 0;k< = kk;k+ + )
    f[j][k]= t[j][k];

    if((int)(tout* 60/data_t)= = 0)
    {fprintf(fp,"\n    # # # # # Temper-
tures of intervals points# # # # # ");
    fprintf(fp,"\n    (b= % 4d (mm),h= % 4d
(mm),  t= % 4. 1f (min))\n",bj,hk,0. 0);
    for(k= kk-1;k> = 0;k--)
    for(j= 0;j< jj;j+ + )
    { fprintf(fp,"% -4. 0f ",t[j][k]);
    if(j= = (jj-1)) fprintf(fp,"\n ");
    fprintf(fo,"% -4. 0f ",t[j][k]);
    if(j= = (jj-1)) fprintf(fo,"\n ");  }

    fprintf(fp,"\n    # # # # # Temper-
tures of intervals centers# # # # # ");

    fprintf(fp,"\n b = % 4d (mm),h = % 4d
```

```
(mm),t= % 4. 1f (min) \n",bj,hk,i* data_t/
60);
    for(k= kk-2;k> = 0;k--)
    for(j= 0;j< jj-1;j+ + )
    { fprintf(fp,"% -4. 0f ",t[j][k]);
    if(j= = (jj-2)) fprintf(fp,"\n");
    fprintf(fo,"% -4. 0f ",t[j][k]);
    if(j= = (jj-2)) fprintf(fo,"\n");
    }
    }
    for(i= 1;i< ii;i+ + )
    {
    {  if(dt= = 1) hw= 345* log10(8* i* da-
ta_t/60+ 1)+ cw;
    if(dt= = 2)
    {if(i= = 1) hw= (hw0+ cw)/2;
    if(i> 1) hw= hw0;
    }
    for(j= 0;j< jj;j+ + ) t[j][0]= hw;
    for(k= 0;k< = kk;k+ + ) t[0][k]= hw;
    }

    for(k= 1;k< kk;k+ + )
    for(j= 1;j< jj;j+ + )
    {arfa1= 1. 4-(1. 5e-3)* f[j][k]+ (6. 0e-7)
* f[j][k]* f[j][k];
    arfa=  arfa1/( 528. 0-0. 1232 *  f [ j ]
[k])/3600. 0;
    fb= arfa* data_t/(data_x* data_y);
    t[j][k]= fb* (f[j+ 1][k]+ f[j-1][k]+ f
[j][k+ 1]+ f[j][k-1])+ (1-4* fb)* f[j][k];
    }

    for(k= 0;k< kk;k+ + ) t[jj][k]= t[jj-2]
[k];
    for(j= 0;j< jj;j+ + ) t[j][kk]= t[j]
[kk-2];

    if(i= = (int)(tout* 60/data_t))
    { fprintf(fp,"\n    # # # # # Temper-
tures of intervals points# # # # # ");
    fprintf(fp,"\n b= % 4d (mm),h = % 4d
(mm),t= % 4. 1f (min) \n",bj,hk,i* data_t/
60);
    for(k= kk-1;k> = 0;k--)
    for(j= 0;j< jj;j+ + )
```

```
{ fprintf(fp,"% -4.0f ",t[j][k]);
if(j= = (jj-1)) fprintf(fp,"\n");
fprintf(fo,"% -4.0f ",t[j][k]);
if(j= = (jj-1)) fprintf(fo,"\n");
}
}


if(i= = (int)(tout* 60/data_t))
{ for(k= 0;k< kk-1;k+ + )
for(j= 0;j< jj-1;j+ + )
f[j][k]= (t[j][k]+ t[j+ 1][k]+ t[j][k+
1]+ t[j+ 1][k+ 1])/4;
fprintf(fp,"\n    # # # # # Temper-
tures of intervals centers# # # # # ");
fprintf(fp,"\n b= % 4d (mm),h= % 4d
(mm),t= % 4.1f (min) \n",bj,hk,i* data_t/
60);
for(k= kk-2;k> = 0;k--)
for(j= 0;j< jj-1;j+ + )
{ fprintf(fp,"% -4.0f ",f[j][k]);
if(j= = (jj-2)) fprintf(fp,"\n");
```

```
fprintf(fo,"% -4.0f ",f[j][k]);
if(j= = (jj-2)) fprintf(fo,"\n");
}
}
}
for(j= 0;j< = jj;j+ + )
for(k= 0;k< = kk;k+ + )
f[j][k]= t[j][k];
}
fclose(fp);
fclose(fi);
fclose(fo);

printf("\n\n\n\n        1.Size of the
cross section: b< 1200,h< 2000");
printf("\n\n         2.Output results
in file:CF2WOUT.txt");
printf("\n\n         3.Press any key to
the first menu! \n\n\n\n\n\n\n\n\n\n\n\
n\n\n");
getch();
}
```

9.2.3　实验验证

　　为确保温度场分析程序得出的计算结果真实可靠，符合结构构件火灾损伤的实际情况，应对构件截面温度场分析程序进行必要的校核和验证。如前所述，对于非线性的瞬态热传导问题，很难确定解析解，因此可通过混凝土构件的模拟火灾实验，或通过混凝土试件的高温炉试验，加以测定和验证。

　　混凝土构件的模拟火灾实验或混凝土试件的高温炉试验中，可预先在构件或试件的表面和内部埋置若干热电偶，在升温加热过程中测量内部的温度值及其变化，也可在高温冷却后用无水乙醇酚酞试剂检测火灾混凝土新鲜断面上不变红的深度，在此深度范围内，认为水泥水化产物 $Ca(OH)_2$ 已全部分解，说明该深度上遭受的高温达到或超过了 500℃ 。

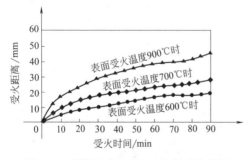

图 9-17　混凝土实心内 500℃ 温度线位置

（1）平面构件一维温度场

　　应用本书有限差分计算机程序对厚度为 100mm 的混凝土实心楼板进行温度场分析，选取恒温方式（相应于高温炉试验过程中试件的热处理方式），受火温度选取 600℃ 、700℃ 、900℃ ，用差分法求解温度场的值同前述火灾为恒温升温方式时温度场的输出文档，其 500℃ 温度线的位置如图 9-17 所示。

900℃高温下，60min 约 38mm 处的迎火距离上混凝土的温度可达 500℃，90min 约 42mm 处已达 500℃；700℃高温下，60min 约 24.3cm 处达 500℃，90min 约 26.6cm 处达 500℃；600℃高温下，60min 约 14mm 处达 500℃，90min 约 16mm 处达 500℃。标准升温方式下，60min 时 28mm 的迎火距离上混凝土的温度可达 500℃，90min 时 35mm 处达 500℃。

本书高温炉试验过程中，试件的热处理制度采用快热快冷方式，即当炉温升至设定的温度等级时，迅速放入试件使其受热，达到恒温后取出，使其在空气中迅速冷却。采用自制无水乙醇酚酞试剂实际检测不同温度下恒温 90min、冷却后混凝土中性化深度。检测结果表明，受火温度为 600℃、700℃、900℃时，其实测损伤深度分别为 11～16mm、18～25mm 和 30～40mm，见表 9-1 和图 9-18。检验结果可知，差分法模拟结果与酚酞试剂实测结果非常接近。

表 9-1　酚酞试剂法检测火灾混凝土损伤深度值（恒温 90min）

作用温度/℃	20	100	200	300	400	500	600	700	800	900
损伤深度/mm	2～5	2～5	5～6	5～6	5～6	8～10	11～16	18～25	25～28	30～40

对比本书有限差分计算机程序对板温度场的分析结果与本书试验研究结果，表明本书有限差分计算机程序对板温度场的分析是切实可行的，可用以进行钢筋混凝土火灾损伤构件的损伤分析。

另外，标准升温方式与恒温方式（若恒温温度取标准升温方式下的最高温度）相比，同样受火时间下，则恒温方式推定的温度稍高于标准升温方式的结果，因标准升温初期作用温度较低。通过比较分析可知，若采用

图 9-18　酚酞试剂法检测火灾混凝土损伤深度结果

恒温方式计算，则受火时间减少 10min，结果便与上述标准升温方式计算结果相当。实际评估计算中，采用哪种温度作用方式，应根据具体情况酌情选择，但应使相对误差较小。下面是不同升温方式下实心板温度场程序分析结果的对比。

标准升温方式下厚度为 200mm 的实心板的温度场分析结果（受火时间取 90min）：

[h-data _ h-data _ t: 200(mm) _ 0.010(m) _ 30(s)]

时间　　　　　　　　　　　　　　　　　　　间隔层温度/℃

/min	0	1	2	3	4	5	6	7	8	9	10	11	12	13	14	15	16	17	18	19	20
0	20	20	20	20	20	20	20	20	20	20	20	20	20	20	20	20	20	20	20	20	20
5	493	270	134	63	33	23	21	20	20	20	20	20	20	20	20	20	20	20	20	20	20
10	580	384	240	144	84	50	33	25	22	20	20	20	20	20	20	20	20	20	20	20	20
15	631	453	313	209	135	87	56	39	29	24	22	21	20	20	20	20	20	20	20	20	20
20	667	502	367	261	181	123	84	58	41	31	26	23	21	21	20	20	20	20	20	20	20
25	695	540	410	304	221	158	111	79	56	42	32	27	24	22	21	20	20	20	20	20	20
30	719	571	445	340	255	189	138	100	73	54	41	33	27	24	22	21	21	20	20	20	20
35	738	597	475	371	286	217	163	121	90	67	51	40	32	27	24	22	21	21	20	20	20
40	755	620	501	399	313	243	186	142	107	81	62	48	38	32	27	24	23	22	21	20	20
45	770	640	524	423	338	266	208	161	124	95	73	57	45	37	31	27	24	23	22	21	20
50	783	657	544	445	360	288	229	180	140	109	85	67	53	43	35	30	27	24	23	21	21
55	795	673	563	465	381	308	248	197	156	123	97	76	61	49	40	34	29	26	24	22	21
60	807	687	579	484	400	327	266	214	172	137	109	86	69	56	45	38	33	28	25	23	21
65	816	569	561	498	417	345	283	230	186	150	120	96	77	63	51	42	36	31	27	24	22
70	826	655	543	473	414	355	297	245	200	163	132	106	86	70	57	47	39	34	29	26	23
75	835	700	587	496	423	361	306	256	212	175	143	116	94	77	63	52	43	37	31	27	23
80	843	721	612	519	441	374	317	267	223	185	153	126	103	84	69	57	47	40	34	28	24
85	851	735	630	538	458	389	330	278	234	196	163	135	111	91	75	62	52	43	36	30	25
90	858	747	645	554	474	404	343	291	245	206	172	143	119	99	82	67	56	46	38	32	26

恒温方式下厚度为 200mm 的实心板的温度场分析结果（受火时间取 80min）：

[h-data _ h-data _ t: 200(mm) _ 0.010(m) _ 30(s)]

时间　　　　　　　　　　　　　　　　　　　间隔层温度/℃

/min	0	1	2	3	4	5	6	7	8	9	10	11	12	13	14	15	16	17	18	19	20
0	20	20	20	20	20	20	20	20	20	20	20	20	20	20	20	20	20	20	20	20	20
5	858	501	253	114	50	28	21	20	20	20	20	20	20	20	20	20	20	20	20	20	20
10	858	601	390	237	137	78	46	30	24	21	20	20	20	20	20	20	20	20	20	20	20
15	858	647	463	317	208	133	84	54	37	28	23	21	20	20	20	20	20	20	20	20	20
20	858	675	510	372	263	181	122	82	56	40	30	25	22	21	20	20	20	20	20	20	20
25	858	694	543	413	306	222	158	111	78	55	41	32	26	23	22	21	20	20	20	20	20
30	858	708	569	445	341	256	189	138	100	72	53	40	32	27	24	22	21	20	20	20	20
35	858	719	589	472	370	286	217	163	121	90	67	51	39	32	27	24	22	21	20	20	20
40	858	728	605	493	395	312	242	186	141	107	81	62	48	38	31	27	24	22	21	20	20
45	858	736	619	512	417	334	265	207	161	124	95	73	57	45	37	31	27	24	22	21	21
50	858	742	630	528	435	354	285	227	179	140	109	85	66	52	42	35	30	26	24	22	21
55	858	747	641	541	452	372	303	245	195	155	122	96	76	60	49	40	34	29	26	23	22
60	858	752	649	554	466	388	320	261	211	170	135	108	86	69	56	45	38	32	28	24	22
65	858	620	625	563	479	403	335	276	226	183	148	119	96	77	62	51	42	35	30	26	23
70	858	698	596	532	473	410	348	290	240	197	160	130	105	85	69	56	46	39	33	28	24
75	858	737	633	548	477	413	355	301	252	209	172	141	115	93	76	62	51	42	35	29	25
80	858	751	652	565	489	423	363	310	262	219	182	151	124	101	83	68	56	46	38	31	25

（2）矩形截面构件二维温度场

应用本书有限差分计算机程序对 $400\text{mm} \times 400\text{mm}$ 的矩形截面梁进行温度场分析，取标准升温方式（混凝土梁模拟火灾实验的升温过程接近标准温-时曲线，见模拟实验），取 40min 和 56min 两个受火时间，分析结果如下。

① 受火时间为 40min：

＃＃＃＃＃Temperatures of intervals centers＃＃＃＃＃

$b = 400\text{mm}$，$h = 400\text{mm}$，$t = 40.0\text{min}$

796	551	367	238	151	96	63	44	35	31
797	552	369	240	153	99	66	48	38	35
797	554	373	245	160	107	75	57	48	44
799	559	381	257	174	122	92	75	66	63
802	569	397	278	199	151	122	107	99	96
808	587	425	315	243	199	174	160	153	151
819	618	474	377	315	278	257	245	240	238
837	669	551	474	425	397	381	373	369	367
866	749	669	618	587	569	559	554	552	551
909	866	837	819	808	802	799	797	797	796

② 受火时间为 56min：

＃＃＃＃＃Temperatures of intervals points＃＃＃＃＃

$b = 400\text{mm}$，$h = 400\text{mm}$，$t = 56.0\text{min}$

935	658	444	290	184	116	74	50	37	31	29
935	658	445	291	185	117	75	51	38	32	31
935	659	447	294	189	122	81	57	44	38	37
935	661	451	300	198	132	92	69	57	51	50
935	665	460	313	215	152	113	92	81	75	74
935	674	477	338	245	186	152	132	122	117	116
935	690	507	380	297	245	215	198	189	185	184
935	717	558	450	380	338	313	300	294	291	290
935	762	639	558	507	477	460	451	447	445	444
935	831	762	717	690	674	665	661	659	658	658
935	935	935	935	935	935	935	935	935	935	935

本书有限差分计算机程序对矩形截面温度场及等温线（图 9-19、图 9-20）的分析结果表明，与 56min 和 40min 受火时间相对应的底面中部 $500\,℃$ 温度线分别约为 38mm 和 30mm，而对角线上 $500\,℃$ 温度线距底面约为 55mm 和 46mm。

韩继红对 $400\text{mm} \times 400\text{mm} \times 1200\text{mm}$ 的矩形截面梁进行的模拟火灾实验，其温度控制过程如表 9-2 所示。实验检测结果表明，在推定梁受火时间分别为 56min 和 40min、推定梁底部受火温度分别为 $821\,℃$ 和 $750\,℃$ 的情况下，梁底部损伤深度（即 $500\,℃$ 温度线位置）分别为 58mm 和 55mm，如图 9-21 所示。

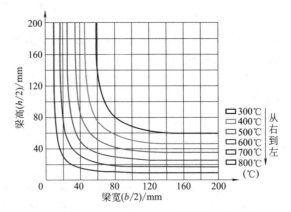

图 9-19　受火时间为 56min 的梁截面等温线

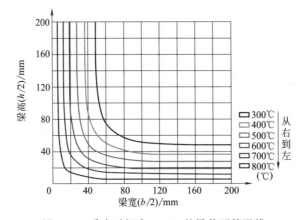

图 9-20　受火时间为 40min 的梁截面等温线

表 9-2　模拟火灾升温过程温度控制

火灾时间/min	5	10	15	30	60	90	180	240	360
ISO 834 标准升温模式/℃	535	700	750	840	925	975	1050	1090	1130
模拟火灾升温模式/℃	500	700	750	850	950	1000	1050	1100	1150

　　梁构件模拟火灾的实测结果与本书有限差分程序分析矩形截面温度场的对角线部位损伤情况几乎一致。由于模拟火灾实验受诸多因素的影响，不可能完全符合理想的标准温-时曲线和过程，因此，就本书有限差分程序分析二维非稳态温度场的结果和模拟火灾实测结果相比较而言，仍可认为比较接近。同样表明，本书有限差分计算机程序对二维非稳态温度场的分析是切实可行的，可用以进行钢筋混凝土火灾损伤构件的损伤分析。

　　（3）T 形小梁试验验证

　　本书试验研究中，制作了 T 形小梁进行高温试验研究。具体情况如下：

　　① 混凝土原材料与配比　原材料：42.5 普通硅酸盐水泥；磨细矿渣粉；中砂；5～20mm 碎石；萘系高效减水剂。T 形小梁混凝土配合比见表 9-3。

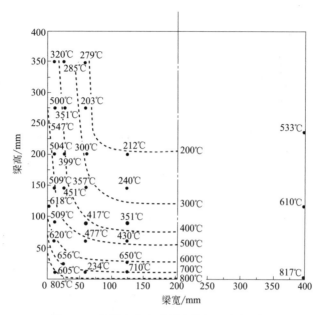

图 9-21　模拟火灾实验梁内外部温度场图示

图中·为梁内预埋热电偶布置示意图。热电偶为 K 型，测温范围 0～1300℃，精度 0.1℃

表 9-3　T 形小梁混凝土配合比

等级	42.5普通硅酸盐水泥	磨细矿渣粉	水	中砂	石子(5～20mm)	FDN 减水剂	水胶比
C30	390	无	187	638	1185	无	0.4
C50	261	261	178	684	1023	3.12(0.6%)	0.34
C80	324	216	162	688	1030	4.2(0.8%)	0.3

实测混凝土立方体试块（100mm×100mm×100mm）强度 f_{cu} 分别为 45.3MPa、54.8MPa、63.9MPa。

② T 形小梁试件的尺寸、配筋及热电偶的布置　T 形小梁试件的尺寸、配筋及热电偶的布置见图 9-22。

③ 高温试验设备　本高温试验使用上海科成工业炉设备厂生产的 DRX-36 型混凝土高温试验炉。该设备采用螺旋状电加热元件作为加热源在炉内辐射的加热方式，能耗低，加热速率高，温度均匀性好。主要部件如图 9-23 所示。炉膛升温曲线如图 9-24 所示。

④ T 形小梁试件的升温制度见图 9-24（b）。试件梁部分置于炉膛中部，板部分紧靠炉门，尽可能形成类似实际火灾中楼板背火面的情况。

⑤ 试验结果　图 9-25 是 T 形小梁试件遭受 800℃ 高温作用的温度场。图中 1#、2#、3# 热电偶如前所述，5# 热电偶为 T 形小梁试件的梁部分混凝土表面遭受的温度情况，6# 热电偶为 T 形小梁试件的板部分外侧紧靠炉的混凝土表面遭

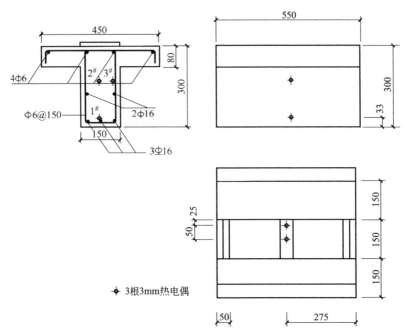

图 9-22 T 形小梁试件的尺寸、配筋及热电偶的布置图

图中◆为梁内预埋热电偶布置图。热电偶为 K 型，测温范围 0～1300℃，精度 0.1℃

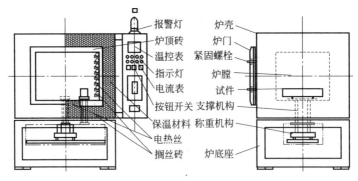

图 9-23 DRX-36 型混凝土高温试验炉组成

受的温度情况。

由于本试验炉的升温速率较标准温-时曲线低，因此，应用本书程序计算试件内部温度场时，对 T 形小梁试件的温-时过程进行一些技术处理，对比标准温-时曲线和本书前述的快热快冷（即恒温热处理制度），本试验炉加热试件处理为恒温升温方式，拟定作用温度为炉膛温度达到试验规定的最高温度并开始进入恒温阶段时试件表面达到的温度，该温度作为恒温方式的作用温度，拟定恒温作用时间从第20min 时起算，如试件在炉内加热 100min 时，相当于恒温作用时间 80min。

根据上述的分析处理，结合图 9-25 所示的试件升温过程，取恒温方式，作用

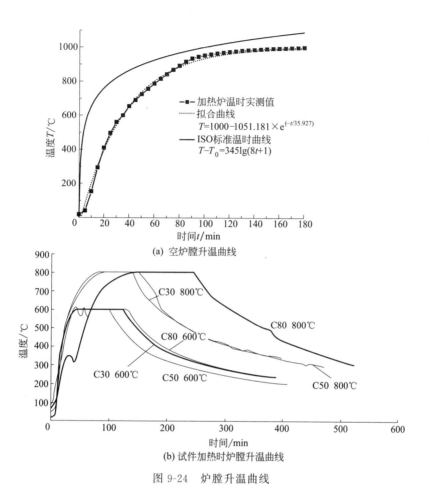

(a) 空炉膛升温曲线

(b) 试件加热时炉膛升温曲线

图 9-24　炉膛升温曲线

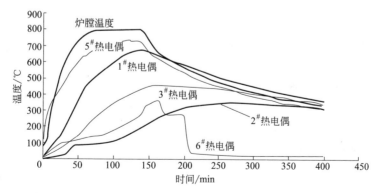

图 9-25　C30 混凝土 T 形小梁试件遭受 800℃高温作用的温度场

温度取加热 40min 时试件表面达到的温度 700℃，取恒温作用时间分别为 80min 和 130min，相应于图 9-25 中 100min 和 150min 的加热时间。然后利用本书 TFACM 程序进行温度场分析及绘出等温线（图 9-26、图 9-27），结果如下：

＃＃＃＃＃Temperures of intervals points＃＃＃＃＃

$b = 160mm$, $h = 220mm$, $t = 80.0min$

```
700 653 609 568 533 505 485 472 468
700 654 610 569 535 507 487 474 470
700 655 612 573 539 512 492 480 476
700 657 616 579 547 521 502 490 486
700 660 622 587 557 533 515 504 500
700 664 629 597 570 548 532 522 519
700 668 638 610 586 567 553 544 541
700 673 648 625 605 589 577 570 567
700 679 660 642 626 614 604 599 597
700 686 673 660 650 641 635 631 629
700 693 686 680 674 670 667 665 664
700 700 700 700 700 700 700 700 700
```

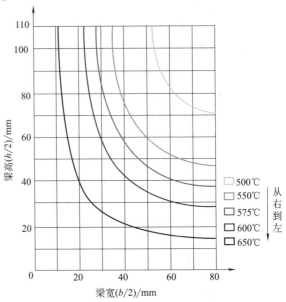

图 9-26 恒温 80min 相对应的梁截面等温线

＃＃＃＃＃Temperures of intervals centers＃＃＃＃＃

$b = 160mm$, $h = 220mm$, $t = 80.0min$

```
677 631 589 552 520 496 479 471
677 633 591 554 523 499 483 475
678 635 595 559 530 507 491 483
679 639 601 567 539 518 503 495
681 644 609 578 552 532 518 511
683 650 619 591 568 550 538 532
685 657 630 607 587 571 561 556
688 665 644 625 609 596 588 583
691 674 659 645 633 623 617 614
695 684 675 666 659 653 649 647
698 695 691 689 686 684 683 682
```

＃＃＃＃＃Temperters of intervals points＃＃＃＃＃
$b=160$mm，$h=220$mm，$t=130.0$min

```
700 679 658 640 624 610 601 595 593
700 679 659 640 624 611 602 596 594
700 680 660 642 627 614 604 599 597
700 681 662 645 630 618 609 604 602
700 682 665 649 635 624 616 611 609
700 684 668 654 642 631 624 619 618
700 686 672 660 649 640 634 630 628
700 688 677 667 658 651 645 642 641
700 691 682 674 667 662 658 655 654
700 694 688 683 678 674 671 669 669
700 697 694 691 689 687 685 685 684
700 700 700 700 700 700 700 700 700
```

＃＃＃＃＃Temperters of intervals centers＃＃＃＃＃
$b=160$mm，$h=220$mm，$t=130.0$min

```
689 669 649 632 617 606 598 594
690 669 650 633 619 608 600 596
690 671 652 636 622 611 604 600
691 672 655 640 627 617 610 606
691 675 659 645 633 624 617 614
692 678 664 651 641 632 627 624
694 681 669 658 649 642 638 635
695 685 675 667 659 654 650 648
696 689 682 676 670 666 663 662
698 693 689 685 682 679 678 677
699 698 696 695 694 693 692 692
```

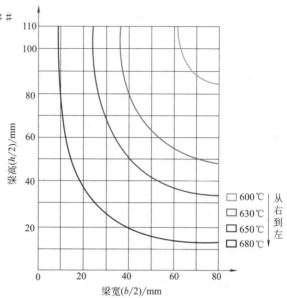

图 9-27 恒温 130min 相对应的梁截面等温线

根据本书 TFACM 程序进行的温度场分析结果可知，1# 热电偶处在加热 100min 和 150min 时试件的温度分别为 580℃ 和 650℃，与图 9-25 1# 热电偶实测的温度值完全一致。因此，本书试验再次表明，TFACM 程序对火灾损伤混凝土构件温度场的分析是切实可行的，可用以进行钢筋混凝土火灾损伤构件的损伤诊断和评估分析。

另外，与一维情况类似，标准升温方式与恒温方式（若恒温温度取标准升温方式下的最高温度）相比，同样受火时间下，则恒温方式推定的温度稍高于标准升温方式的结果。通过比较分析可知，若采用恒温方式计算，则受火时间减少 15min，结果便与上述标准升温方式计算结果相当。实际评估计算中，采用哪种温度作用方式，应根据具体情况酌情选择，但应使相对误差较小。

下面分别为标准升温方式和恒温方式下矩形截面温度场的分析结果，等温线如图 9-28、图 9-29 所示，两者相比较，几乎完全一致。

① 标准升温方式：

#####Temperture of intervals points#####
$b = 400mm$, $h = 600mm$, $t = 60.0min$

945	673	460	305	196	123	78	51	36	28	26
945	673	460	305	196	123	78	51	36	28	26
945	673	460	305	196	123	78	51	36	28	26
945	673	461	305	196	124	78	51	36	29	27
945	673	461	305	196	124	79	52	37	30	27
945	673	461	306	197	125	80	53	38	31	29
945	674	462	307	200	128	83	57	42	35	33
945	675	465	311	205	134	90	64	50	43	41
945	677	469	319	214	146	103	78	64	58	56
945	682	479	333	232	167	127	103	90	84	82
945	691	497	359	265	204	167	146	134	129	127
945	707	528	402	318	265	233	214	205	200	199
945	735	580	472	402	359	333	319	311	308	307
945	779	660	580	528	497	479	470	465	462	462
945	846	779	735	707	691	682	677	675	674	673
945	945	945	945	945	945	945	945	945	945	945

#####Temperture of intervals centers#####
$b = 400mm$, $h = 600mm$, $t = 60.0min$

809	567	383	250	160	100	64	43	32	27
809	567	383	250	160	101	64	43	32	27
809	567	383	250	160	101	64	43	32	28
809	567	383	251	160	101	65	44	33	28
809	567	383	251	161	102	66	45	34	29
809	567	384	253	163	104	68	48	37	32
810	569	386	256	167	109	73	53	42	38
811	571	391	262	175	118	84	64	54	49
812	577	400	275	190	136	103	84	74	70
816	587	417	297	217	166	136	118	109	106
822	606	447	336	263	217	190	175	167	164
833	638	496	399	336	297	275	262	256	254
851	688	573	496	447	417	400	391	387	385
879	766	688	638	606	587	577	571	569	568
921	879	851	833	822	816	812	811	810	809

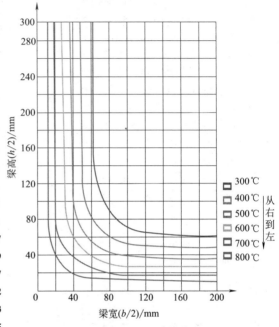

图 9-28　标准升温方式下的梁截面等温线

② 恒温方式:

＃＃＃＃＃Tempertures of intervals points＃＃＃＃＃
$b = 400mm$, $h = 600mm$, $t = 45.0min$

```
945 675 451 286 173 102  61  39  28  23  22
945 675 451 286 173 102  61  39  28  23  22
945 675 451 286 173 102  61  39  28  23  22
945 675 451 286 173 102  61  39  28  24  22
945 675 452 286 173 102  61  39  28  24  23
945 676 452 286 174 103  62  40  29  25  23
945 676 452 287 175 104  63  42  31  26  25
945 676 454 289 178 108  68  46  36  31  30
945 678 457 295 185 117  77  56  46  42  41
945 682 465 307 201 135  97  77  68  64  63
945 691 482 331 231 169 135 117 108 105 104
945 708 515 376 285 231 201 185 178 175 174
945 738 571 452 376 331 307 295 289 287 287
945 787 660 571 515 482 465 457 454 452 452
945 858 787 738 708 691 682 678 676 676 676
945 945 945 945 945 945 945 945 945 945 945
```

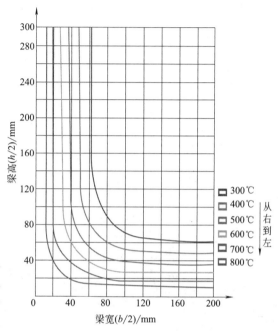

图 9-29 恒温方式下的梁截面等温线

＃＃＃＃＃Tempertures of intervals centers＃＃＃＃＃
$b = 400mm$, $h = 600mm$, $t = 45.0min$

```
810 563 369 229 138  81  50  33  26  23
810 563 369 229 138  81  50  33  26  23
810 563 369 229 138  81  50  33  26  23
810 563 369 229 138  82  50  34  26  23
810 564 369 230 138  82  50  34  26  24
810 564 369 230 139  83  52  35  28  25
811 564 370 232 141  86  55  39  31  28
811 566 374 237 147  92  62  46  39  36
813 571 381 247 159 106  77  62  55  52
816 580 396 267 184 134 106  92  86  84
822 599 426 306 229 184 159 147 141 139
834 633 478 372 306 267 247 237 232 231
854 689 563 478 426 396 381 374 371 369
884 773 689 633 599 580 571 566 565 564
923 884 854 834 822 816 813 811 811 810
```

下面是不同混凝土等级的 T 形小梁试件在不同温度作用下实测的内部温度场。实测结果表明：相同温度作用下，混凝土等级越高，试件内部温度场则相对越低，对比图 9-25 与图 9-30、图 9-31，C50 混凝土较 C30 混凝土约低 50~80℃，C80 混凝土较 C30 混凝土约低 60~150℃；当高温作用温度较低时（≤600℃），如图 9-32、图 9-33 所示，不同混凝土等级的试件的内部温度场，几乎没有区别。因此，利用本书 TFACM 程序对 ≥C50 的混凝土火灾损伤诊断评估时，当作用温度 ≤600℃ 时，可与普通混凝土不加区别；当作用温度 >600℃ 时，与普通混凝土相比，应在程序给出的温度场的基础上，乘以一个修正系数 K，$K = 0.9~0.95$，C50 混凝土取上限，C80 及以上混凝土取下限。

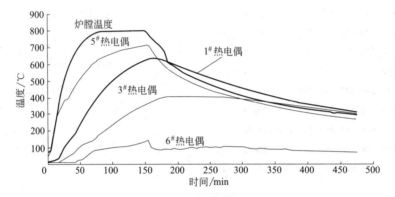

图 9-30 C50 混凝土 T 形小梁试件遭受 800℃ 高温作用的温度场

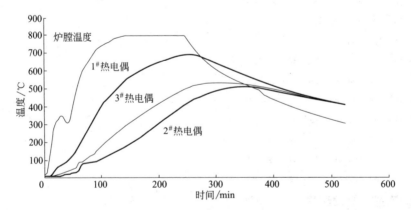

图 9-31 C80 混凝土 T 形小梁试件遭受 800℃ 高温作用的温度场

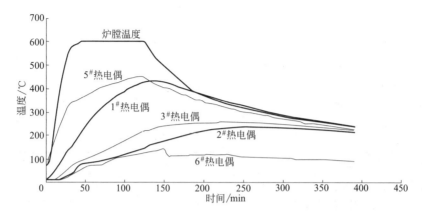

图 9-32 C30 混凝土 T 形小梁试件遭受 600℃高温作用的温度场

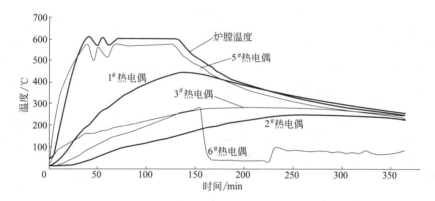

图 9-33 C80 混凝土 T 形小梁试件遭受 600℃高温作用的温度场

9.3 饰面层对构件内部温度场的影响

一般钢筋混凝土构件表面都带有抹灰和其他饰面材料，如果饰面材料是非燃的，则将对构件起到保护作用。此时，计算构件内部温度场应考虑饰面层的影响。文献建议把饰面层厚度换算成混凝土的折算厚度，在有饰面层的各受火表面增大原截面尺寸，即增加饰面层的折算厚度，然后按增大后的截面确定构件内部温度场。

饰面层折算厚度的计算公式为：

$$d_0 = \sqrt{\frac{7.365 \times 10^{-7}}{\alpha_1} d_1} \tag{9-23}$$

$$\alpha_1 = \frac{\lambda_1}{\rho_1 c_1} \qquad (9\text{-}24)$$

式中，d_1、d_0 为饰面层的实际厚度、相应的折算厚度；α_1 为饰面层的导温系数；ρ_1、c_1、λ_1 为饰面层的表观密度、比热容、热导率。上述饰面层材料的热工参数不考虑随温度的变化，均取常温下的值。

常温下某些材料的热工参数见表 9-4。

表 9-4　常温下某些材料的热工参数

材料名称	表观密度/(kg/m³)	热导率/[W/(m·℃)]	比热容/[kJ/(kg·℃)]	导温系数/(10⁻⁷ m²/s)
钢筋混凝土	2400	1.543	0.836	7.694
混凝土	2200	1.450	0.836	7.889
矿渣及矿渣混凝土	1600	0.754	0.836	5.639
	1200	0.522	0.836	5.222
	1000	0.406	0.836	4.861
珍珠岩混凝土	1000	0.325	0.836	3.889
	800	0.255	0.836	3.833
	600	0.174	0.836	3.472
陶粒混凝土	1000	0.348	0.836	4.167
	800	0.290	0.836	4.333
	600	0.232	0.836	4.639
多孔混凝土(加气混凝土,加气泡沫硅酸盐)	1000	0.406	0.836	4.861
	800	0.290	0.836	4.333
	600	0.209	0.836	4.167
	400	0.138	0.836	4.167
	300	0.128	0.836	5.083
普通黏土砖砌体	1800	0.812	0.878	5.139
空心砖砌体	1300	0.522	0.873	4.583
建筑钢材	7850	58	0.481	154
石棉水泥板	1900	0.348	0.836	2.194
石棉水泥隔热板	500	0.128	0.836	3.056
	300	0.093	0.836	3.692
矿棉	1500	0.070	0.752	6.167
玻璃板	100	0.058	0.752	7.722
矿棉毡	<150	0.064	0.752	5.667
窗玻璃	2500	0.754	0.836	3.611
玻璃砖	2500	0.812	0.836	3.889
纯石膏板	1100	0.406	0.836	4.417
膨胀珍珠岩	250	0.093	0.836	4.444
膨胀蛭石	300	0.139	0.836	5.556
水泥砂浆或抹面	1800	0.928	0.836	6.167
混合砂浆或抹面	1700	0.870	0.836	6.139
石灰砂浆或抹面	1600	0.812	0.836	6.083

混凝土构件的模拟火灾实验或混凝土试件的高温炉试验中，预先在构件的表面和内部埋置若干热电偶，在升温加热过程中测量内部的温度值及其变化，在高温冷却后用无水乙醇酚酞试剂检测火灾混凝土新鲜断面上不变红的深度，在此深度范围内，认为水泥水化产物 $Ca(OH)_2$ 已全部分解，说明该深度上遭受的高温达到或超过了 500℃。

对厚度为 100mm 的混凝土实心板进行高温炉试验，试件的热处理制度采用快热快冷方式。采用自制无水乙醇酚酞试剂实际检测不同温度下恒温 90min、冷却后混凝土中性化深度。检测结果可知，差分法推定结果与酚酞试剂实测结果非常接近。

对 400mm×400mm×1200mm 的矩形截面梁进行了模拟火灾实验。实验检测结果表明，在推定梁受火时间分别为 56min 和 40min、推定梁底部受火温度分别为 821℃ 和 750℃ 的情况下，梁底部损伤深度（即 500℃ 温度线位置）分别为 58mm 和 55mm。本书有限差分计算机程序对矩形截面温度场的分析结果表明，与 56min 和 40min 受火时间相对应的底面中部 500℃ 温度线分别约为 38mm 和 30mm，而对角线上 500℃ 温度线距底面约为 55mm 和 46mm。

梁构件模拟火灾的实测结果与本书有限差分程序分析矩形截面温度场的对角线部位损伤情况几乎一致。

经试验测定和验证，表明本书有限差分计算机程序对混凝土构件温度场的分析是切实可行的，可用以进行钢筋混凝土火灾损伤构件的损伤分析。

第10章
钢筋混凝土结构火灾损伤的综合诊断与评估

当建筑物遭受火灾后，钢筋混凝土结构会受到不同程度的损伤，但绝大多数结构经过修复加固后通常还是可以继续使用的。因此，火灾后有目的地对受灾建筑物进行勘察和检测，正确评估和诊断钢筋混凝土结构火灾损伤的程度，并据此制定科学合理的修复加固策略就显得十分重要。

10.1 钢筋混凝土结构火灾损伤的综合诊断与评估程序

参考国内外火灾后混凝土结构损伤评估的研究成果，结合本书的研究工作，研究制定了钢筋混凝土结构火灾损伤的综合诊断与评估方法和程序。该方法将整个综合诊断与评估过程分为初勘、复勘、综合诊断与评估三个阶段，具体程序见图10-1。

10.2 火灾现场勘察

钢筋混凝土结构火灾损伤程度随火场情况不同，往往差异很大，因此可将火灾现场勘察分为初勘和复勘两个阶段。

初勘的主要任务是收集火灾中燃烧物的数量、燃烧及温度分布情况、各构件受损部位等内容，初步判断构件受损情况是否影响结构安全，并大致分为无损伤或轻微损伤、中度损伤和严重损伤三级。初勘结果判定为无损伤或轻微损伤者，构件无需修复或适当外观修复即可恢复使用；严重损伤的构件应予以拆除重建；中度损伤的构件则需逐个进行复勘并进行综合评估与诊断。

复勘的主要任务是针对初勘结果为中度损伤的构件做详细勘察，并进行各种必

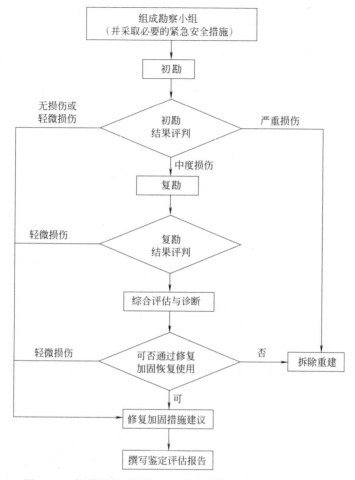

图 10-1　钢筋混凝土结构火灾损伤的综合诊断与评估程序图

要的检测和分析，进一步综合评估和诊断构件火灾损伤程度。复勘并进行综合评估和诊断后结果分为四种：Ⅰ类构件，轻微损伤，可按评估流程继续进行，即清除表面粉刷或装修层，重新粉刷或装修，不必考虑火灾损伤的加固；Ⅱ类构件，中度损伤，凿除构件表层混凝土至钢筋部位，重新浇筑表层混凝土，或采取其他混凝土补强措施；Ⅲ类构件，较严重损伤，混凝土补强同上述Ⅱ类构件，且同时需考虑钢筋补强措施；Ⅳ类构件，严重损伤，有危险或已无加固修复的可能，该类构件应予以拆除重建。

10.2.1　初勘

（1）收集并建立受火结构的基本资料

应收集的主要资料有：

① 结构物的资料，包括结构物的坐落位置、结构种类、性质、使用情况等，

最好能收集到原始施工图纸或施工资料，以便参考；

② 起火原因、时间、持续时间、灭火方式等；

③ 受火部位的位置，如楼层、部位等，最好能以平面简图表示；

④ 火灾燃烧情况，包括开始燃烧的部位、蔓延的途径、各燃烧点或楼层的燃烧情况（如猛火、烈火、中火或闷烧等）、通风和发烟情况等；

⑤ 装修方式及材料，存放物品的种类、数量和堆置方式以及其他影响火场温度的资料；

⑥ 现场物品的烧损情况，包括家具、物品、电器、设备等。通过各部位燃烧残留物的调查，由残留物与原物料数量的比较以及该物料的发热量，可大致推算火灾时该部位的温度。

上述工作可参考表 10-1 进行。

表 10-1　受火结构的基本资料

案　　　件	编号：　　　　　　　　　勘察日期：　　　年　　月　　日
结构物	所在地址：
所有人	姓名：　　　　住址：　　　　　　　　　电话：
结构类别	□钢筋混凝土结构　　　□砖混结构　　　□钢与混凝土组合结构 □钢筋混凝土框架结构　□其他：_____
楼层数	□地下_____层，地上_____层；□其他：_____
使用情况	□自用　　　　　□租赁　　　　□借用
用途类别	□大型商场　　　□小型商店　　　□办公楼　　　□影剧院 □餐饮业　　　　□宾馆　　　　　□歌舞厅　　　□综合使用大楼 □住宅/宿舍　　□货物仓库　　　□加工厂　　　□其他：_____
起火原因	□电线短路　　　□煤气泄漏　　　□烟头引燃　　　□人为纵火 □其他：_____
火灾经过	发现时间：__月__日__时__分　　开始灭火时间：__月__日__时__分 火灾扑灭时间：__月__日__时__分
起火点及 蔓延途径	□可知，位置在：_____ 火灾蔓延途径：_____ □不明
燃烧情况	气候情况：□炎热　□寒冷　□大雨　□小雨　□强风　□其他：_____ 燃烧情况：□有爆炸　□有轰燃　□猛火　□烈火　□闷烧　□其他：_____ 抢救情况：□消防灭火　□其他灭火方式 消防用水：□足　□不足
主要燃烧 物品	□装饰材料　　□家具木料　　□布料　　□烟酒　　□纸料 □油料　　　　□油漆材料　　□化学易燃品　□其他：_____
受火范围、部位或 楼层	结构部位或楼层（尽量以简图或原建筑平面图标示）； 需勘察的范围建议分成_____区域（各区域以平面标示）； 是否有原建筑图可供使用：□是　　□否
其他	
勘察人员签名	

（2）构件受火情况调查

① 采用红外热像仪对火灾现场进行大面积初步红外扫描，大致确定各区域构件受火温度情况。

② 划定勘察区域　根据红外热像初步扫描，大致确定各区域构件受火温度的情况，并结合第① 步的调查结果，可大致推定出火灾时结构各部位的温度情况，为了方便勘察，按预估温度在火场中划定出遭受火灾损伤需进行勘察的区域，区域划定时可稍为保守些。

③ 构件受损情况调查　对需要进行勘察的区域，逐区详细勘察其各构件的受损情况，具体可参考表 10-2 进行。

表 10-2　初勘结构构件火灾损伤情况评估表

案　件	编号：		勘察日期：　　　年　　月　　日					
勘察区域编号：_____		构件编号：_____			构件种类：_____			
勘察项目		颜色变化	残留物温度估计/℃	裂缝与爆裂情况	钢筋外露情况	构件变形情况	红外扫描情况/℃	受火面积比/%
受损等级	轻微							
	中度							
	严重							
初勘结果	□轻微　　　　□中度　　　　□严重							
备注	(1)每一个受损构件均需进行勘察并填写本表；(2)构件受损等级的评定请参考评定说明							
勘察员签名								

下面对表 10-2 中的七个勘察项目进行简要说明：

受火后混凝土表面颜色通常会随所受温度不同而产生不同的变化，虽然这些变化不是非常明显，很难用肉眼做定量判断，但还是可以根据混凝土的表面颜色和外观表现，粗略了解火场温度。根据高温后混凝土外观特征，可概略评估混凝土表面的受火温度。但应注意的是，高温后混凝土的表面颜色可能受多种因素影响，与试验情况难免有较大差异，因此这方面的资料仅供参考，且不能用以推定评估内层混凝土。勘察时应注意基本资料中所述火灾情况是否有猛火、烈火及爆炸等记载，以便特别观察其所造成的影响。

根据火灾中烧损物品的种类、数量及发热量，同时参考基本资料中的火灾持续时间，有助于提高火场温度的评估精度。

通过观察烧损物品的残留物，对照该物品的变态温度、软化点温度或燃点温度，也可大致估计该物品附近的构件表面达到的最高温度。因此，勘察中应仔细检查构件附近有何物品已被烧毁，哪些物品未着火，何种金属已变态等，然后根据已烧毁的残留物品的燃点温度或已变形的残留物品的变态温度或软化点温度，可推知火场的最低温度；同时根据未燃或未变形的物品判定火场的最高温度。例如，火场中若发现铝合金窗已熔化，则该火场温度可以估计为650℃以上；若发现角钢支架已弯曲变形，则估计该火场温度在750℃以上；若玻璃台板熔化，该火场温度可以估计为800℃；若发现黄铜门把锁已被烧损，则估计该火场温度已达950℃。各种材料的变态温度见本书后面的附录。

估计火场温度时考虑到建筑物内空气不流通的死角的火场温度较低，由此可与其附近部位的温度进行比较，从而推估该点的温度。

应注意特殊位置的残留物取证。火灾中燃烧的热量主要是由燃烧点以60°角向上扩散，地面和楼板面温度最低，楼板底、梁底、门窗洞口上方过梁处的温度最高。残留物取证时应特别注意这些部位的物品烧损情况，抓住结构的主要损伤部位，并应特别注意火灾中是否有物品发生爆炸的痕迹，以了解其造成的影响。

需要指出的是，上述根据火灾现场残留物检测以推估构件表面最高温度的方法，尚无法精确至可以作为评估构件损伤程度的依据，其目的仅仅在于佐证下面五个勘察项目：

① 混凝土构件在遭受火灾作用时，若温度在300℃以下，构件表面新增的裂缝极少；温度升至400℃，有些微裂缝产生，但宽度不大，肉眼不易察觉；温度达到500℃，有些较大裂缝产生；当温度升至600℃，裂缝更加明显增加；而温度从700℃开始，裂缝数量虽然比600℃时增加不多，但裂缝宽度加大。因此，勘察时应详细检查构件的受火表面。

② 构件混凝土剥落与钢筋外露的程度，应根据混凝土剥落的部位和范围大小以及钢筋外露情况综合评定。勘察时应注意剥落和外露现象是否为本次火灾所造成，但损伤评估时的旧有情况也应一并考虑。

③ 火灾后构件的变形及挠度的勘察主要指梁、板的变形与强柱倾斜的检测。梁、板跨中变形的测量，可以拉线测量；对墙、柱的倾斜可用吊垂线的方法测量。对于特别重要的建筑物、构筑物，梁、板跨中变形的测量，可以利用水准仪测其两端支承的读数，与跨中水准仪的读数进行比较（跨中读数－1/2两端支承读数之和）求得跨中挠度；对墙、柱的倾斜可采用经纬仪测定，以提高测量的精度。

④ 红外热像扫描检测混凝土表面受火温度，要分区、分段、分构件进行检测，红外热像扫描检测得出的混凝土表面受火温度是受火情况相近的某区域或某区段上混凝土表面受火的平均温度。

⑤ 构件受火损伤程度与其受火面积的大小和受火温度的高低密切相关。勘察时可依据温度超过600℃的面积的百分比来决定其严重程度。

（3）构件初勘结果的分析评定

当构件按上述方式完成初勘工作，获得各项目的评估等级后，构件是否需要复勘，应根据上述勘察项目的结果加以综合评定，具体初勘结果的分析评定标准说明如下：

① 初勘受损等级的评定标准

a. 混凝土表面颜色变化的观察

（a）若混凝土表面颜色和外观表现与未受火时相近，表明受火温度在300℃以下，则评为轻微损伤；

（b）若混凝土表面颜色呈现浅粉红色、浅紫色、浅灰色或灰白色，表明受火温度在600℃以上，则评为严重损伤；

（c）介于上述两者之间者，则评为中度损伤。

b. 火灾现场残留物的勘察

（a）若混凝土表面温度在300℃以下，则评为轻微损伤；

（b）若混凝土表面温度超过600℃，则评为严重损伤；

（c）介于上述两者之间者，则评为中度损伤。

c. 混凝土表面裂缝与爆裂情况勘察　勘察时要详细检查构件受火表面。

（a）对梁板类受挠构件，若仅其表面在跨中和两端有稀疏细微裂纹，则评为轻微损伤；

（b）若受挠构件的跨度内全部或局部显现较密集和较宽大的裂纹或裂缝，则评为严重损伤；

（c）介于上述两者之间者，则评为中度损伤。

d. 混凝土剥落及钢筋外露情况的勘察　混凝土剥落及钢筋外露情况的程度应依据混凝土剥落的部位、范围大小和钢筋外露情况评定，其评定标准建议如下：

（a）若构件仅某些角隅部位有混凝土剥落，剥落宽度不超过10cm，仅单一箍筋外露而主筋并未外露，且其他表面部位无鼓胀现象者，则评为轻微损伤；

（b）若构件除角隅部位外其他表面也有混凝土剥落，而剥落的长度、宽度和总面积均很大，使两支以上箍筋外露，且其约束的主筋也已外露，则评为中度损伤；

（c）若构件混凝土剥落及钢筋外露的情况比中度损伤更为严重，则评为严重损伤。

e. 构件变形及挠度情况的勘察

（a）若以肉眼观察无法觉察者，则评为轻微损伤；

（b）若构件的挠度和变形可以用肉眼明显觉察，则评为严重损伤；

（c）介于上述两者之间者，则评为中度损伤。

f. 红外热像扫描检测情况

（a）若红外热像扫描检测混凝土表面温度在300℃以下，则评为轻微损伤；

（b）若红外热像扫描检测混凝土表面温度超过600℃，则评为严重损伤；

（c）介于上述两者之间者，则评为中度损伤。

g. 构件受火面积　构件受火损伤程度与其受火面积和受火温度密切相关。勘察时可用温度超过600℃的面积的百分比决定其严重程度，各种构件损伤程度的评定标准如下。

墙板类构件：

(a) 若温度超过 600℃ 的面积低于 30%，则评为轻微损伤；

(b) 若温度超过 600℃ 的面积在 30%～50% 之间，则评为中度损伤；

(c) 若温度超过 600℃ 的面积超过 50%，则评为严重损伤。

矩形截面的梁或柱：

(a) 若矩形截面仅一面有部位受火温度超过 600℃，则评为轻微损伤；

(b) 若矩形截面相邻两面有部位受火温度超过 600℃，则评为中度损伤；

(c) 若矩形截面三面以上或相对两面有部位受火温度超过 600℃，则评为严重损伤。

② 构件初勘结果的分析评定　当构件按上述方法完成初勘工作获得各项目的评估等级后，构件是否需要复勘，应根据上述七项勘察项目的结果加以评定，其评定标准如下：

a. 上述用以评定初勘受损等级的七个项目中 a、b 两项拟不单独作为评判的依据，仅能用以佐证其他五项的结果；

b. 若上述 c～f 项均显示轻微损伤，则无论 a、b 两项是否为严重损伤，该构件总体判为轻微损伤，不需复勘；

c. 若上述 c～f 项中有两项及以上显示中度损伤，则当 a、b 两项全为严重损伤时，该构件总体判为中度损伤，需进行复勘；否则该构件总体判为轻微损伤，不需复勘；

d. 若上述 c～f 项中有任何一项为严重损伤，则当 a、b 两项均为轻微损伤时，该构件总体判为轻微损伤，不需复勘；但当 a、b 两项均为严重损伤时，该构件总体判为中度损伤，需进行复勘；

e. 若上述 c～f 项均为严重损伤，无论 a、b 两项为何种等级，该构件总体判为中度损伤以上，需复勘，应进一步详细检测，综合评估和诊断其损伤程度，对于损伤极度严重者，建议拆除重建，不需继续进行评估工作；

f. 若构件的受火面积项目被评为严重损伤，则该构件总体判为中度损伤，需进行复勘，复勘时需进行各种必要的详细检测和检验等。

10.2.2　复勘

复勘的主要任务是对初勘结果评定为中度损伤的构件做更详细的勘察，并进行各种必要的检测、量测和分析，获得构件损伤的由表及里、从现象到本质的全方位的具体资料，以作为复勘结果评判的基础和进一步综合评估和诊断构件火灾损伤的程度的依据。

复勘并进行综合评估和诊断后结果分为四种：Ⅰ类构件，轻微损伤，可按评估流程继续进行，即清除表面粉刷或装修层，重新粉刷或装修，不必考虑火灾损伤的加固；Ⅱ类构件，中度损伤，凿除构件表层混凝土至钢筋部位，重新浇筑表层混凝土，或采取其他混凝土补强措施；Ⅲ类构件，较严重损伤，混凝土补强同上述Ⅱ类构件，且同时需考虑钢筋补强措施；Ⅳ类构件，严重损伤，有危险或已无加固修复的可能，该类构件应予以拆除重建。

（1）构件外观损伤情况的量测

对于需要复勘的构件，需逐个进行外观损伤情况的量测。量测内容主要有裂缝数量与分布的描绘、裂缝宽度与深度的量测、混凝土剥落部位与范围的量测、混凝土爆裂部位与范围的量测、钢筋外露情况的量测、构件挠度的量测等。具体如下：

① 裂缝情况的量测

a.裂缝数量与分布的描绘　逐个将构件各表面如板的底面、墙的立面、方柱的所有受火面、圆柱的圆周面、梁的底面与两侧面上的裂缝一一描绘清楚，对梁上较宽大的裂缝应量测其形状、位置与长度。量测时要注意判断有关裂缝是混凝土裂缝还是抹灰层裂缝，必要时可铲除掉裂缝位置处的抹灰层进行检查。

b.裂缝宽度与深度的量测　梁临界截面上的裂缝的宽度和深度对梁的强度有很大的影响，因此对较大的裂缝应精确量测其宽度，裂缝深度对梁强度的影响更大，必要时还应设法量测其深度。裂缝宽度可采用适当倍数的裂缝观测放大镜量测，裂缝深度的量测主要为超声波法。

量测的具体评估标准为：若裂缝主要为抹灰层裂缝，内部结构混凝土无裂缝或仅有少量或稀疏的细微裂缝，评为轻微损伤；若结构混凝土上特别是构件临界截面上有2~3条以上裂缝，但裂缝的宽度与长度均较小，深度<15mm（或保护层），则评为中度损伤；若结构混凝土上特别是构件临界截面上有3条以上裂缝，且裂缝延伸较长或较高，或在构件相邻面或四周贯通，深度>15mm（或达保护层），则评为较严重损伤；若结构混凝土上有3条以上裂缝，且裂缝在临界截面附近较集中，长度、宽度和贯通情况较上述情况严重，深度超过保护层，则评为严重损伤。

上述对混凝土构件裂缝等级的评定也可参考上海市地方标准《火灾后混凝土构件评定标准》（DBJ08-219—1996），见表10-3。

表10-3　混凝土构件裂缝评定等级

评定等级	梁、板	柱
	裂缝宽度 W/mm	裂缝宽度 W/mm
a	有少量温度收缩裂缝，但不形成裂缝网，$W \leqslant 0.3$	有少量细微裂缝，$W \leqslant 0.2$
b	$0.3 < W \leqslant 1.0$	$0.2 < W \leqslant 0.5$
c	形成剪切斜裂缝和受压区垂直裂缝，$1.0 < W \leqslant 1.5$	有贯通裂缝，$0.5 < W \leqslant 1.0$
d	受拉区贯通裂缝，受压区明显破坏特征，$W > 1.5$	破坏性贯穿裂缝，$W > 1.0$

注：1.因火灾导致构件混凝土爆裂、剥落者属d级。

2.表中等级a、b、c、d分别对应于本书所述的轻微损伤、中度损伤、较严重损伤、严重损伤或本书的Ⅰ、Ⅱ、Ⅲ、Ⅳ。

② 混凝土剥落部位与范围的量测　构件受火时可能出现混凝土剥落现象，从

而使钢筋保护层减少，钢筋外露，甚至深入内层减小构件截面，导致构件的强度和耐久性降低。量测时应明确标示各剥落部位的位置，并对剥落范围的长度和宽度，特别是深度进行量测，以便评估其对构件的影响。评估时首先判断剥落位置是否在构件的临界截面，其次为剥落的范围与深度。具体评估标准为：若剥落的范围与深度均很小，构件基本属于完整状态，评为轻微损伤；若剥落的范围与深度均较小，属表皮、棱角少量缺损，则评为中度损伤；若剥落的范围与深度较大，表皮、棱角缺损较多，一些缺损在临界截面上，但无明显露筋现象，则评为较严重损伤；若剥落的范围与深度很大，大量缺损在临界截面上，有明显露筋现象，构件强度趋于严重降低，存在严重安全隐患，则评为严重损伤。

③ 混凝土爆裂部位与范围的量测　混凝土爆裂使构件截面大量减损，对构件强度影响极大，因此应精确量测其范围和构件截面的减少量，尤其是临界截面处的减损，并注意截面内是否有裂缝深入，以便在残余截面的估计时加以考虑。

量测结果应根据爆裂位置和范围对构件强度的减损程度加以评估。首先判断爆裂位置是否在构件的临界截面如梁的跨中和两端靠近梁柱接头处、柱的上下两端靠近梁柱接头处；其次为爆裂范围对构件截面面积与钢筋的影响。具体评估标准为：若爆裂位置虽在临界截面附近，但范围不大（小于所在面面积的 5%），基本没有钢筋外露，对构件强度影响不大时，评为轻微损伤；若爆裂位置在临界截面附近，范围较前者大（约为所在面面积的 5%～10%），有少量钢筋外露，但主筋外露较少，则评为中度损伤；若爆裂位置在临界截面附近，范围约为所在面面积的10%～20%，保护层呈块状局部脱落，钢筋外露较多，特别是主筋明显外露，则评为较严重损伤；若构件在临界截面附近爆裂严重，保护层大面积脱落，主筋外露部分已有变形、剥裂或挫屈等明显损坏情况时，则评为严重损伤。

④ 钢筋外露情况的量测　钢筋外露大部分是由于混凝土剥落或爆裂引起的，量测时除关注主筋外露的长度外，还应观察箍筋对主筋的侧向支撑情况，并加以说明。钢筋外露以主筋为主，但箍筋也应同主筋一样量测。

量测结果的具体评估标准为：若主筋外露长度仅限于某两相邻箍筋之间的范围，且钢筋无挫屈现象，则对构件强度的影响有限，评为轻微损伤；若主筋外露长度超过两相邻箍筋之间的范围，而钢筋无挫屈现象，评为中度损伤；若主筋外露长度超过两相邻箍筋之间的范围，箍筋的侧向支撑或约束作用有明显削弱，则评为较严重损伤；若主筋外露长度很长，箍筋的侧向支撑或约束作用严重削弱，钢筋有明显挫屈现象，则评为严重损伤。

⑤ 构件挠度的量测　构件受火时常常会发生挠曲，但只要钢筋受火温度低于其软化点，构件挠度通常变化不大；一旦钢筋受火温度达到或超过其软化点，由于钢筋强度降低，构件将会产生明显的挠度，甚至塌陷。因此构件挠度的量测也有助于构件损伤程度的评估。挠度的量测可采用水准仪或经纬仪等测量仪器进行。

量测结果的具体评估标准为：若构件的挠度或变形量小于有关规范或规程的要求，如受弯构件的挠度小于其跨度的 1/360，则表示安全尚符合有关部门规定，评为轻微损伤；若构件的挠度或变形量超过有关规范或规程的要求，如受弯构件的挠度超过其跨度的 1/180，且有明显的损坏，则评为严重损伤；介于上述两种情况之间，则根据构件的挠度或变形量的大小评为中度损伤或较严重损伤，如受弯构件的挠度超过其跨度的 1/360，靠近 1/360 者，评为中度损伤，靠近 1/180 者，则评为较严重损伤。

上述对混凝土构件挠度等级的评定也可参考上海市地方标准《火灾后混凝土构件评定标准》（DBJ08-219—1996），见表 10-4。

表 10-4　混凝土构件变形评定等级

评定等级	梁、板	柱
a	$\delta \leqslant [\delta]$	$\delta/H \leqslant 0.002$
b	$[\delta] < \delta \leqslant 2[\delta]$	$0.002 < \delta/H \leqslant 0.005$
c	$2[\delta] < \delta \leqslant 4[\delta]$	$0.005 < \delta/H \leqslant 0.01$
d	$\delta > 4[\delta]$	$\delta/H > 0.01$

注：1. 表中 $[\delta]$ 为现行混凝土结构设计规范规定的允许挠度；δ 为构件挠度；H 为楼层层高。

2. 表中等级 a、b、c、d 分别对应于本书所述的轻微损伤、中度损伤、较严重损伤、严重损伤或本书的 I、II、III、IV。

（2）复勘构件外观损伤结果的分析评定

当构件按上述方法完成外观损伤的复勘工作获得各项目的评估等级后，构件是否需要进行进一步的检测和分析，并综合评估和诊断构件火灾损伤的程度，应根据上述五项勘察项目的结果加以评定，其评定标准如下：

① 上述用以评定复勘受损等级的五个项目中，拟定裂缝和挠度两项为主要子项，剥落、爆裂和露筋为次要子项；

② 复勘构件外观损伤结果的评定标准见表 10-5；

表 10-5　复勘火灾混凝土构件外观损伤的评定标准

评定等级	评定标准
I	主要子项为 I 类，次要子项不高于 II 类，属轻微损伤构件
II	主要子项为 II 类，次要子项均为 II 类或有一项为 III 类，属中度损伤构件
III	主要子项有一项为 III 类，次要子项均为 III 类或有一项为 IV 类，已影响构件承载力和正常使用，属较严重损伤构件
IV	主要子项均为 III 类或有一项为 IV 类，次要子项有两项为 IV 类；或主要子项均为 IV 类，不论次要子项属何等级，已严重影响构件承载力和结构安全性，属严重损伤构件

注：表中评定标准为各等级范围评定上限；下限为前一级评定标准。

③ 复勘构件外观损伤结果评定为 I 类构件（即轻微损伤者），则不需进行进一步的检测、分析和综合诊断与评估；其余等级者均应做进一步的检测和分析，并进行综合诊断与评估构件火灾损伤的程度。

（3）构件非破损检测

在上述复勘火灾混凝土构件外观损伤的基础上，对复勘评定为Ⅱ类及以上损伤程度的构件应进行进一步的非破损检测。检测方法主要有红外热像检测、电化学检测、超声波检测。

构件非破损检测的主要任务是：

① 确定混凝土表面的最高受火温度　大量的实验研究和工程实践表明，构件强度受混凝土强度影响很大，而高温后混凝土的强度又与混凝土曾经历的最高温度密切相关。因此，复勘检测首先就是要利用现代先进的非破损检测手段较准确地确定混凝土表面曾经历的最高温度，红外热像检测技术就是近年新兴的适合于火灾建筑物检测的非破损检测方法，它是利用红外辐射对物体或材料表面进行检验和测量的专门技术。

由于混凝土材料在火灾高温作用下将发生一系列的物理化学变化：诸如水泥石的相变、裂纹增多、结构疏松多孔，水泥石-骨料界面的开裂、脱粘等，使混凝土由表层向内部逐渐疏松、开裂。火灾混凝土表面温度的变化随疏松层损伤程度的不同而各不相同，因而导致红外辐射分布不同，即形成不同特征的红外热图像。利用红外辐射与表面温度的内在关系，通过表面温度场的测量并分析热像图，根据表面异常出现"热斑"或"冷斑"的特征，即可定性定量地分析材料的结构或缺陷，进而推断或评定火灾混凝土的损伤情况（详见第 4 章）。

② 确定钢筋（或混凝土保护层处）的受火温度　钢筋高温实验研究表明，随着温度的升高，钢筋的力学性能逐渐劣化，500℃以上的高温作用后劣化明显，特别是冷加工钢筋和预应力钢筋；钢筋与混凝土的黏结滑移性能实验研究表明，随温度升高，钢筋与混凝土的黏结强度总体呈现出逐渐降低的趋势，尤其当混凝土在500℃左右脱去内部结晶水产生的收缩和混凝土强度的大幅度降低，导致混凝土开裂和黏结强度明显下降。因此，钢筋（或混凝土保护层处）的受火温度与钢筋性能的劣化及钢筋与混凝土的黏结强度的降低有密切关系。电化学检测技术是新近开发的能够较准确地确定钢筋（或混凝土保护层处）的受火温度情况的非破损检测技术。

如前所述，火灾高温达 450～500℃时会导致混凝土中性化，当中性化深度大于混凝土保护层厚度时，钢筋表面钝化膜破坏，导致锈蚀电化学过程发生。因此，通过检测电化学参数，可以鉴定火灾混凝土中性化深度是否大于保护层厚度，据此可鉴定钢筋位置的温度场是否大于 500℃，进而推定构件中钢筋力学性能劣化的程度及钢筋与混凝土的黏结强度的降低程度（详见第 5 章）。

③ 确定混凝土火灾损伤疏松层厚度　火灾后的混凝土形成了由表及里的损伤疏松层，降低了表层混凝土的密实度，破坏了混凝土的整体性。损伤混凝土与未受损混凝土相比较，超声波通过时，声时明显延长，波幅和频率明显降低，超声波检测火灾混凝土损伤疏松缺陷。正是基于这一基本原理，对同条件下混凝土各测点超声波速、首波幅度和接收信号主频率等声学参数进行相对比较，从而判断混凝土损

伤疏松缺陷的情况，并进行无损诊断和评估。

④ 构件复勘结果汇总　复勘结束后，各构件的测量结果和复勘评判结果应汇总整理，形成复勘结果报告，以作为进一步综合诊断与评估构件火灾损伤的程度和评判构件损伤等级的基础和依据。

10.3　综合诊断与评估

复勘构件外观损伤结果评定为Ⅰ类构件即轻微损伤者，则不需进行进一步的检测、分析和综合诊断与评估；其余等级者均应做进一步的检测和分析，并进行综合诊断与评估构件火灾损伤的程度。

10.3.1　构件综合诊断与评估

在复勘结果报告的基础上，对需要进一步分析与评估的构件，逐一进行综合诊断与评估，并最终评判构件的损伤等级。钢筋混凝土构件火灾损伤的综合诊断与评估程序框图如图 10-2 所示。

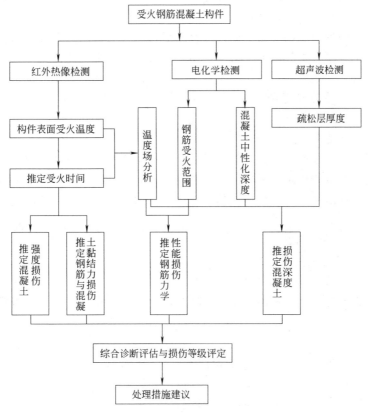

图 10-2　钢筋混凝土构件火灾损伤检测评估程序框图

10.3.2　综合诊断与评估的主要内容

综合诊断与评估的主要内容有以下几方面。

（1）推定火灾损伤钢筋混凝土构件的三维信息参数

前面复勘中，对火灾损伤钢筋混凝土构件进行了红外热像、电化学和超声波非破损检测，推定火灾损伤钢筋混凝土构件的三维信息参数。

① "面"参数——混凝土构件表面受火温度；

② "点"参数——钢筋受火和损伤情况，混凝土保护层中性化情况；

③ "线"参数——混凝土表面疏松层厚度。

（2）温度场数值分析

建筑物遭受火灾后，一方面，结构受热而升温，由于混凝土材料的热惰性，构件内部形成不均匀的瞬态温度场；与之相应，混凝土和钢筋的材性劣化，使构件的强度、刚度降低和变形增大，导致构件截面应力和结构内力的重分布，致使结构性能下降，出现不同程度的损伤。故结构的高温力学反应取决于结构和构件的温度场及其变化过程。另一方面，结构的高温力学反应在通常情况下却不会改变其既有的温度分布。只有当结构混凝土出现很宽的裂缝时，热气流的侵入才能造成很小范围内的局部温度变化。因此，在进行结构的高温力学分析和火灾损伤评估时，可首先独立地进行结构的温度场分析，获得温度场后再进行结构的力学分析和损伤评估。

在确定了混凝土构件表面受火温度后，再推定混凝土构件受火时间，并引入混凝土随温度变化的热工参数值，确定初始条件和边界条件后，便可采用数值分析的方法进行结构构件的温度场分析。本书编制了 TFACM 程序，普遍适用于常用的各种钢筋混凝土结构构件火灾损伤的截面温度场分析。

（3）力学性能分析

钢筋混凝土结构遭受火灾高温作用后，结构材料发生一系列物理化学变化导致其力学性能的改变，使结构强度、刚度和变形能力发生变化。因此，高温后钢筋和混凝土的力学性能是火灾后结构损伤评估和修复加固的基础。力学性能分析的主要内容如下：

① 混凝土的剩余强度；

② 钢筋力学性能的变化；

③ 钢筋与混凝土黏结强度的损失。

另外，必要时还可分析混凝土的弹性模量、钢筋的弹性模量以及钢筋与混凝土的变形性能等。

（4）综合诊断评估与损伤等级评定

综合上述分析结果，结合现场调研状况，按 "10.3.3 综合诊断与评估标准" 进行对照，逐个地评定各个构件的损伤程度，并确定损伤等级；将整个建筑物按照火灾损伤程度归类，划分为区段进行统计。

（5）撰写鉴定评估报告

综合诊断与评估结束后，应将整个火灾检测评估过程中和各构件的测量结果和评判结果汇总整理，并撰写鉴定评估报告，以提供给有关部门，作为制订修复加固方案的依据。

10.3.3 综合诊断与评估标准

通过综合检测与分析评估，可将钢筋混凝土结构构件的火灾损伤分成如下四个等级：

Ⅰ级：属轻度损伤。混凝土表面温度低于500℃，受力钢筋温度低于200℃，混凝土保护层基本完好，无露筋，无起鼓脱落，强度损失极少。不需加固，重新装修即可。

Ⅱ级：属中度损伤。混凝土表面温度在500℃以上，露筋面积较少，有少量裂缝，有局部爆裂，受力钢筋温度在200～400℃，混凝土与钢筋之间的黏结力损伤较轻，混凝土强度损失小于30%。需一般的加固补强。

Ⅲ级：属较严重损伤。混凝土表面温度700℃以上，局部爆裂，露筋较严重，受力钢筋温度在500℃左右，钢筋力学性能损伤小于20%，混凝土与钢筋之间的黏结力局部严重破坏，混凝土强度损失30%～50%。需根据剩余承重力计算结果，进行重点加固补强。

Ⅳ级：属严重损伤。混凝土表面温度在750℃以上，爆裂严重，露筋面积较大，受力钢筋温度高于760℃（热轧）、600℃（冷加工）、410℃（预应力），钢筋屈服强度损伤20%以上，钢筋与混凝土之间的黏结力整体严重破坏，混凝土强度损失大于60%，应更换新构件。

附　录

附录 1　加拿大建筑物容载可燃物量

建筑物用途	可燃物数量/(MJ/m^2)
办事处	920
公寓	828
教室	552
病房	368

附录 2　日本建筑物容载可燃物量

建筑物用途	一般情况/(MJ/m^2)	通常最大值/(MJ/m^2)
住宅	644～662	1104
一般办公室	129～607	736
剧场舞台	—	4380
医院	276～552	552
旅馆住室	460～736	736
会议室、讲堂、观众席	368～644	644
设计室	552～2760	2208
教室	552～828	736
图书库	2760～9200	7360
图书室(设有书架)	1840～4600	4600
仓库	3680～18400	—
商场	—	1840～3680
体育馆存衣室	—	276
体育馆器材库	—	1840

附录 3　美国建筑物容载可燃物量

建筑物名称	占地板面积的百分比/%	可燃物数量/(MJ/m²)
印刷厂	36.7	0~1380
	27.8	1380~2760
	35.5	4600~9200
新闻纸厂	67.6	0~1380
	30.2	1380~4600
	2.2	4600~9200
百货商店	12.6	0~460
	76.6	460~1380
	10.8	1380~3680
服装厂	35.3	0~920
	53.6	920~1380
	11.1	1380~2760
纺织厂	10.8	0~460
	67.1	460~1380
	22.1	1380~4600
仓库	86.3	0~2760
	13.7	2760~6900
办公室	59.2	0~1380
	19.2	1380~2760
	21.6	2760~7910
住宅	100.0	920
初级学校	100.0	1380
高级学校	32.6	0~460
	64.1	460~920
	3.3	920~23550[①]

①为教科书书店。

注：表中可燃物包括地板及室内装饰。

附录 4　装饰板材的发热量

材料名称	发热量/(MJ/kg)
杉板(密度 0.45g/cm³)	18.92
合板(密度 0.50g/cm³)	18.84
粒片板(密度 0.55g/cm³)	16.74
软质纤(密度 0.40g/cm³)	14.65
硬质纤(密度 0.85g/cm³)	20.09
纸浆水泥板(15%)	2.09
纸浆水泥板(8%)	1.47
岩棉吸音板(淀粉 7%)	0.84
岩棉吸音板(淀粉 12%)	2.09
石膏板(有纸)	6.28

续表

材料名称	发热量/(MJ/kg)
石膏板(无纸)	0.42
木丝水泥板(木丝45%,密度0.85g/cm³)	3.14~5.36
石棉板(密度1.80)	0.0
塑胶地砖(氯乙烯30%)	19.38
塑胶地砖(氯乙烯10%)	15.07
沥青地砖	17.33
橡胶地砖	15.91

附录5　木材的发热量（按 Mallard 热量计）

树种	干材(含水率0%)	气干材	
	发热量/(kcal/kg)	含水率/%	发热量/(kcal/kg)
赤松	4777	15.11	3970
黄杨	4773	13.45	321
赤坚	4403	11.09	3968
新坚	4546	11.96	3084
榉木	4392	18.46	3625
小楢	4562	14.38	3009
椎木	4487	13.67	3001
椿	4628	11.96	3915

注：1cal＝4.1840J，余同。

附录6　壁纸、纤维的发热量

种类	材料名称	发热量/(MJ/kg)
壁纸	纸(难燃处理)	10.05(17.58)
	麻(难燃处理)	10.05(16.66)
	人造丝(难燃处理)	7.91(16.03)
	氯乙烯(无机质55%,难燃处理)	8.75(17.96)
	聚丙烯(氯乙烯50%)	17.96(31.31)
	聚酯(无机质70%)	7.12(22.94)
	石棉(纸浆18%)	3.77
	蛭石	8.33
	玻璃纤维	3.35
纤维	棉(100%)	16.12
	麻(100%)	16.70
	人造丝(100%)	15.03
	羊毛(100%)	21.85
	尼龙(100%)	27.38
	聚丙烯(100%)	29.18

续表

种类	材料名称	发热量/(MJ/kg)
纤维	聚酯(100%)	21.77
	聚酯95%,尼龙5%	19.67
	聚酯85%,麻15%	24.91
	聚酯80%,麻20%	20.60
	聚酯65%,棉35%	21.56
	聚酯40%,麻60%	14.69
	聚丙烯80%,羊毛20%	25.91
	羊毛80%,人造丝20%	11.18

附录7 油、气材料的发热量

材料名称	发热量/(MJ/kg)
水煤气(普通)	75.99
水煤气(增热)	150~160
甲烷(天然气)	55.54
乙烷	51.90
乙烯	50.33
乙醇(酒精)	29.69
甲苯	42.46
汽油	46.05~50.24
涂料(油性)	40~45
塑胶(聚氯乙烯)	12.55

附录8 玻璃软化点温度

状态	温度/℃
熔化状	800~850
软化状	700~750
变圆	750

附录9 金属材料变态温度

材料名称	使用举例	状态	温度/℃
铝、铝合金	生活用品、门窗配件、机械零件、装饰等	熔化成滴	650
铸铁	管子、暖气片、机具	成滴	1100~1200
热轧钢材	吊钩、支架、钢窗	变形弯曲	>750
铅	铅管、蓄电池、玩具	熔化成滴	300~500
黄铜	小五金、门把手、门扣手、窗、机具	熔化	900~1000
青铜	窗户、紧固件、门铃、装饰品	熔化	1000~1100
铜	电线、电缆、装饰品	熔化	1100~1200
银	珠宝、餐具	形成滴状	950
锌	卫生器具、烛台、下水管	形成滴状	400

附录 10　塑料制品变态温度

材料名称	使用举例	状　态	温　度 / ℃
聚乙烯	塑料袋、薄膜、瓶子、桶、管子	起皱	120
		软化或熔化	120～140
聚氯乙烯(PVC)	电缆、管子、排泄管、外壳、把手、旋钮、家用器皿、瓶子、玩具	褪色	100
		变成褐色	200
		烧焦	400～500
聚苯乙烯	食品盒、泡沫、灯罩、把手、窗帘、衣钩、无线电包装	塌陷	120
		烧软	120～140
		熔化或流动	150～180
聚甲基丙烯酸酯	把手、盖子、天窗玻璃	软化	130～200
		起泡	250

附录 11　涂料烧损迹象

温　度 / ℃		100℃以下	100～300℃	300～600℃	600℃以上
火灾迹象	一般调和漆	表面附着黑烟并能看到涂料	出现裂纹、脱皮	变黑、脱落	烧完
	防锈涂料	完好	完好	颜色改变	烧完

附录 12　建筑常用塑料软化点

材　料	种　类	软化点 / ℃	使用举例
热塑性树脂	聚苯乙烯	60～100	隔热材料、涂料
	聚乙烯	80～135	隔热、防潮材料
	硅树脂	200～315	防水材料
	聚丙烯	60～90	装饰材料、涂料
	氟塑料	150～290	配管支承
热固性树脂	聚酯树脂	120～230	地面材料
	聚氨酯	90～120	防水材料、防热材料、涂料
	环氧树脂	95～290	地面材料、涂料

附录 13　材料燃点温度

材料名称	燃点温度/ ℃	材料名称	燃点温度/ ℃
乙烯	450	纸	130
乙炔	299	棉布	200
乙烷	515	尼龙	424
丁烯	210	树脂	300
丁烷	405	黏胶纤维	235
聚乙烯	342	涤纶纤维	390
聚四氟乙烯	550	橡胶	130
聚氯乙烯	454	麻绒	150
聚苯乙烯	345～360	木材	燃点 250～300℃，沿厚度方向稍有炭化；400～600℃时生成大孔木炭；600～800℃时小孔木炭大量烧尽；800～1000℃时木材全部烧尽
聚甲基丙烯酸酯	280～300		
氯-醋共聚	443～557		
乙烯丙烯共聚	454		
酚醛	574		
棉花	150		

参考文献

[1] GB/T9978.1—2008 建筑构件耐火实验方法.

[2] DBJ08-219—1996 火灾后混凝土构件评定标准.

[3] 董毓利.混凝土结构的火安全设计 [M].北京：科学出版社，2001.

[4] 路春森，屈立军，薛武平，等.建筑结构耐火设计 [M].北京：中国建材工业出版社，1995.

[5] 吴波.火灾后钢筋混凝土结构的力学性能 [M].北京：科学出版社，2003.

[6] 伍作鹏，李书田.建筑材料火灾特性与防火保护 [M].北京：中国建材工业出版社，1999.

[7] 张树平，郝绍润，陈怀德.现代高层建筑防火设计与施工 [M].北京：中国建筑工业出版社，1998.

[8] 杨南如.无机非金属材料测试方法 [M].武汉：武汉工业大学出版社，1990.

[9] Ⅱ.З.克利克诺夫.红外技术原理手册 [M].俞福堂，等译.北京：国防工业出版社，1986.

[10] 周书铨.红外辐射测量基础 [M].上海：上海交通大学出版社，1991.

[11] 吴新璐.混凝土无损检测技术手册 [M].北京：人民交通出版社，2003.

[12] 章熙华，任泽霈，梅飞鸣，等.传热学 [M].第二版.北京：中国建筑工业出版社，1985.

[13] 实用化学手册.北京：国防工业出版社 [M]，1986.

[14] 潘承毅，何迎晖.数理统计的原理与方法 [M].上海：同济大学出版社，1993.

[15] 江见鲸.混凝土结构工程学 [M].北京：中国建筑工业出版社，1998.

[16] 曹楚南.腐蚀电化学 [M].北京：化学工业出版社，1994.

[17] 沈进发，沈得县，黄世建，等.钢筋混凝土结构物火害后安全评估程序之研讨 [C].中国台湾省科技大学研究报告，1997.

[18] DU Hongxiu，JIANG Yu，LIU Gaili，YAN Ruizhen. CT Image-based Analysis on the Defect of Polypropylene Fiber Reinforced High-Strength Concrete at High Temperatures [J]. Journal of Wuhan University of Technology（Materials Science），2017，32（04）：898-903.

[19] DU Hongxiu，WU Jia，LIU Gaili，WU Huiping，YAN Ruizhen. Detection of Thermophysical Properties for High Strength Concrete after Exposure to High Temperature [J]. Journal of Wuhan University of Technology（Materials Science），2017，32（01）：113-120.

[20] 杜红秀，魏宏，秦义校，李中华，王同尊.轴对称构件受力分析的插值粒子法 [J].物理学报，2015，64（10）：1000-3290.

[21] Du H X，Wu H P，Wang F J，Yan R Z. The detection of high-strength concrete exposed to high temperatures using infrared thermal imaging technique [J]. Materials Research Innovations，2015，19：162-167.

[22] Yan Ruizhen，Ge Weihua，Du Hongxiu. Influence of PP fibers on the residual splitting tensile strength of HSC after exposure to high temperatures. Advanced Materials Research，2014，919-921：1930-1933.

[23] Nie Xiaoqing，Du Hongxiu，Yan Ruizhen. Flexural strength of C40HPC after elevated high temperatures. Applied Mechanics and Materials，2013，253-255：345-348.

[24] Du Hongxiu，Qin Yixiao，Zhang Wei，Zhang Ning，Hao Xiaoyu. Mechanics performance of high-performance concrete with polypropylene fibers Applied Mechanics and Materials，2011，99-100：1233-1238.

[25] Yan Ruizhen，Du Hongxiu，Wang Huifang，Wang Yan. Behavior of HSC with polypropylene fibers after exposure to high temperatures Applied Mechanics and Materials，2011，99-100：994-999.

[26] 杜红秀.钢筋混凝土结构火灾损伤检测新技术及其评估理论与方法 [D].同济大学，2005.

[27] 杜红秀.基于承载力评估的混凝土结构火灾损伤的无损检测与评估方法 [J].工程力学，2008：137-

140，153.

[28] 杜红秀，张雄.火灾混凝土钢筋损伤的电化学检测与评估 [J].建筑材料学报，2006，(06)：660-665.

[29] 杜红秀，张雄.钢筋混凝土结构火灾损伤的红外热像-电化学综合检测技术与应用 [J].土木工程学报，2004，(07)：41-46.

[30] 杜红秀，张雄.HSC/HPC 的火灾（高温）性能研究进展 [J].建筑材料学报，2003，(04)：391-396.

[31] 杜红秀，张雄，韩继红.混凝土火灾损伤的红外热像检测与评估 [J].同济大学学报（自然科学版），2002，(09)：1078-1082.

[32] 杜红秀，张雄，乔俊莲.红外热像用于水泥砂浆火灾损伤的检测与评定 [J].同济大学学报（自然科学版），1999，(04)：499-502.

[33] 杜红秀，张雄，韩继红，李旭峰.混凝土火烧损伤的红外热像检测与分析 [J].建筑材料学报，1998，(03)：25-28.

[34] 杜红秀，张雄，韩继红.混凝土构筑物的火灾危害与损伤检测评估 [J].建筑材料学报，1998，(02)：71-77.

[35] 杜红秀.火灾混凝土建筑物红外热像检测技术研究 [D].同济大学，1998.

[36] 张洁龙，杜红秀 ，张雄.火灾损伤混凝土结构红外热像检测与评估 [J].高技术通信，2002，(02)：62-65.

[37] 耿文博，申迎华，黄成，杜海燕，杜红秀.聚合物叔碳酸乙烯酯/乙酸乙烯酯乳液改性水泥 [J].硅酸盐学报，2015，08：1129-1134.

[38] 丁明冬，杜红秀.混杂纤维对活性粉末混凝土高温后抗压强度的影响 [J].硅酸盐通报，2017，36 (08)：2763-2767.

[39] 陈薇，杜红秀，万俊.高温对活性粉末混凝土抗压强度和热膨胀性能的影响 [J].科学技术与工程，2017，17 (22)：306-310.

[40] 姜宇，陈甜甜，杜红秀.钢纤维对活性粉末混凝土力学性能的影响 [J].硅酸盐通报，2017，36 (07)：2173-2177.

[41] 陈薇，杜红秀.高温对 C80 高性能混凝土热膨胀性能及其微结构的影响 [J].中国科技论文，2017，12 (13)：1477-1481.

[42] 陈良豪，杜红秀.高强高性能混凝土高温后超声检测及压汞分析 [J].中国科技论文，2017，12 (13)：1503-1507.

[43] 陈良豪，杜红秀.C60 高性能混凝土高温后红外检测及 CT 图像分析 [J].硅酸盐通报，2017，36 (03)：765-769.

[44] 杜帆，杜红秀.大面积混凝土温度应力试验研究 [J].混凝土，2016，(12)：130-133.

[45] 李倩，刘改利，杜红秀.密实剂掺量对混凝土抗渗及抗压性能的影响 [J].混凝土，2016，(08)：139-140，145.

[46] 史英豪，杜红秀，阎蕊珍.高温下 C60 高性能混凝土热膨胀性能 [J].科学技术与工程，2016，16 (23)：258-262.

[47] 刘改利，吴慧萍，杜红秀.地库混凝土早期应力应变现场测试与分析 [J].混凝土，2016，(07)：10-12.

[48] 史英豪，牟俊霖，杜红秀，阎蕊珍.高温后掺橡胶粉 C60 高性能混凝土的导热性能研究 [J].中国科技论文，2016，11 (13)：1504-1506，1515.

[49] 闫昕，杜红秀，金鑫.温度对 C40 高性能混凝土断裂能的影响 [J].混凝土，2016，(06)：12-14.

[50] 吴佳，杜红秀，吴均衡，杨军，姚利郎.桥梁用高性能混凝土早龄期施工控制参数研究 [J].混凝土，2016，(06)：155-157.

[51] 魏宏，张琦，杜红秀.高温作用后的高性能橡胶混凝土氯离子渗透性的研究 [J].混凝土，2016，(05)：9-12.

[52] 刘改利，杜红秀，李倩，贾福根.FS102 防水密实剂掺量对地库用混凝土性能的影响 [J].混凝土，2016，

(05): 132-134.

[53] 吴佳，杜红秀，杨军，姚利郎.桥梁用高性能混凝土养护龄期对弹性模量和孔隙结构的影响 [J].混凝土，2016，(04): 32-35, 38.

[54] 吴佳，杜红秀，郝晓玉.聚丙烯纤维长径比对高温后高性能混凝土抗压强度的影响 [J].混凝土，2016，(03): 65-67, 75.

[55] 史英豪，杜红秀，阎蕊珍.高温后C80高强混凝土的质量损失和抗压性能研究 [J].硅酸盐通报，2016，35 (03): 980-983, 988.

[56] 姚新红，成聪慧，杜红秀.高温后橡胶混凝土抗压强度变化及孔结构分析 [J].混凝土，2015，(12): 28-29, 33.

[57] 史英豪，杜红秀，杨军，吴佳，阎蕊珍.桥梁高性能混凝土CT切片微观结构分析 [J].混凝土，2015，(10): 26-28.

[58] 魏宏，吴佳，杜红秀.基于CT技术的桥梁用高性能混凝土细观图像分析 [J].中国科技论文，2015，10 (19): 2335-2338.

[59] 金鑫，杜红秀.细骨料种类对高温后高性能混凝土力学性能的影响 [J].三峡大学学报（自然科学版），2015，37 (02): 47-50.

[60] 张琦，高雪，杜红秀.聚丙烯纤维对高强混凝土高温作用后氯离子渗透性的影响研究 [J].混凝土，2015，(03): 87-89.

[61] 张桥，刘改利，成聪慧，杜红秀.基于XRD对高强混凝土高温后力学试验研究 [J].混凝土与水泥制品，2015，(03): 9-11.

[62] 张琦，王飞剑，杜红秀.高性能混凝土高温作用后氯离子渗透性研究 [J].混凝土，2015，(02): 43-45, 49.

[63] 吴慧萍，杜红秀，成聪慧，阎蕊珍.高强混凝土高温后的红外热像检测 [J].广西大学学报（自然科学版），2015，40 (01): 87-92.

[64] 王飞剑，张琦，杜红秀，阎蕊珍.掺聚丙烯纤维高强混凝土高温后导温性能研究 [J].混凝土与水泥制品，2014，(12): 56-59.

[65] 成聪慧，吴慧萍，阎蕊珍，杜红秀.基于超声检测研究高温后高强混凝土轴心抗压强度 [J].太原理工大学学报，2014，45 (05): 657-660.

[66] 阎蕊珍，杜红秀，杨天龙.冷却方式对高温作用后C40HPC抗压及劈拉强度的影响 [J].混凝土与水泥制品，2014，(07): 29-32.

[67] 阎蕊珍，杜红秀.高温对C40高性能混凝土导热性能的影响 [J].太原理工大学学报，2013，44 (06): 718-721, 726.

[68] 柴松华，杜红秀，阎蕊珍.高强混凝土高温后轴心抗压强度试验研究 [J].硅酸盐通报，2013，32 (11): 2341-2345.

[69] 葛韦华，杜红秀，阎蕊珍.聚丙烯纤维直径对高温后高强混凝土的影响 [J].混凝土与水泥制品，2013，(09): 48-50.

[70] 金鑫，杜红秀，阎蕊珍.高性能混凝土高温后劈裂抗拉强度试验研究 [J].太原理工大学学报，2013，44 (05): 637-640.

[71] 杜红秀，张宁，王慧芳，阎蕊珍.聚丙烯纤维对高强混凝土高温后残余抗压强度的影响 [J].太原理工大学学报，2012，43 (02): 207-211.

[72] 杜红秀.混凝土结构火灾损伤评估方法研究进展 [J].工程质量，2006，(04): 8-14.

[73] 苗春，张雄，杜红秀.火灾混凝土结构损伤检测技术进展 [J].无损检测，2004，(02): 77-81, 88.

[74] 杜红秀，张雄，赵碧华.火灾混凝土建筑物红外热像鉴定技术与案例 [J].工程质量，2004，(04): 10-13.

[75] 杜红秀.基于承载力评估的混凝土结构火灾损伤的无损检测与评估方法 [A].第16届全国结构工程学术

会议论文集（第Ⅲ册）［C］，2007：4.

[76] 杜红秀.混凝土结构火灾损伤检测技术研究进展［A］.中国力学学会工程力学编辑部.第15届全国结构工程学术会议论文集（第Ⅲ册）［C］.中国力学学会工程力学编辑部，2006：5.

[77] 杜红秀.HSC/HPC的高温（火灾）性能［A］.第十一届全国结构工程学术会议论文集第Ⅰ卷［C］，2002：5.

[78] 杜红秀.水泥砂浆火灾损伤的红外热像检测与评定［A］.第八届全国结构工程学术会议论文集（第Ⅱ卷）［C］，1999：4.

[79] 杜红秀.火灾混凝土红外热像检测实验研究［A］.第七届全国结构工程学术会议论文集（第Ⅱ卷）［C］，1998：5.

[80] 杜帆.高性能混凝土高温热变形试验及热应力模拟研究［D］.太原理工大学，2017.

[81] 李倩.C80高性能混凝土微结构高温损伤演化研究［D］.太原理工大学，2017.

[82] 史英豪.高强高性能混凝土高温下蒸气压测试及其数值分析［D］.太原理工大学，2017.

[83] 闫昕.C60高性能混凝土高温蒸气压力测试及SEM微观分析［D］.太原理工大学，2017.

[84] 张桥.高性能混凝土高温损伤试验及温度场模拟研究［D］.太原理工大学，2016.

[85] 魏宏.大面积混凝土的温度应力及其有限元分析［D］.太原理工大学，2016.

[86] 刘改利.大面积混凝土性能试验及工程实测研究［D］.太原理工大学，2016.

[87] 吴佳.高温对高性能混凝土微观结构与蒸气压的影响［D］.太原理工大学，2016.

[88] 阎蕊珍.高温对C40高性能混凝土物理力学性能的影响［D］.太原理工大学，2015.

[89] 王飞剑.桥梁高性能混凝土早龄期力学性能及无损检测研究［D］.太原理工大学，2015.

[90] 张琦.基于氯离子渗透性的高性能橡胶混凝土高温后耐久性研究［D］.太原理工大学，2015.

[91] 成聪慧.高温对掺废橡胶粉高强高性能混凝土性能的影响［D］.太原理工大学，2015.

[92] 吴慧萍.聚丙烯纤维高强混凝土高温后的抗压强度和微结构分析［D］.太原理工大学，2015.

[93] 葛韦华.基于CT图像研究聚丙烯纤维高强混凝土不同温度下的内部缺陷［D］.太原理工大学，2014.

[94] 金鑫.高性能混凝土高温后的强度与断裂性能试验研究［D］.太原理工大学，2014.

[95] 柴松华.机制砂高性能混凝土高温后的力学性能试验研究及机理分析［D］.太原理工大学，2014.

[96] 聂小青.高强混凝土CT切片细观结构识别与分析［D］.太原理工大学，2013.

[97] 谢静.不同长径聚丙烯纤维对高强混凝土高温后力学性能影响的研究［D］.太原理工大学，2012.

[98] 韩轶多.高温后聚丙烯纤维高强混凝土氯离子渗透性能研究［D］.太原理工大学，2012.

[99] 张宁.聚丙烯纤维高强混凝土高温后的热工性能及温度场研究［D］.太原理工大学，2012.

[100] 郝晓玉.聚丙烯纤维高强混凝土高温后的微观特性及其抗压性能研究［D］.太原理工大学，2012.

[101] 王妍.掺聚丙烯纤维高强混凝土高温后红外与超声无损检测研究［D］.太原理工大学，2011.

[102] 王慧芳.聚丙烯纤维高强混凝土高温性能研究［D］.太原理工大学，2011.

[103] 张伟.聚丙烯纤维高强混凝土的力学性能试验研究［D］.太原理工大学，2010.

[104] 杜红秀，周梅.土木工程材料［M］.北京：机械工业出版社，2012.

[105] 张雄，李旭峰，杜红秀.建筑功能外加剂［M］.北京：化学工业出版社，2004.

[106] 张雄，李旭峰，韩继红.建筑功能材料［M］.北京：中国建筑工业出版社，2000.

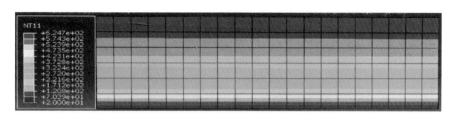

图3-32 混凝土板截面的温度场云纹图

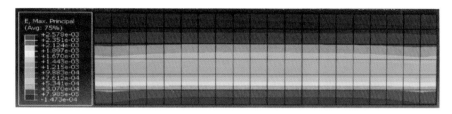

图3-33 混凝土板截面的热应变云纹图

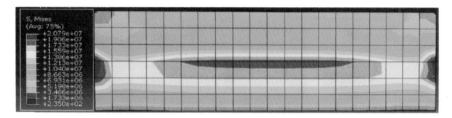

图3-34 混凝土板截面的热应力云纹图

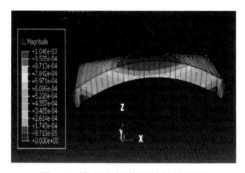

图3-39 混凝土板截面的位移云图

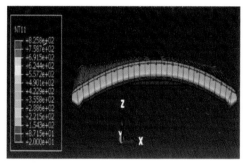

图3-40 混凝土板截面的温度云图

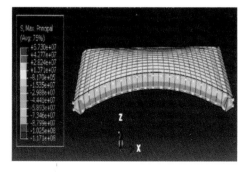

图3-41 混凝土板截面的热应力云图

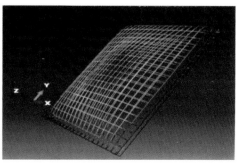

图3-42 钢筋网的位移云图

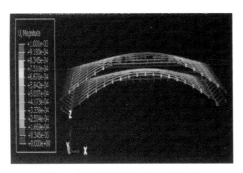

图3-43 钢筋网截面的位移云图　　　　　图3-44 钢筋网截面的热应力云图

未加热	加热3min	加热5min
常温	常温	常温
100℃	100℃	100℃
200℃	200℃	200℃
300℃	300℃	300℃
400℃	400℃	400℃
500℃	500℃	500℃

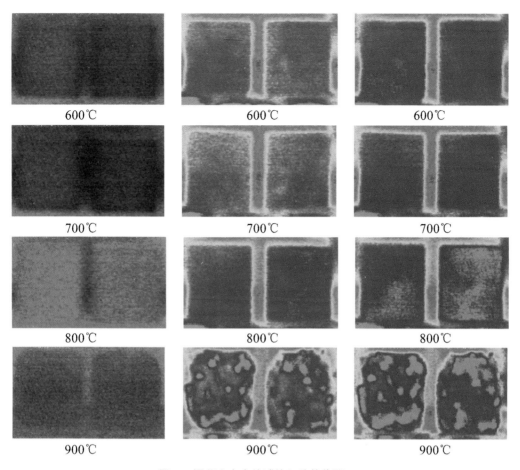

600℃   600℃   600℃

700℃   700℃   700℃

800℃   800℃   800℃

900℃   900℃   900℃

图6-3 混凝土立方体试块红外热像图

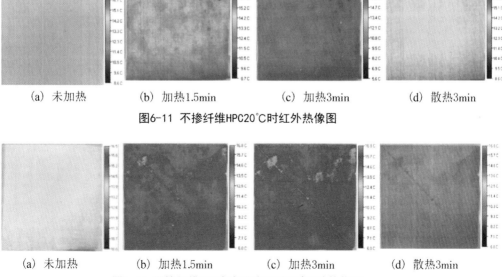

（a）未加热   （b）加热1.5min   （c）加热3min   （d）散热3min

图6-11 不掺纤维HPC20℃时红外热像图

（a）未加热   （b）加热1.5min   （c）加热3min   （d）散热3min

图6-12 不掺纤维HSC火灾温度300℃时红外热像图

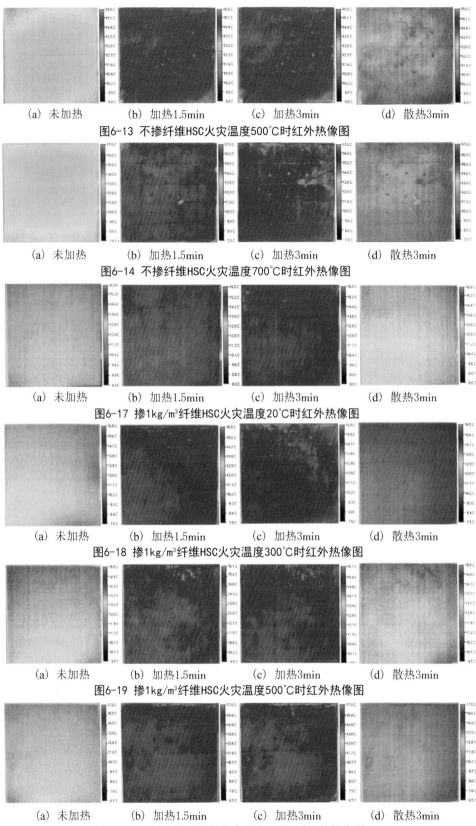

　(a)　未加热　　　　(b)　加热1.5min　　　(c)　加热3min　　　　(d)　散热3min

图6-13　不掺纤维HSC火灾温度500℃时红外热像图

　(a)　未加热　　　　(b)　加热1.5min　　　(c)　加热3min　　　　(d)　散热3min

图6-14　不掺纤维HSC火灾温度700℃时红外热像图

　(a)　未加热　　　　(b)　加热1.5min　　　(c)　加热3min　　　　(d)　散热3min

图6-17　掺1kg/m³纤维HSC火灾温度20℃时红外热像图

　(a)　未加热　　　　(b)　加热1.5min　　　(c)　加热3min　　　　(d)　散热3min

图6-18　掺1kg/m³纤维HSC火灾温度300℃时红外热像图

　(a)　未加热　　　　(b)　加热1.5min　　　(c)　加热3min　　　　(d)　散热3min

图6-19　掺1kg/m³纤维HSC火灾温度500℃时红外热像图

　(a)　未加热　　　　(b)　加热1.5min　　　(c)　加热3min　　　　(d)　散热3min

图6-20　掺1kg/m³纤维HSC火灾温度700℃时红外热像图